首届全国机械行业职业教育精品教材（修订版）

机械工业出版社精品教材

数控机床电气系统装调与维修一体化教程

第 2 版

主　编　韩鸿鸾

副主编　于　胜　马春峰　李　峰

参　编　纪圣华　周经财　丛培兰　王吉明　丛华娟

主　审　沈建峰

机械工业出版社

本书是根据教育部制定的高等职业学校机电一体化技术专业、数控设备应用与维护专业、机电设备维修与管理专业、数控技术专业现行教学标准中的相关课程要求，并结合中级及高级数控机床装调维修工的要求编写的"1+X"课证融通教材。本书共分为7个模块，包括数控机床电气维修的基础、数控系统的装调与维修、数控机床PLC的装调与维修、主轴驱动系统的装调与维修、进给驱动系统的装调与维修、数控机床的误差补偿、自动换刀装置与辅助装置的装调与维修等内容。

　　本书采用双色印刷，突出重点内容，并以二维码链接教学资源，手机扫码即可观看。

　　本书可以作为高等职业院校、高等专科院校、成人高等学校、技术（技师）学院、高级技工学校、继续教育学院和民办高校及本科院校的二级职业技术学院的机电设备类专业、数控技术专业和机电一体化技术专业教学用书，也可以作为相关行业的短期培训和上岗培训用书，还可以作为工厂中数控机床维修人员的参考用书。

　　本书的教学资源包括电子课件（PPT）、理论试题、技能实践、动画、录像等内容。凡使用本书作为教材的教师可登录机械工业出版社教育服务网（http://www.cmpedu.com），注册后免费下载。咨询电话：010-88379375。

图书在版编目（CIP）数据

数控机床电气系统装调与维修一体化教程/韩鸿鸾主编. —2版. —北京：机械工业出版社，2021.2（2025.1重印）
首届全国机械行业职业教育精品教材：修订版. 机械工业出版社精品教材
ISBN 978-7-111-67478-8

Ⅰ.①数⋯　Ⅱ.①韩⋯　Ⅲ.①数控机床-电气系统-安装-高等职业教育-教材②数控机床-电气系统-调试方法-高等职业教育-教材③数控机床-电气系统-维修-高等职业教育-教材　Ⅳ.①TG659

中国版本图书馆CIP数据核字（2021）第023198号

机械工业出版社（北京市百万庄大街22号　邮政编码100037）
策划编辑：王英杰　责任编辑：王英杰　戴　琳
责任校对：陈　越　封面设计：陈　沛
责任印制：常天培
固安县铭成印刷有限公司印刷
2025年1月第2版第5次印刷
184mm×260mm·18印张·446千字
标准书号：ISBN 978-7-111-67478-8
定价：54.90元

电话服务　　　　　　　　　　　网络服务
客服电话：010-88361066　　　机 工 官 网：www.cmpbook.com
　　　　　010-88379833　　　机 工 官 博：weibo.com/cmp1952
　　　　　010-68326294　　　金 书 网：www.golden-book.com
封底无防伪标均为盗版　　　机工教育服务网：www.cmpedu.com

前　言

为了提高职业院校人才培养质量，满足产业转型升级对高素质复合型和创新型技术技能人才的需求，《国家职业教育改革实施方案》和教育部关于双高计划的文件中，提出了"教师、教材、教法"三教改革的系统性要求。从 2019 年开始，在职业院校、应用型本科高校启动"学历证书+若干职业技能等级证书"制度试点（以下简称 1+X 证书制度试点）工作。

本书是基于"1+X"的课证融通教材，具体来说就是基于高等职业院校数控设备应用与维护专业的核心课程——数控机床机械安装与调试、数控机床故障诊断与维修编写的，并兼顾了该专业的数控机床机电联调专业课程及机电一体化技术专业和机电设备维修与管理专业的相应课程的标准。本书的内容还与数控机床装调维修工国家职业标准的不同级别（中级、高级、技师、高级技师）进行了对接。

本书按照"以学生为中心、以学习成果为导向、促进自主学习"思路进行编写，将"企业岗位（群）任职要求、职业标准、工作过程或产品"作为主体内容，提供丰富、适用和引领创新的多种类型立体化、信息化课程资源，并以二维码链接形式将内容与资源结合，实现了"纸数融合"。

本书在编写过程中进行了系统性改革和模式创新，对课程内容进行了系统化、规范化和体系化设计。本书以多个学习性任务为载体，通过项目导向、任务驱动等多种"情境化"的表现形式，突出过程性知识，引导学生学习相关知识，获得经验、诀窍、实用技术、操作规范等与岗位能力直接相关的知识和技能，使其知道在实际岗位工作中"如何做""如何做会更好"。

本书通过理念和模式创新形成了以下特点：

1）基于岗位知识需求，系统化、规范化地构建课程体系和教材内容。

2）通过教材的多位一体表现模式和教、学、做之间的引导和转换，强化学生学中做、做中学训练，能潜移默化地提升岗位管理能力。

3）任务驱动式的教学设计，强调互动式学习和训练，能激发学生的学习兴趣和提高学生的动手能力，快速有效地将知识内化为技能和能力。

4）针对学生群体的特征，以可视化内容为主，通过实物图片、电路图、逻辑图、二维码等形式展现学习内容，降低学习难度，培养学生的兴趣，提高学生自主学习的效率和效果。

本书非常适合采用理论与实训一体化教学，也可以采用理论与实训分开教学。下表是采用理论与实训分开教学的学时分配。若采用理论与实训一体化教学，在实训设备有保证的前提下应为 12~14 周。

模块	学　时		模块	学　时	
	理论（标准学时）	实训（标准学时）		理论（标准学时）	实训（标准学时）
一	2	2	五	6	6
二	2	4	六	2	4
三	4	6	七	4	2
四	6	6			

本书由韩鸿鸾任主编，于胜、马春峰、李峰任副主编，纪圣华、周经财、丛培兰、王吉明、丛华娟参与了本书编写，沈建峰审阅了本书并提出了宝贵意见。

本书在编写过程中得到了威海天诺数控机械有限公司、联桥仲精（日本）机械有限公司、豪顿华（英国）工程有限公司、山东立人能源科技有限公司、威海华东数控机床有限公司等数控机床生产与应用企业的大力支持，还得到了众多职业院校的帮助，在此深表谢意。

由于编者水平有限，书中疏漏之处在所难免，恳请广大读者给予批评指正。

编　者

二维码索引

名　称	图　形	页码	名　称	图　形	页码
1-1　数控机床的组成		3	1-5　认识数控车床的机械结构_chunk_1		6
1-2　机床控制面板各功能键的含义与用途(1)		4	1-6　数控机床的工作原理		6
1-3　机床控制面板各功能键的含义与用途(2)		4	4-1　V形槽轮定位盘准停机构工作原理		179
1-4　伺服机构		5	4-2　磁发体与磁传感器在主轴上的位置		180

目　录

模块一　数控机床电气维修的基础

　　数控机床电气系统包括交流主电路、机床辅助功能控制电路和电子控制电路，一般将主电路称为强电部分，控制电路称为弱电部分。强电电路是 24V 以上供电，以电气元器件、电力电子功率器件为主组成的电路；弱电电路是 24V 以下供电，以半导体器件、集成电路为主组成的控制系统电路。数控机床的主要故障是电气系统的故障，电气系统故障又以机床本体上的低压电器故障为主。

　　通过学习本模块，学生应能读懂数控机床的电气装配图、电气原理图和电气接线图，能进行电气柜的配电板、机床操纵台、电气柜到机床各部分的连接与装配；能根据工作内容选择常用仪器、仪表；能对电气维修中配线质量进行检查，能解决配线中出现的问题；了解电气装配规范；能完成数控机床常见强电气故障的维修；了解数控机床电气故障与诊断方法；能绘制电气图。

任务一　认识数控机床的电气系统

🔧 任务引入

　　图 1-1 是数控机床电气连接的实物图，图 1-2 是强电连接的部分实物图。虽然数控机床与普通机床的电气系统有很大的区别，但也要用到普通机床常用的电气元器件，如低压电器、配电电器、控制电器等。

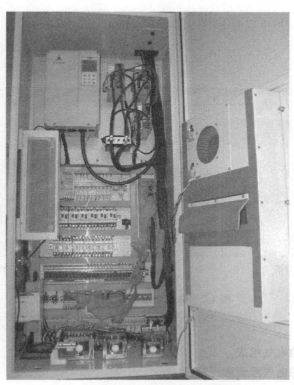

图 1-1　数控机床电气连接的实物图

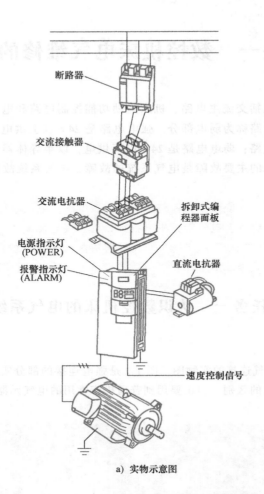

a) 实物示意图

b) 接线图

c) 实物图

图 1-2 强电连接的部分实物图

📖 任务目标

1) 掌握数控机床的电气组成。

2) 能对数控机床的电气系统进行维护。

3) 掌握数控机床的故障特点与维修方法。

●**任务实施**

■**工厂参观**

到工厂或实训车间中参观数控机床的电气组成，并由技术人员或教师简单介绍数控机床电气系统的作用，在参观时要特别注意安全。

■**教师讲解** 数控机床电气系统的组成

数控机床是集机（械）、电（气）、液（压气动）、光（学器件）及微电子为一体的自动化设备。其组成框图如图1-3所示。其电气组成如图1-4所示。

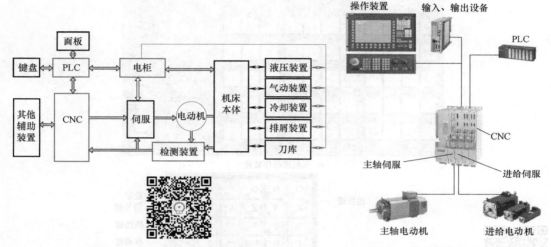

图1-3 数控机床的组成框图　　　　　图1-4 数控机床的电气组成

一、操作装置

操作装置是操作人员与数控机床（系统）进行交互的工具，一方面，操作人员可以通过它对数控机床（系统）进行操作、编程、调试或对机床参数进行设定和修改；另一方面，操作人员也可以通过它了解或查询数控机床（系统）的运行状态，它是数控机床特有的一个输入、输出部件。操作装置主要由显示装置、NC键盘（功能类似于计算机键盘的按键阵列）、机床控制面板、状态灯、手持单元等部分组成。图1-5所示为FANUC系统的操作装置，其他数控系统的操作装置布局与之相比大同小异。

二、计算机数控装置（CNC装置或CNC单元）

计算机数控（CNC）装置（见图1-6）是计算机数控系统的核心，其主要作用是根据输入的零件程序和操作指令进行相应的处理（如运动轨迹处理，机床输入、输出处理等），然后输出控制命令到相应的执行部件（伺服单元、驱动装置和PLC等），控制其动作，加工出需要的零件。所有这些工作是由CNC装置内的系统程序（也称为控制程序）进行合理地组织，在CNC装置硬件的协调配合下，有条不紊地进行的。

三、伺服机构

伺服机构是数控机床的执行机构，由驱动和执行两大部分组成，如图1-7所示。它接受数控装置的指令信息，并按指令信息的要求控制执行部件的进给速度、方向和位移。指令信息是以脉冲信息体现的，每一脉冲使机床移动部件产生的位移量称为脉冲当量。常用的脉冲当量为0.001~0.01mm。

目前数控机床的伺服机构中，常用的位移执行机构有功率步进电动机、直流伺服电动机、交流伺服电动机和直线电动机。

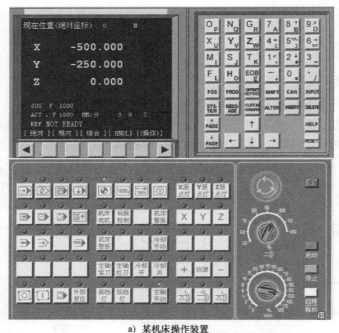

a) 某机床操作装置

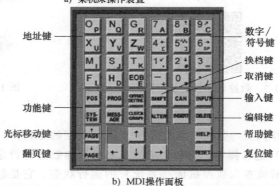

b) MDI操作面板

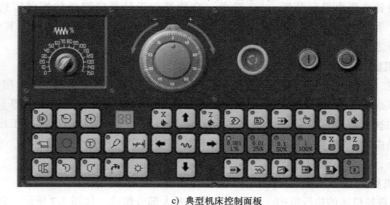

c) 典型机床控制面板

图1-5　FANUC系统的操作装置

四、检测装置

检测装置（也称为反馈装置）可对数控机床运动部件的位置及速度进行检测，通常安装在机床的工作台、丝杠或驱动电动机转轴上，相当于普通机床的刻度盘和人的眼睛。它把机床工作

图 1-6　计算机数控装置

a) 伺服电动机　　　　b) 驱动装置

图 1-7　伺服机构

台的实际位移或速度转变成电信号反馈给 CNC 装置或伺服驱动系统，与指令信号进行比较，以实现位置或速度的闭环控制。

　　按有无检测装置，CNC 机床可分为开环（无检测装置）数控机床与闭环或半闭环（有检测装置）数控机床。开环数控机床的控制精度取决于步进电动机和丝杠的精度，闭环或半闭环数控机床的精度取决于检测装置的精度。因此，检测装置是高性能数控机床的重要组成部分。

　　数控机床上常用的检测装置有光栅（见图 1-8）、编码器、感应同步器、旋转变压器、磁栅、磁尺、双频激光干涉仪等。其中，编码器有光电式（见图 1-9）和接触式两种。

图 1-8　光栅

图 1-9　光电式编码器

五、可编程序控制器

　　可编程序控制器（Programmable Controller，PC）是一种以微处理器为基础的通用型自动控制装置，专为在工业环境下应用而设计。由于最初研制这种装置的目的是为了解决生产设备的逻辑及开关量控制问题，故被称为可编程序逻辑控制器（Programmable Logic Controller，PLC）。当 PLC 用于控制机床顺序动作时，也被称为可编程序机床控制器（Programmable Machine Controller，PMC）。

六、机床本体

　　机床本体是数控机床的主体，是数控系统的被控对象，是实现制造加工的执行部件。它主要由主运动部件、进给运动部件（工作台、拖板及相应的传动机构）、支承件（立柱、床身等）、特殊装置（刀具自动交换系统、工件自动交换系统）和辅助装置（冷却润滑、排屑、转位和夹紧装置等）组成。数控机床机械部件的组成与普通机床相似，但传动结构较为简单，在精度、刚度、抗振性等方面要求高，而且其传动和变速系统要便于实现自动化控制。图 1-10 所示为典型数控车床的机械结构系统组成，包括主轴传动机构、进给传动机构、刀架、床身、辅助装置（刀具自动交换机构、润滑与切削液装置、排屑器、过载限位等）部分。

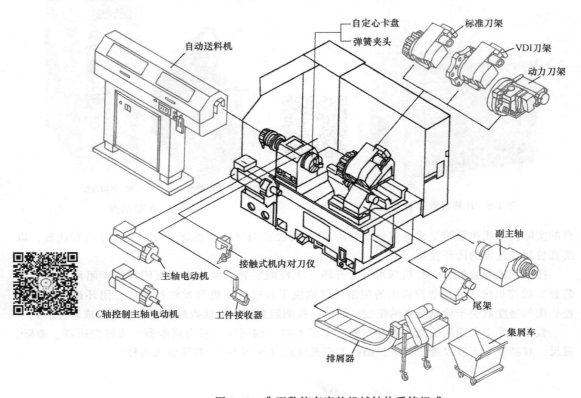

图 1-10 典型数控车床的机械结构系统组成

七、数控机床的工作原理

数控机床的主要任务就是根据输入的零件程序和操作指令，进行相应的处理，控制机床各运动部件协调动作，加工出合格的零件，如图 1-11 所示。

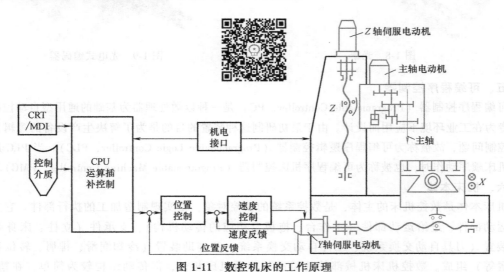

图 1-11 数控机床的工作原理

数控机床的工作原理：根据零件图制订工艺方案，采用手工或计算机进行零件程序的编制，并把编好的零件程序存放于某种控制介质上；经相应的输入装置把存放在该介质上的零件程序输入至 CNC 装置；CNC 装置根据输入的零件程序和操作指令，进行相应的处理，输出位置控制指令到进给伺服驱动系统以实现刀具和工件的相对移动；输出速度控制指令到主轴伺服驱动系统以实现切削运动；输出 M、S、T 指令到 PLC 以实现顺序动作的开关量 I/O 控制，从而加工出符合图样要求的零件。其中，数控系统对零件程序的处理流程包括译码、刀补处理、插补、位置控制、PLC 控制等环节，如图 1-12 所示。

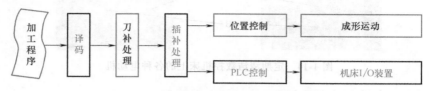

图 1-12 数控系统对零件程序的处理流程

技能训练 数控机床电气系统的维护

一、数控系统的维护

数控系统经过一段较长时间的使用，元器件会老化甚至损坏。为了尽量延长元器件的使用寿命和零部件的磨损周期，防止各种故障，特别是恶性事故的发生，就必须对数控系统进行日常的维护工作。具体的日常维护保养要求，在数控系统的使用和维修说明书中有明确的规定。概括起来，就是要注意以下几个方面：

1. 严格遵守操作规程和日常维护制度

数控系统的编程、操作和维修人员必须经过专门的技术培训，熟悉所用数控机床的数控系统的使用环境、条件等；能按机床和系统的使用说明书的要求正确、合理地使用；应尽量避免因操作不当引起的故障；应根据操作规程要求，针对数控系统各个部件的特点确定各自保养条例，进行日常维护工作。

2. 清洁机床电气箱热交换器过滤网

应每周清洁机床电气箱热交换器过滤网，车间环境较差时需要 2~3 天清洁一次，如图 1-13 所示。

3. 防止灰尘进入数控装置内

机械加工车间内空气中飘浮的灰尘和金属粉末落在印制电路板和电器插件上，容易引起元器件间绝缘电阻下降，从而导致故障甚至损坏元器件。因此，除非进行调整和维修，否则不允许随意开启数控柜门，更不允许在使用时敞开柜门。已经受

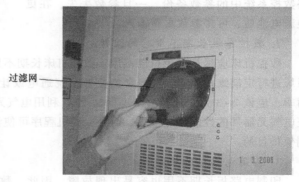

图 1-13 清洁过滤网

外部尘埃、油雾污染的电路板、接插件等，可采用专用电子清洁剂喷洗。

4. 定时清扫数控柜的散热通风系统及电动机

为防止数控装置过热，应经常检查数控柜、数控装置上各冷却风扇工作是否正常。应根据车间环境状况，按照数控机床使用说明书中的规定，每半年或一个季度清扫并检查一次。如果环境温度过高，造成数控柜内的温度超过 40℃ 时，应及时加装空调装置，并定期清洁数控机床上的各种电动机，如图 1-14 所示。

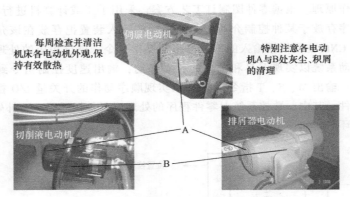

图 1-14 定期清洁数控机床上的各种电动机

5. 经常监视数控系统的电网电压

通常，数控系统允许的电网电压范围为额定值的 85% ~ 110%，如果超出此范围，轻则使数控系统不能稳定工作，重则会造成重要电子部件的损坏。因此，要经常注意电网电压的波动，对于电网质量比较差的地区，应配置交流稳压装置。

6. 定期更换存储器用电池

数控系统中部分 CMOS 存储器中的存储内容在关机时靠电池（见图 1-15）供电保持，一般采用锂电池或可充电的镍镉电池，电池电压降到一定值就会造成参数丢失。因此，要定期检查电池电压，当电池电压降到限定值时，机床就会报警提示操作人员及时更换电池。更换电池时一定要在数控系统通电状态下进行，这样才不会造成存储参数丢失。另外，为了防止参数丢失，可事先将数控系统中的参数备份，一旦参数丢失，在更换新电池后，可将参数重新输入。

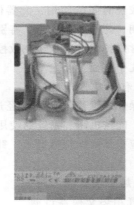

图 1-15 数控机床用电池

7. 数控系统长期不用时的维护

数控机床应尽量避免长期不用。数控机床长期不用时，为了避免数控系统的损坏，应对数控系统进行定期维护保养。应经常给数控系统通电或让数控机床运行温机程序。在空气湿度大的雨季，应该 2~3 天开机一次，运行 1~2h，利用电气元器件本身发热驱走数控柜内的潮气，以保证电气元器件的性能稳定可靠。而且，温机程序可使油膜均匀地覆盖在丝杠、导轨等部件上，达到保护目的。

8. 备用电路板的维护

印制电路板长期不用也容易出现故障，因此，数控机床中的备用电路板应定期装到数控系统中通电运行一段时间，以防损坏。

二、电气部分的维护

电气部分包括动力电源输入线路、继电器、接触器、控制电路等，其维护保养主要包括以下几点：

1）检查三相电源的电压值是否正常，有无断相，如果输入的电压超出允许范围，则进行相应调整。

2）检查所有电气连接是否良好。

3）检查各类开关是否有效，可借助于数控系统屏幕显示的诊断画面及可编程序机床控制器（PMC）、输入/输出模块上的 LED 指示灯检查确认，若工作状态不良，应更换。

4）检查各继电器、接触器是否工作正常，触点是否完好，可利用功能试验程序，通过运行该程序确认各控制器件是否完好、有效。

5）检验热继电器、电弧抑制器等保护器件是否有效。

以上电气保养每年检查、调整一次。

讨论总结

学生先上网查询或到图书馆查资料后，在教师、工厂技术人员的参与下讨论总结——数控系统维护中应特别关注的元器件。

数控系统维护中要特别关注并定期检查那些会因失修或维护不当而引发故障的元器件，这样的元器件有以下几种类型：

1）易污染件，常见的有：传感器（光栅、光电头、电动机换向器、编码器）、接触器的铁心截面、过滤器、风道、低压控制电器。

2）易击穿件，常见的有：电容器、大功率晶体管（晶闸管）。

3）易老化与有寿命问题的元器件，常见的有：大容量电解电容器、交流电力电容器（380V/220V）、存储器电池及其电路、光电池、继电器及高频接触器等。

4）易氧化与腐蚀件，常见的有：电动/电磁开关、继电器与接触器触头、接插件插头、熔丝卡座、接地点等。

5）易磨损件，常见的有：测速发电机的电刷、电动机的电刷、离合器的摩擦片、轴承、齿轮副、高频动作的接触器。

6）易疲劳失效件，常见的有：含有弹簧的元器件（多见于低压电器中）、常拖动、弯曲的电缆断线等。

7）易松动移位件，常见的有：机械手的传感器、定位机构、位置开关、编码器、测速发电机等。

8）易造成卡死件，常见的有：因润滑不良等而造成不能到位的接触器、热继电器、位置开关、电磁开关、电磁阀。

9）易升温件，常见的有：伺服放大回路中的大功率元器件，如稳压器与稳压电源、变压器、继电器、接触器、电动机等具有线圈的元器件。

10）易泄漏件，其造成切削液、润滑油、液压回路等的泄漏不仅使系统本身工作故障，还会因油液流入电器引发电器故障。

想一想

在实践过程中您对这些元器件注意过没有？

任务扩展

一、数控机床电气系统的故障特点

1）电气系统故障原因明了，诊断比较容易，但是故障率相对比较高。

2）电气元器件有使用寿命限制，非正常使用下会大大降低寿命，如开关触头经常过电流使用会烧损、粘连，提前造成开关损坏。

3）电气系统容易受外界影响造成故障，如环境温度过高，电柜温升过高致使有些电器损坏，有时鼠害也会造成许多电气故障。

4）操作人员非正常操作，会造成开关手柄损坏、限位开关被撞坏的人为故障。

5）电线、电缆磨损会造成断线或短路，蛇皮线管进冷却水、油液而长期浸泡，橡胶电线膨胀、黏化，会使绝缘性能下降造成短路。

6）冷却泵、排屑器、电动刀架等所用的电动机进水，轴承损坏或绕组绝缘变差会造成电动机故障。

二、数控机床故障诊断与维修的方法

数控机床的种类虽然很多，其内部结构的差异也非常大，而且编程格式也不相同，但当发生故障时，其维修技术是相同的。

1. 故障自诊断技术

故障自诊断技术是当今数控系统的一项十分重要的技术，它是评价系统性能的一项重要指标。目前我国使用的各种数控系统的自诊断方法虽各有特色，但都是利用数控装置中的计算机运行诊断软件来进行各种测试。

（1）开机自诊断。数控系统通电后，系统内部自诊断软件对系统中关键的硬件和控制软件进行检测，并将检测结果在 CRT 上显示出来。检测通不过，即在 CRT 上显示报警信息或报警号，指出哪个部分发生了故障。开机诊断通常在 1min 内结束，有些采用硬盘驱动器的数控系统，时间要略长一些。开机诊断可将故障原因定位到电路板或模块上，甚至可定位到芯片上，如指出哪块 EPROM 出了故障。通常开机自诊断仅将故障原因定位在某一范围内，维修人员需要在维修手册中所指出的有关数种可能造成的原因及相应排除方法中找到真正的故障原因并加以排除。开机自诊断可保证所检测重要部件的可靠性，一旦发生故障，马上禁止运行。目前，一些数控系统的自诊断尚存在局限性，不可能将全部故障原因准确定位到一个具体的模块上。

（2）运行自诊断。运行自诊断是数控系统正常工作时，运行内部诊断程序，对系统本身、PLC、位置伺服单元及与数控装置相连的其他外部装置进行自动测试、检查，并显示有关状态信息和故障信息。现代数控系统具有丰富的运行自诊断功能，CNC 系统不仅能在 CRT 上显示故障报警信息，而且还能以多页的"诊断地址"和"诊断数据"的形式为用户提供各种机床状态信息。这些状态信息有：

1）CNC 系统与机床之间的接口输入/输出信号状态。

2）CNC 系统与 PLC 之间输入/输出信号状态。

3）PLC 与机床之间输入/输出信号状态。

4）各坐标轴位置的偏差值。

5）刀具距机床参考点的距离。

6）CNC 内部各存储器的状态信息。

7）伺服系统的状态信息。

8）MDI 面板、机床操作面板的状态信息等。

（3）脱机诊断。一些早期的数控系统，当系统出现故障时，往往需要停机，使用随机的专用诊断纸带（现代数控机床一般为诊断程序）对系统进行脱机诊断。诊断时先将诊断程序读入数控装置的 RAM 中，系统中的计算机运行诊断程序，对诊断部位进行测试，从而判定是否有故障。在系统的 RAM 中输入诊断程序，进行脱机诊断时，一般会冲掉原先存放在 RAM 中的系统程序、数据及零件加工程序。因此，脱机诊断后要重新输入上述程序和数据。

2. 功能程序测试法

功能程序测试法是将所修数控系统的 G、M、S、T、F 功能的全部指令编成一个试验程序，并制成控制介质。在故障诊断时运行这个程序，可快速判定哪个功能不良或丧失。功能程序测试法常应用于以下场合：

1）机床加工造成废品而一时无法确定是编程、操作不当，还是数控系统故障时。

2）数控系统出现随机性故障，一时难以区别是外来干扰，还是系统稳定性不好时。如当系统不能可靠地执行各加工指令时，可连续循环执行功能测试程序来诊断系统的稳定性。

3）闲置时间较长的数控机床在投入使用时或对数控机床进行定期检修时。

3. 参数检查法

参数通常存放在由电池供电保持的 RAM 中，电池电压不足、系统长期不通电或外部干扰都会使参数丢失或混乱。当机床长期闲置或无缘无故出现不正常现象或有故障而无报警时，就应根据故障特征，检查和校对有关参数。数控机床到厂后一定要将随机所带参数表与机床实际设置的参数对照确认，并保存好参数表。认真了解掌握每个参数的具体含义，这对数控机床的故障诊断有极其重要的意义。

4. 同类对调法

同类对调法是将型号完全相同的电路板、模块、集成电路和其他零部件进行互相交换，观察故障转移情况，以快速确定故障部位。这种方法适用于 CNC 系统和伺服系统。

5. 备板置换法

备板置换前，应检查有关部分电路，以免造成好板损坏。应检查试验板上的初始设定是否与原板一致，还应注意板上电位器的调整。在置换数控系统的存储板时，往往需要对系统进行存储器初始化操作、输入机器参数等，否则系统仍不能正常工作。数控系统的自诊断功能有时可以将故障定位到电路板，但由于目前一些自诊断存在局限性，定位出现偏差的情况时有发生，这时可采用备板置换法在报警提示的范围内逐一调板，最后找出坏板。

6. 隔离法

对于有些故障，一时难以区分是数控部分造成的，还是伺服系统或机械部分造成的，常可采用隔离法。

7. 升降温法

升降温法是指人为地将元器件温度升高（应注意元器件的温度参数）或降低，加速使一些温度特性较差的元器件产生"病症"或使"病症"消除来寻找故障原因。

8. 敲击法

数控系统的每块电路板上含有很多焊点，任何虚焊或接触不良都可能导致出现故障。可用绝缘物轻轻敲打有接触不良疑点的电路板、插件或元器件，如果机器出现故障，则故障很可能就在敲击的部位。

9. 对比法

对比法是指以正确的电压、电平或波形与异常的相比较来寻找故障部位。有时还可以将正常部分试验性地造成"故障"或报警（如断开连线，拔去组件），看其是否和相同部分产生的故障现象相似，以判断故障原因。

10. 原理分析法

运用这种方法必须对电路的原理有清楚的了解，掌握各个时刻各点的逻辑电平和特征参数（如电压值、波形）。

用万用表、逻辑笔、示波器或逻辑分析仪对被测点进行测量，并与正常情况相比较，分析判断故障原因，再缩小故障范围，直至找出故障。

📖 任务巩固

一、填空题（将正确答案填写在横线上）

1. 数控机床电气系统包括＿＿＿＿＿、＿＿＿＿＿＿＿＿＿和＿＿＿＿＿。

2. 数控机床是集 ＿＿＿＿、＿＿＿＿、＿＿＿＿、＿＿＿＿及＿＿＿＿为一体的自动化设备。

3. 常用的脉冲当量为＿＿＿＿＿＿＿。

4. 按有无检测装置，CNC机床可分为＿＿＿＿＿＿与＿＿＿＿＿＿数控机床。

5. 数控机床上常用的检测装置有＿＿＿＿＿、＿＿＿＿＿＿、＿＿＿＿＿、＿＿＿＿、磁栅、磁尺、双频激光干涉仪等。

6. 在数控机床中，PLC主要完成与＿＿＿＿＿＿有关的一些顺序动作的I/O控制。

7. 机床电气箱热交换器过滤网需要＿＿＿＿＿清洁一次，车间环境较差时需要＿＿＿＿＿天清洁一次。

8. 如果数控机床使用环境温度过高，造成数控柜内的温度超过＿＿＿＿＿＿时，应及时加装空调装置。

9. 通常，数控系统允许的电网电压波动范围为额定值的＿＿＿＿＿＿＿。

10. 数控机床长期不用时，为了避免数控系统的损坏，应经常给数控系统通电或让数控机床运行温机程序。在空气湿度大的雨季，应该＿＿＿＿＿＿开机一次，运行＿＿＿＿＿＿，利用电气元器件本身发热驱走数控柜内的潮气，以保证电气元器件的性能稳定可靠。

11. 数控系统维护中要特别关注的易击穿件有：＿＿＿＿＿、＿＿＿＿＿、＿＿＿＿＿。

12. 数控机床的主要故障是＿＿＿＿＿的故障，电气系统故障又以＿＿＿＿＿上的低压电器故障为主。

13. 目前，数控机床的伺服机构中，常用的位移执行机构有＿＿＿＿＿、＿＿＿＿＿、＿＿＿＿＿和＿＿＿＿＿。

14. 检测装置（也称为反馈装置），是对数控机床＿＿＿＿＿的位置及速度进行检测的装置。

15. 开环数控机床的控制精度取决于＿＿＿＿＿和＿＿＿＿＿的精度，闭环数控机床的精度取决于＿＿＿＿＿的精度。

16. PLC接受CNC装置的控制代码＿＿＿＿＿、＿＿＿＿＿、＿＿＿＿＿等顺序动作信息，对其进行＿＿＿＿＿，转换成对应的控制信号。

17. 数控系统中部分CMOS存储器中的存储内容在关机时靠电池供电保持，一般采用锂电池或可充电的镍镉电池，电池电压降到一定值就会造成＿＿＿＿丢失。

二、判断题（正确的打"√"，错误的打"×"）

1. 强电是24V以上供电，以电气元器件、电力电子功率器件为主组成的电路。（　　　）

2. 数控机床的主要故障是机械系统的故障。（　　　）

3. 数控系统中的参数无须事先备份。（　　　）

4. 数控机床应尽量避免长期不用。数控机床长期不用时，为了避免数控系统的损坏，应对数控系统进行定期维护保养。（　　　）

5. 数控机床的电气系统要具有高可靠性。（　　　）

6. PLC装置是计算机数控系统的核心。（　　　）

7. 检测装置（也称为反馈装置）只对数控机床运动部件的速度进行检测。（　　　）

8. 控制代码M（辅助功能）、S（主轴功能）、T（刀具功能）是由CNC发出。（　　　）

9. 电气元器件有使用寿命限制，正常使用下会大大降低寿命。（　　　）

10. 数控系统只要正常使用，电气元器件不会老化和损坏。（　　　）

11. 印制电路板长期不用容易出现故障，因此，数控机床中的备用电路板，应定期装到数控系统中通电运行一段时间，以防损坏。（　　　）

12. 闭环数控机床的精度取决于丝杠的精度。（　　　）

13. 检测装置通常安装在机床的工作台、丝杠或驱动电动机转轴上，相当于普通机床的执行机构和人的四肢。（　　　）

任务二 认识数控机床的电气图

任务引入

现代数控机床是以计算机组成的数控系统控制的，但要完成数控机床的控制还需要继电器、接触器等元器件，这样元器件与普通机床上应用的是一样的。这些元器件是通过接线连接在一起的，可用电气图来表示这些元器件的关系。常用的电气图有三种，即电气原理图、电气元器件布置图和安装接线图，其中最重要的是电气原理图。

电气图是电气技术人员统一使用的工程语言。国家为此制定了相关技术标准：GB/T 4728.1~13《电气简图用图形符号》、GB/T 5226.1《机械电气安全 机械电气设备 第1部分：通用技术条件》、GB/T 6988.1、6988.5《电气技术用文件的编制》、GB/T 5094.3《工业系统、装置与设备以及工业产品结构原则与参照代号 第3部分：应用指南》等。

任务目标

1）掌握数控机床电气图分析的方法。

2）掌握数控机床电气图的绘制原则，能绘制数控机床的电气图。

3）掌握数控机床线路故障的诊断方法。

任务实施

教师讲解

一、数控机床用强电元器件

数控机床常用的电器主要是低压电器。低压电器通常是指工作在交流电压1200V、直流电压1500V及以下的电器。低压电器按其用途又可分为低压配电电器和低压控制电器。

配电电器包括熔断器、断路器、接触器（见图1-16）、继电器（过电流继电器与热继电器）及各类低压开关等，主要用于低压配电电路（低压电网）或动力装置中，对电路和设备起保护、通断、转换电源或转换负载的作用。

控制电器包括控制电路中用作发布命令或控制程序的开关电器（电气传动控制器、电动机起/停/正反转兼做过载保护的起动器）、电阻器与变阻器（不断开电路的情况下可以分级或平滑地改变电阻值）、操作电磁铁、中间继电器（速度继电器与时间继电器）等。在接近开关中，光电式接近开关与霍尔式接近开关在数控机床中应用得比较多。

光电式接近开关有遮断型和反射型，当被测物从发射器与接收器之间通过时，红外光束被遮断，接收器接收不到红外线，而产生一个电脉冲信号，由整形放大器转换成开关量信号。在数控机床中，光电式接近开关常用于刀架的刀位检测和柔性制造系统中物料传送位置的检测等。

霍尔式接近开关（见图1-17）是将霍尔元件、稳压电路、放大器、施密特触发器和集电极

图1-16 交流接触器

图1-17 霍尔式接近开关

开路（OC）门等电路做在同一个芯片上的集成电路，典型的霍尔集成电路有 UGN 3020 等。霍尔集成电路受到磁场作用时，集电极开路门由高阻态变为导通状态，输出低电平信号；当霍尔集成电路离开磁场作用时，集电极开路门重新变为高阻态，输出高电平信号。

图 1-18 为霍尔集成电路在 LD4 系列电动刀架中应用的示意图。LD4 系列电动刀架在经济型数控车床中得到广泛的应用，其动作过程为：数控装置发出换刀信号→刀架电动机正转，使锁紧装置松开且刀架旋转→检测刀位信号→刀架电动机反转，定位并夹紧→延时→换刀动作结束。其中，刀位信号是由霍尔式接近开关检测的，如果某个刀位上的霍尔式元件损坏，数控装置检测不到刀位信号，会造成刀台连续旋转不定位。

在图 1-18 中，霍尔集成元件共有三个接线端子，1、3 端之间是 24V 直流电源电压；2 端是输出信号端，判断霍尔集成元件的好坏。可用万用表测量 2、3 端的直流电压，人为将磁铁接近霍尔集成元件，若万用表测量数值没有变化，再将磁铁极性调换，若万用表测量数值还没有变化，说明霍尔集成元件已损坏。

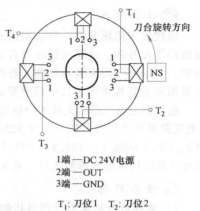

1端—DC 24V电源
2端—OUT
3端—GND

T_1：刀位1　　T_2：刀位2
T_3：刀位3　　T_4：刀位4

图 1-18　霍尔集成电路在 LD4 系列
电动刀架中应用的示意图

有些型号的电动刀架，采用光电式接近开关进行刀位检测，其控制方式类似于霍尔式接近开关，只是用光电式接近开关代替霍尔式接近开关，用遮光片代替磁铁。有些型号的电动刀架采用光电编码器检测刀位信号。

二、电气原理图绘制原则

1）电气原理图一般分为主电路、控制电路和辅助电路三个部分。

2）电气原理图中所有电气元器件的图形和文字符号必须符合国家标准。

3）在电气原理图中，所有电气元器件的可动部分均按原始状态绘制。

4）动力电路的电源线应水平绘制；主电路应垂直于电源线绘制；控制电路和辅助电路应垂直于两条或几条水平电源线；耗能元件（如线圈、电磁阀、照明灯和信号灯等）应接在下面一条电源线一侧，而各种控制触点应接在另一条电源线上。

5）电气原理图中采用自左向右或自上而下表示操作顺序，同时应尽量减少线条数量，避免线条交叉。

6）在电气原理图上应标出各个电源电路的电压值、极性或频率及相数；对某些元器件，还应标注其特性（如电阻、电容的数值等）；对不常用的电气元器件（如位置传感器、手动开关等），还要标注其操作方式和功能等。

7）为方便阅图，在电气原理图中可将图幅分成若干个图区。图区行的代号用英文字母表示，一般可省略，列的代号用阿拉伯数字表示。其图区编号写在图的下面，上方为该区电路的用途和作用。

8）在继电器、接触器线圈下方均列有触点表，以说明线圈和触点的从属关系，即"符号位置索引"。也就是在相应线圈的下方，给出触点的图形符号（有时也可省去），对未使用的触点用"×"标明（或不做标明）。

三、文字符号补充说明

可采用国家标准中规定的电气文字符号，并优先采用基本文字符号和辅助文字符号，也可补充国家标准中未列出的双字母文字符号和辅助文字符号。使用文字符号时，应采用电气名词术语国家标准或专业技术标准中规定的英文术语缩写。

1）单字母符号：按拉丁字母顺序将各种电气设备、装置和元器件划分成为 23 大类，每一类用一个专用单字母符号表示，如"C"表示电容器类，"R"表示电阻器类等。

2）双字母符号：由一个表示种类的单字母符号与另一个字母组成，且以单字母符号在前，另一字母在后的次序列出，如"F"表示保护器件类，"FU"则表示熔断器。

3）辅助文字符号：表示电气设备、装置和元器件以及电路的功能、状态和特征，如"RD"表示红色，"L"表示限制等。

4）基本文字符号不得超过两位字母，辅助文字符号一般不超过三位字母。文字符号采用拉丁字母大写正体字，且拉丁字母中"I"和"O"不允许单独作为文字符号使用。电气原理图的全部电动机、电气元器件的型号、文字符号、用途、数量、额定技术数据，均应填写在元器件明细表内。

5）三相交流电源引入线采用 L1、L2、L3（或 A、B、C）标记，中性线采用 N 标记，保护接地用 PE 标记，电源开关之后的三相交流电源主电路分别按 U、V、W 顺序标记。分级三相交流电源主电路采用三相文字代号 U、V、W 前加上阿拉伯数字 1、2、3 等来标记，如 1U、1V、1W，2U、2V、2W 等。各电动机分支电路各触点标记，采用三相文字代号后面加数字来表示，数字中的个位数表示电动机代号，十位数表示该支路各触点的代号，从上到下按数字大小顺序标记。如"U11"表示电动机 M1 的第一相的第一个触点，"U21"表示电动机 M1 的第一相的第二个触点，依此类推。

四、电气原理图分析的方法与步骤

电气控制电路一般由主电路、控制电路和辅助电路等部分组成。首先要了解电气控制系统的总体结构、电动机和电气元器件的分布状况及控制要求等内容，然后阅读分析电气原理图。

1. 分析主电路

从主电路入手，根据伺服电动机、辅助机构电动机和电磁阀等执行电器的控制要求，分析它们的控制内容，包括起动、方向控制、调速和制动等。

2. 分析控制电路

根据主电路中各伺服电动机、辅助机构电动机和电磁阀等执行电器的控制要求，逐一找出控制电路中的控制环节，按功能不同划分成若干个局部控制电路来进行分析。

3. 分析辅助电路

辅助电路包括电源显示、工作状态显示、照明和故障报警等部分，它们大多是由控制电路中的元器件来控制的，要对照控制电路进行分析。

4. 分析联锁与保护环节

机床对于安全性和可靠性有很高的要求，为了达到这些要求，除了合理地选择元器件和控制方案以外，在控制电路中还设置了一系列电气保护和必要的电气联锁。

5. 总体检查

经过"化整为零"，逐步分析了每一个局部电路的工作原理以及各部分之间的控制关系之后，还必须用"集零为整"的方法，检查整个控制电路，看是否有遗漏。特别要从整体角度出发进一步检查和理解各控制环节之间的联系，理解电路中每个元器件所起的作用。

▇ 技能训练

一、数控机床电气线路的分析

以宝鸡机床集团有限公司生产的 TK1640 型数控车床为例来介绍，主轴采用变频调速，三档无级变速，采用 HNC-21T 车床数控系统实现机床的两轴联动。机床配有四工位刀架，可满足不同需要的加工；可开闭的半防护门，用于确保操作人员的安全。

机床适用于多品种、中小批量产品的加工，由于机床的自动化，对复杂、高精度零件更显示其优越性。

1. 主电路分析

图 1-19 所示是 380V 强电电路。图中，QF1 为电源总开关（断路器），QF2、QF3、QF4、QF5 分别为伺服强电、主轴强电、冷却电动机、刀架电动机的断路器，作用是接通电源及短路、过电流时的保护。其中，QF4、QF5 带辅助触点，该触点输入 PLC，作为报警信号，并且该断路器的保护电流为可调的，可根据电动机的额定电流来调节断路器的设定值，起过电流保护作用。KM3、KM1、KM6 分别为主轴电动机、伺服电动机、冷却电动机的交流接触器，由它们的主触点控制相应电动机；KM4、KM5 为刀架正、反转交流接触器，用于控制刀架的正、反转。TC1 为三相伺服变压器，将 AC 380V 变为 AC 200V 供给伺服电源模块。RC1、RC3、RC4 为阻容吸收，当相应的电路断开后，吸收伺服电源模块、冷却电动机、刀架电动机中的能量，避免产生过电压而损坏器件。

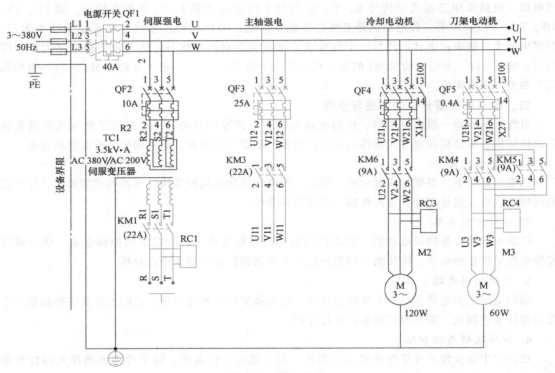

图 1-19 强电电路

2. 电源电路分析

图 1-20 所示为电源电路。图中，TC2 为控制变压器，一次侧为 AC 380V，二次侧为 AC 110V、AC 220V、AC 24V。其中，AC 110V 给交流接触器线圈和强电柜风扇提供电源；AC 24V 给电柜门指示灯、工作灯提供电源；AC 220V 通过低通滤波器滤波给伺服模块、电源模块、24V 电源提供电源；VC1 为 24V 电源，将 AC 220V 转换为 DC 24V 电源，给数控系统、PLC 输入/输出、24V 继电器线圈、伺服模块、电源模块、吊挂风扇提供电源；QF6、QF7、QF8、QF9、QF10 断路器为电路的短路保护。

3. 控制电路分析

（1）主轴电动机的控制。图 1-21 和图 1-22 所示分别为交流控制电路和直流控制电路。先将

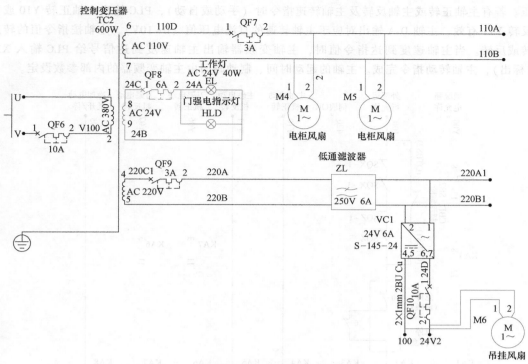

图 1-20　电源电路

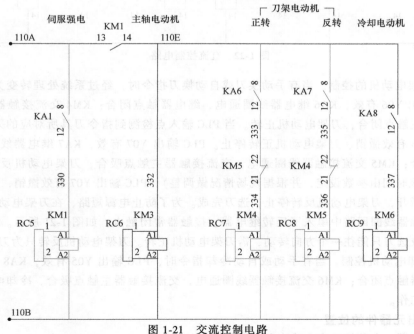

图 1-21　交流控制电路

QF2、QF3 断路器合上，如图 1-19 强电电路所示，当机床未压限位开关、伺服未报警、急停未压下、主轴未报警时，KA2、KA3 继电器线圈通电，继电器触点闭合，并且 PLC 输出点 Y00 发出伺服允许信号。KA1 继电器线圈通电，继电器触点闭合；KM1 交流接触器线圈通电，交流接触器触点闭合；KM3 主轴交流接触器线圈通电，交流接触器主触点闭合，主轴变频器加上 AC 380V

电压。若有主轴正转或主轴反转及主轴转速指令时（手动或自动），PLC 输出主轴正转 Y10 或主轴反转 Y11 有效，主轴 D-A 输出对应于主轴转速的直流电压值（0~10V），主轴按指令值的转速正转或反转。当主轴速度到达指令值时，主轴变频器输出主轴速度到达信号给 PLC 输入 X31（未标出），主轴转动指令完成。主轴的起动时间、制动时间由主轴变频器的内部参数设定。

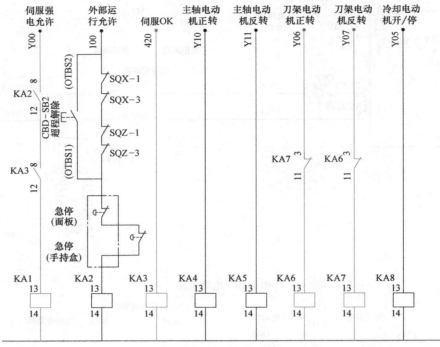

图 1-22　直流控制电路

（2）刀架电动机的控制。当有手动换刀或自动换刀指令时，经过系统处理转变为刀位信号，这时 PLC 输出 Y06 有效，KA6 继电器线圈通电，继电器触点闭合；KM4 交流接触器线圈通电，交流接触器主触点闭合，刀架电动机正转。当 PLC 输入点检测到指令刀具所对应的刀位信号时，PLC 输出 Y06 有效撤销、刀架电动机正转停止。PLC 输出 Y07 有效，KA7 继电器线圈通电，继电器触点闭合；KM5 交流接触器线圈通电，交流接触器主触点吸合，刀架电动机反转。延时一定时间后（该时间由参数设定，并根据现场情况做调整），PLC 输出 Y07 有效撤销，KM5 交流接触器主触点断开，刀架电动机反转停止，选刀完成。为了防止电源短路，在刀架电动机正转继电器线圈、接触器线圈回路中串入了反转继电器、接触器常闭触点，如图 1-21 所示。需要注意的是，刀架转位选刀只能往一个方向转动，需刀架电动机正转。刀架电动机反转只为刀架定位。

（3）冷却电动机控制。当有手动或自动冷却指令时，PLC 输出 Y05 有效，KA8 继电器线圈通电，继电器触点闭合；KM6 交流接触器线圈通电，交流接触器主触点吸合，冷却电动机旋转，带动冷却泵工作。

二、找出元器件的位置
根据电气图，在数控机床上找出各元器件所在的位置。

三、绘制电气图
根据数控机床上各元器件的关系，重新绘制电气图。

四、学生接线
教师把数控机床上的接线拔出，让学生重新接上。

　　💧**注 意**　如图 1-23 所示，数控机床的许多故障都是因为接线端子压不紧而使其接触不良造成的。在进行接线时要注意观察。

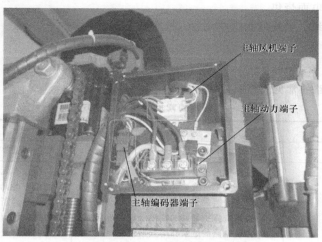

　　主轴风机端子
　　主轴动力端子
　　主轴编码器端子

图 1-23　数控机床接线端子图

五、故障维修

【例 1-1】　故障现象：一台配套 SIEMENS 系统的数控机床，在自动加工过程中，有时系统突然断电。

　　分析及处理：测量其 24V 直流供电电源，发现只有 22V 左右，电网电压向下波动时，引起这个电压降低，导致 NC 系统采取保护措施，自动断电。经确认为整流变压器匝间短路，造成容量不够。更换新的整流变压器后，故障排除。

【例 1-2】　故障现象：一台配套 SIEMENS 系统的数控机床，当系统加上电源后，系统开始自检，当自检完毕进入基本画面时，系统断电。

　　分析及处理：经检查，故障原因是 X 轴抱闸线圈对地短路。系统自检后，伺服条件准备好，抱闸通电释放。抱闸线圈采用 24V 电源供电，由于线圈对地短路，致使 24V 电压瞬间下降。

【例 1-3】　故障现象：一台 FANUC-0T 数控车床，开机后显示器无画面，电源模块报警指示灯亮。

　　分析及处理：根据维修说明书所述，发现显示器和 I/O 接口公用的 DC 24V 电源正端与直流地之间仅有 $1\sim2\Omega$ 电阻，而同类设备应为 155Ω 左右。这类故障一般发生在主板，而本例故障较特殊。先拔掉 M18 电缆插头，故障仍在，后拔掉公用的 DC 24V 电源插头后，电阻值恢复正常，顺线查出插头上有短路现象。排除后，机床恢复正常。

【例 1-4】　故障现象：一台数控机床，某天开机，主轴报警，显示器显示 "S axis not ready"（主轴没准备好）。

　　分析及处理：打开主轴伺服单元电箱，发现伺服单元无任何显示。用万用表测主轴伺服驱动 BKH 电源进线供电正常，而伺服单元数码管无显示，说明该单元损坏。检查该单元供电线路，发现供电线路实际接线与电气图不符，如图 1-24 所示。该单元通电起动时，KM5 先闭合，2~3s 后，KM6 闭合，将电阻 R 短接。电阻

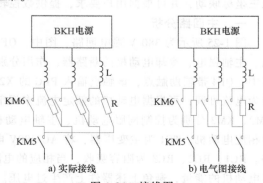

a）实际接线　　　　b）电气图接线

图 1-24　接线图

与扼流圈 L 的作用是在起动时防止浪涌电流对主轴单元的冲击。

实际接线中 3 只电阻接成了三相并联形式，起不到保护作用，导致通电时主轴单元损坏，同时 3 只电阻因长期通电而烧焦。

按电气图重新接线，更换新主轴单元后，机床恢复正常。

■ 讨论总结 在工厂技术人员、教师的参与下讨论线路故障诊断。讨论前，学生应去图书馆或上网查过资料。

表 1-1 所列是线路的常见故障及处理方法。

表 1-1 线路的常见故障及处理方法

故障现象	可能原因	处理方法
熔断器熔断	操作电路中有一相接地	检查绝缘并消除接地现象
接触器不能闭合	1) 线路无电压 2) 刀开关未合或未合紧 3) 紧急开关未合或未合紧 4) 过电流保护元件的联锁触点未闭合 5) 控制电路的熔断器熔丝熔断 6) 线路主接触器的吸引线圈断路	1) 检查有无电压 2) 检查各元器件 3) 检查熔断器 4) 更换线圈 5) 找出断线并消除故障
主接触器接通时,过电流继电器动作	控制器的电路接地	找出接地故障点,并消除故障
主接触器接通时,熔断器熔丝熔断	该相接地	将该相电源切断并查找故障点
控制器合上时,过电流继电器动作	1) 过电流继电器的整定值偏小 2) 定子线路中有接地 3) 机械部分有故障	1) 调整继电器的电流 2) 找出接地点 3) 检查机械部分
当控制器合上后,电动机只能往一个方向转动	1) 配线发生故障 2) 限位开关发生故障	1) 找出故障点 2) 检查限位开关
限位开关动作时电动机不断电	1) 限位开关出现短路 2) 接至接触器控制器的导线次序错乱	1) 检查限位开关 2) 检查接触器的接线

⬢ 任务扩展 数控铣床电气线路的分析

以 XK714A 型数控铣床为例来介绍数控铣床的电路分析方法。XK714A 型数控铣床采用变频主轴，X、Y、Z 三向进给均由伺服电动机驱动滚珠丝杠实现。机床采用 HNC-21M 数控系统，实现三坐标联动，并可根据用户要求，提供数控转台，实现四坐标联动。

一、主回路分析

图 1-25 所示为 380 V 强电回路，图中，QF1 为电源总开关，QF2、QF3、QF4 分别为伺服强电、主轴强电、冷却电动机的断路器，作用分别是接通电源及电源在短路、过电流时进行保护。其中，QF4 带辅助触点，该触点输入 PLC 的 X27 点，作为冷却电动机的报警信号，并且该断路器为电流可调，可根据电动机的额定电流来调节断路器的设定值，起到过电流保护作用。KM1、KM2、KM3 分别为控制伺服电动机、主轴电动机、冷却电动机交流接触器，由它们的主触点控制相应电动机。TC1 为主变压器，将 AC 380V 电压变为 AC 200V 电压，供给伺服电源模块主回路。RC1、RC2、RC3 为阻容吸收，当相应的电路断开后，吸收伺服电源模块、主轴变频器、冷却电动机的能量，避免上述器件上产生过电压。

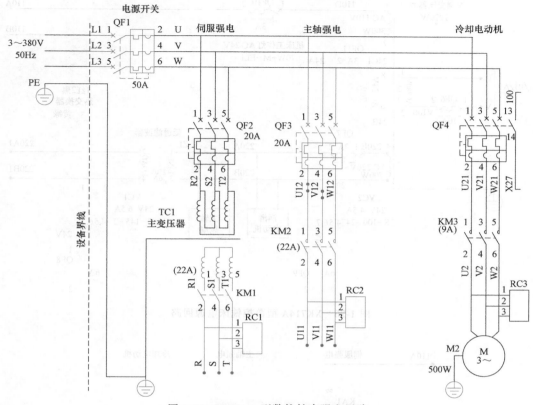

图 1-25　XK714A 型数控铣床强电回路

二、电源电路分析

图 1-26 所示为电源回路，图中 TC2 为控制变压器，一次侧为 AC 380V，二次侧为 AC 110V、AC 220V 和 AC 24V。其中，AC 110V 给交流接触器线圈和电柜热交换器风扇电动机提供电源；AC 24V 给工作灯提供电源；AC 220V 给主轴风扇电动机、润滑电动机和 24V 电源供电，通过低通滤波器滤波给伺服模块、电源模块、24V 电源提供电源控制；VC1 和 VC2 为 24V 电源，将 AC 220V 转换为 DC 24V，其中 VC1 给数控系统、PLC 输入/输出、24V 继电器线圈、伺服模块、电源模块、吊挂风扇提供电源，VC2 给 Z 轴电动机提供 DC 24V，将 Z 轴抱闸打开；QF7、QF10、QF11 断路器为电路的短路保护。

三、控制电路分析

1. 主轴电动机的控制

图 1-27 和图 1-28 所示分别为交流控制回路和直流控制回路。先将 QF2 和 QF3 断路器合上，当机床未压限位开关、伺服未报警、急停未压下、主轴未报警时，外部运行允许（KA2）、伺服 OK（KA3）、直流 24V 继电器线圈通电，继电器常开触点闭合，并且 PLC 输出点 Y00 发出伺服允许信号。伺服强电允许（KA1），24V 继电器线圈通电，继电器常开触点闭合，KM1、KM2 交流接触器线圈通电，KM1、KM2 交流接触器触点闭合，主轴变频器加上 AC 380V 电压。若有主轴正转或主轴反转及主轴转速指令时（手动或自动），PLC 输出主轴正转 Y10 或主轴反转 Y11 有效，主轴 D-A 输出对应于主轴转速值，主轴按指令值的转速正转或反转。当主轴速度到达指令值时，主轴变频器输出主轴速度到达信号给 PLC 输入 X31（未标出），主轴正转或反转指令完成。主轴的起动时间、制动时间由主轴变频器的内部参数设定。

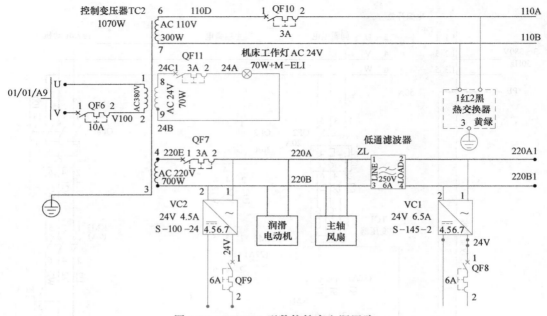

图 1-26　XK714A 型数控铣床电源回路

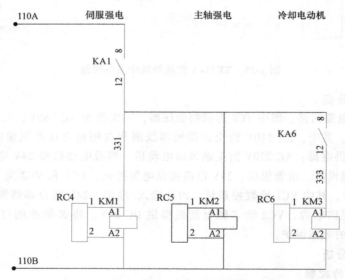

图 1-27　XK714A 型数控铣床交流控制回路

2. 冷却电动机控制

当有手动或自动冷却指令时，PLC 输出 Y05 有效。KA6 继电器线圈通电，继电器触点闭合，KM3 交流接触器线圈通电，交流接触器主触点吸合，冷却电动机旋转，带动冷却泵工作。

3. 换刀控制

当有手动或自动刀具松开指令时，机床 CNC 装置控制 PLC 输出 Y06 有效。KA4 继电器线圈通电，继电器触点闭合，刀具松／紧电磁阀通电，刀具松开，手动将刀具拔下。延时一定时间后，PLC 输出 Y12 有效。KA7 继电器线圈通电，继电器触点闭合，主轴吹气电磁阀通电，清除主轴灰尘。延时一定时间后，PLC 输出 Y12 有效撤销，主轴吹气电磁阀断电。将加工所

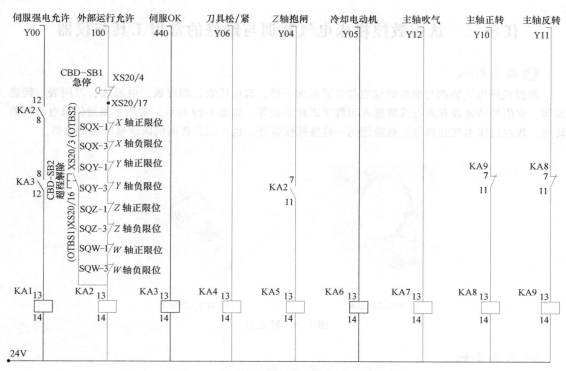

图 1-28　XK714A 型数控铣床直流控制回路

需刀具放入主轴后，机床 CNC 装置控制 PLC 输出 Y06 有效撤销，刀具松/紧电磁阀断电，刀具夹紧，换刀结束。

📖任务巩固

一、填空题（将正确答案填写在横线上）

1. 数控机床常用的电器主要是_____。低压电器通常是指工作在交流电压_____ V、直流电压_____ V 及以下的电器。低压电器按其用途又可分为_____和_____。

2. 霍尔式接近开关是将_____、_____、_____、_____和集电极开路（OC）门等电路做在同一个芯片上的集成电路，典型的霍尔集成电路有 UGN 3020 等。

3. 霍尔集成电路受到磁场作用时，集电极开路门由_____变为_____，输出_____信号；当霍尔集成电路离开磁场作用时，集电极开路门重新变为_____，输出_____信号。

4. 阅读分析数控机床电气原理图包括分析_____、_____、_____、_____和_____五个步骤。

5. 分析主回路是根据伺服电动机、辅助机构电动机和电磁阀等执行电器的控制要求，分析它们的控制内容，包括_____、_____、_____和_____等。

6. 辅助电路包括_____、_____和_____等部分，它们大多是由控制电路中的元器件来控制的，要对照控制电路进行分析。

二、判断题（正确的打"√"，错误的打"×"）

1. 当控制器合上后，电动机只能往一个方向转动，可能是配线发生故障。（　　）

2. 当控制器合上后，电动机只能往一个方向转动，一定是限位开关发生故障。（　　）

3. 限位开关动作时电动机不断电，可能是接至接触器控制器的导线次序错乱。（　　）

4. 数控机床常用的强电元器件有了故障后，一般不对其进行维修，而是直接更换。（　　）

任务三 认识数控机床电气装调与维修的常用工具与仪器

任务引入

数控机床电气装调与维修的仪表与普通机床一样，有电压表、相序表、电流表、万用表、转速表等。常用的转速表有离心式转速表和数字式转速表等，如图 1-29 所示，常用于测量伺服电动机的转速。数控机床电气装调与维修除用到一些特殊仪器外，也要用到普通机床维修所用的仪器。

a) 离心式转速表   b) 数字式转速表

图 1-29 转速表

任务目标

1) 掌握数控机床电气装调与维修所用的常用工具与仪器。
2) 会应用逻辑测试笔与短路追踪仪。
3) 能进行电器部件的更换。

任务实施

教师讲解

在数控机床的故障检测过程中，借助一些专用仪器是必要也是有效的。这些专用仪器能从定量分析角度直接反映故障点的状况。

一、示波器

数控系统修理通常选用频带宽度为 10~100MHz 范围内的双通道示波器（见图 1-30）。它不仅可以测量电平、脉冲上/下沿、脉宽、周期、频率等参数，还可以进行两个信号相位和电平幅度的比较。它常用来观察主开关电源的振荡波形，直流电源或测速发电机输出的纹波，伺服系统的超调、振荡波形，还用来检查、调整纸带阅读机（老机床用）的光电放大器的输出波形，以及检查屏幕电路垂直、水平振荡和扫描波形，视放电路的视频信号等。

二、PLC 编程器

大部分数控系统的 PLC 必须使用专用的编程器才能对其进行编程、调试、监控和检查。这类编程器型号很多，如 SIEMENS 的 S7、S5，OMRON 的 PRO-13~PRO-27 等。这些编程器可以对 PLC 程序进行编辑和修改，监视输入和输出状态及定时器、移位寄存器的变化值，在运行状态下修改定时器和计数器的设置值，可强制内部输出，对定时器、计数器和移位寄存器进行置位和复位等。带有图形功能的编程器还可显示 PLC 梯形图。图 1-31 所示为常用的 PLC 编程器之一。

三、逻辑分析仪

逻辑分析仪是专门用于测量和显示多路数字信号的测试仪器，通常分 8 个、16 个、64 个通道，即可同时显示 8 个、16 个或 64 个逻辑方波信号。和显示连续波形的通用示波器不同，逻辑

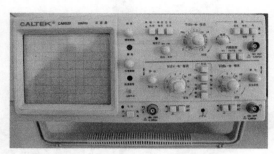

图 1-30　CA8020 型双通道示波器

图 1-31　PLC 编程器

分析仪显示各被测点的逻辑电平、二进制编码或存储器的内容。它可通过仿真头仿真多种常用的 CPU 系统，进行数据、地址、状态值的预置或跟踪检查。逻辑分析仪一般有异步测试和同步测试两种使用方式。

1. 异步测试

异步测试采样选通信号是由逻辑分析仪内设置的时钟发生器产生的，它和待测的通信信号在时间上没有关系，为了得到正确的待测波形，采样频率要比待测波形频率高几倍，而且应可调。为了发现窄脉冲的影响，还设定采样和锁定两种模式。在锁定模式下能及时发现窄脉冲的存在。

2. 同步测试

同步测试采样选通信号是由外部输入的时钟信号形成的。因此，只要外部时钟选得好，就可用很少的内存容量记录下所需的测试信息。例如对采样 Intel 8086、80286 CPU 构成的系统，如用 CLK 和 SYNC 等信号作为外部时钟信号，就可以观察不同步长下的有关微机系统运行的信号。为了可靠地采集到稳定的数据，采样延迟信号相对于采样信号应该有足够的数据设置时间和数据保持时间。

现代逻辑分析仪不仅可以测试运算控制器等部件逻辑电路的好坏，而且可以测试以微处理器为基础的微型计算机系统。图 1-32 所示为某型号逻辑分析仪。

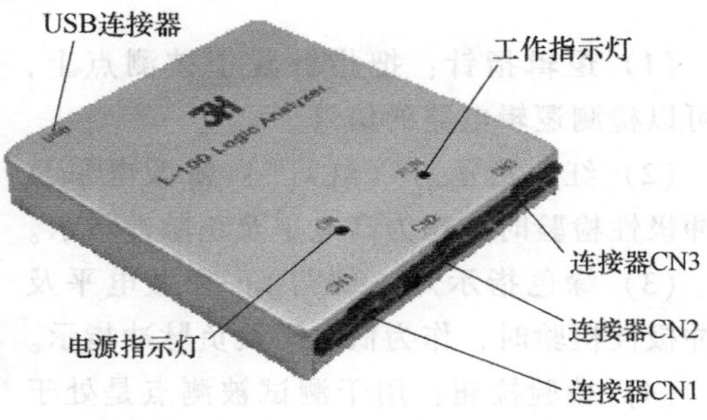

该逻辑分析仪是 24 通道的逻辑分析仪，分为 3 个信号组：CN1、CN2 和 CN3，每组 8 个输入信号。输入信号电缆组件的设备端是一个带锁定机构的 10 芯高品质连接器，与 L 系列逻辑分析仪连接。输入信号电缆组件的测试端是 9 个独立的连接器，左起 8 个端子是信号端子，最右边的第 9 个端子是地线端子，地线的电缆为黑色。

图 1-32　某型号逻辑分析仪

L 系列逻辑分析仪可以选配 R-8T-25 输入信号电缆组件和型号为 R-C6 的 0.6mm 间距精密测试夹及型号为 R-P75 的防颤测试探针。R-8T-25 输入信号电缆组件的测试端带有 0.64mm 通用型连接插孔，可以与各种带 0.64mm 引脚的测试夹连接。连接时，先用测试夹夹住测试点，然后再将测试插孔与测试夹的引脚相连接。R-8T-25 输入信号电缆组件既可以连接精密测试夹，也可以连接普通的低成本测试夹，具有良好的通用性。

测试信号连接到逻辑分析仪，然后将逻辑分析仪与计算机连接，并启动相应软件，如图1-33所示。这时，逻辑分析仪的工作参数使用的是默认设置（100MHz采样，立即启动和不自动停止）或保留设置。可根据需要改变设置，然后单击工具栏上的启动按钮，即可对信号进行采样。在采样过程中，跟踪计数器窗口会动态显示变化，直到最后溢出为止（显示为红色）。逻辑分析仪停止跟踪后，在波形窗口中将会看到数据，此时可以使用游标点和检测点对波形进行测量和分析。

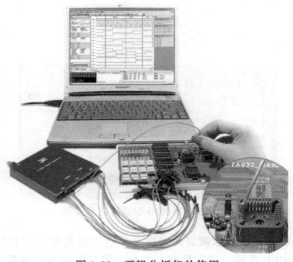

图1-33 逻辑分析仪的使用

 **技能训练** 逻辑测试笔

一、逻辑测试笔的应用

逻辑测试笔可以方便地测量数字电路的脉冲、电平，通过其发光管指示可以判断是上升沿还是下降沿，是电平还是连续脉冲，可以粗略估计逻辑芯片的好坏，如图1-34所示。逻辑测试笔的用法如图1-35所示。

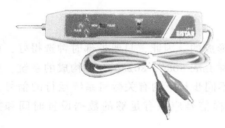

图1-34 逻辑测试笔

（1）逻辑指针：把指针置于被测点上，就可以检测逻辑电路的信号。

（2）红色指示灯（红灯）：在做电平及脉冲极性检验时，作为高电平及正脉冲指示。

（3）绿色指示灯（绿灯）：在做电平及脉冲极性检验时，作为低电平及负脉冲指示。

（4）检验按钮：用于测试被测点是处于高电平、低电平还是假高电平。

（5）复位按钮：按下该按钮时，不论拨动开关是处于电平位置还是脉冲位置，红、绿灯均熄灭；在拨动开关置于电平位置时，记忆电路复位。

图1-35 逻辑测试笔的用法

（6）拨动开关：该开关处于电平位置时，检测电平，此时被测点的电平直接控制指示灯而不经过记忆电路；该开关处于脉冲位置时，检测脉冲，此时被测点是用记忆电路输出控制指示

的。只要有一个脉冲通过，红灯或绿灯就会亮（除非记忆电路复位）。

二、数控机床电气部件的更换

1. 更换单元模块的注意事项

（1）测量电路板操作的注意事项。

1）电路板上刷有阻焊膜，不要随意铲除。测量线路间阻值时，先切断电源，每测一处均应将红、黑笔对调一次，以阻值大的为参考值。不应随意切断印制电路。

2）需要带电测量时，应查清电路板的电源配置及种类，按检测需要，采取局部供电或全部供电。

（2）更换电路板及模块操作的注意事项。

1）如果没确定某一元件为故障元件，不要随意拆卸。更换故障元件时，应避免同一焊点的长时间加热和对故障元件的硬取，以免损坏元件。

2）更换 PMC 控制模块、存储器、主轴模块和伺服模块会使 SRAM 资料丢失，更换前必须备份 SRAM 数据。

3）用分离型绝对脉冲编码器或直线尺保存电动机的绝对位置，更换主印制电路板及其上安装的模块时，不保存电动机的绝对位置。更换后要执行返回原点的操作。

2. 更换主板的操作

1）松开控制单元固定框架的 4 个螺钉，拆下框架，风扇和电池的电缆不要拔下。如果控制单元带有触摸屏（触摸屏安装在从控制单元后面看的左边），在拆下框架前要先拆下连接触摸屏控制板的电缆（连接器 CN1、CD37），如图 1-36 所示。

2）从主板上拔下插座 CNMIA（PCMCIA 接口用插座）、CN8（视频信号接口插座）、CN2（软键电缆用插座）的所有电缆；然后松开所有固定主板的螺钉，插座 CN3（连接转换板插座）直接连接主板和转换板，最后向下轻拉主板，将主板拆下。

3）安装主板，按照与上述顺序相反的步骤操作，将主板安装到框架上。

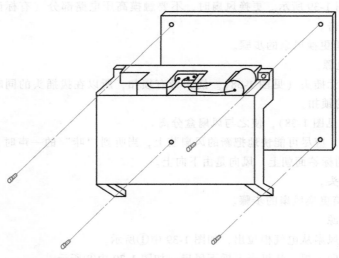

图 1-36　拆下框架图示

3. 更换模块的操作

在 CNC 上更换 DIMM 模块或模块板时，不要用手触摸模块或模块板上的部件，以免因放电等因素造成元件的损坏。操作方法如下：

（1）从 CNC 主机上取出模块的方法。

1）向外打开模块插座的卡爪，如图 1-37a 所示。

2）向上拔模块，如图 1-37b 所示。

（2）往 CNC 主机上安装模块的方法。

1）模块倾斜地插入插座，如图 1-37b 所示。此时应确认模块是否插到插座的底部。

2）竖起模块，直到模块被锁住为止，如图 1-37c 所示。用手指下压模块上部的两边，不要压模块的中间部位。

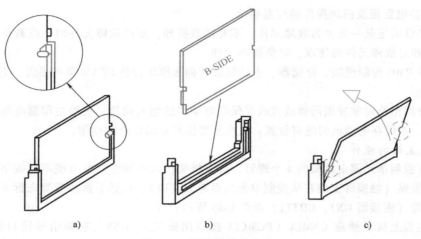

a)   b)   c)

图 1-37 更换模块的方法

4. 更换控制单元风扇的操作

风扇装配在框架上部的风扇盒中。独立式机箱控制单元的风扇如图 1-38 所示，分离式机箱控制单元的风扇如图 1-39 所示。更换风扇时，不要触摸高压电路部分（有标记并盖有防止电击的罩），以防受到电击。

（1）独立式机箱更换风扇的步骤。

1）关掉 CNC 电源。

2）拔出风扇单元插头（见图 1-38）。插头带有锁扣，所以在拔插头的同时，用一字头螺钉旋具按住插头下部的锁扣。

3）拔出风扇（见图 1-38），使之与风扇盒分离。

4）更换新风扇。应尽可能快地把新的风扇装上，当听到"咔"的一声时，表明风扇已安装完成。注意，风扇的标签面朝上，风向是由下向上。

5）插上风扇插头。

（2）分离式机箱更换风扇的步骤。

1）切断系统电源。

2）把需更换的风扇从电气柜拉出，如图 1-39 中①所示。

3）把风扇装置向上提，从机壳上拆下风扇，如图 1-39 中②所示。

4）把新风扇装入机壳，如图 1-39 中③所示。

5）把机壳推入电气柜，如图 1-39 中④所示。当听到"咔"的一声，表明风扇已装好。

5. 更换熔丝的操作

更换电源单元熔丝前，先要排除引起熔丝熔断的原因，同时确认熔丝规格，更换时要使用相

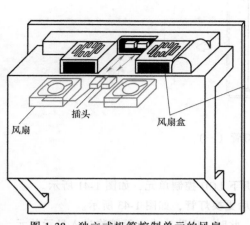

图 1-38 独立式机箱控制单元的风扇

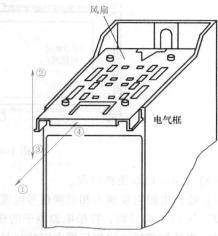

图 1-39 分离式机箱控制单元的风扇

同规格的熔丝。FANUC 0i-C 系统熔丝和 LCD（液晶显示器）熔丝在数控装置上的安装位置如图 1-40 所示。熔丝的更换步骤如下：

1）先查明并排除熔断的原因，再更换熔丝。

2）将熔断的熔丝向上拔出。

3）将新的熔丝装入原来的位置。

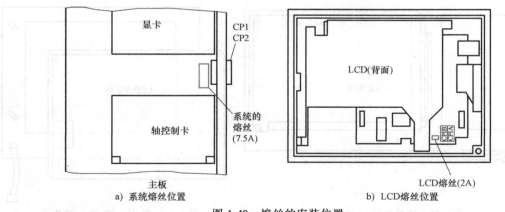

a）系统熔丝位置

b）LCD熔丝位置

图 1-40 熔丝的安装位置

6. 更换 LCD 的灯管

（1）灯管规格。应该使用规定规格的灯管。因为换灯管时，会将 SRAM 存储器中的内容丢失，所以更换灯管之前必须备份 SRAM 区域中的数据。

（2）7.2in LCD 更换过程。

1）拔掉电源电缆插头和视频信号电缆插头，拆下 LCD 控制单元，如图 1-41 所示。

2）从 LCD 的正面，拆掉灯管的盖子，然后更换灯管，如图 1-42 所示。

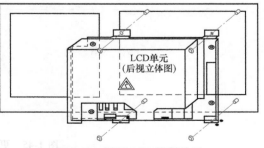

图 1-41 拆下 LCD 控制单元

3）更换灯管后，按相反顺序安装好显示单元。此时，应防止尘土等脏物进入显示单元。

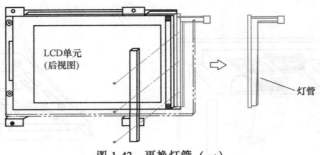

图 1-42　更换灯管（一）

（3）8.4in LCD 更换过程。

1）拔掉电源电缆插头和视频信号电缆插头，拆下 LCD 控制单元，如图 1-41 所示。

2）从 LCD 的后面，拧松电源盖子的螺钉，然后更换灯管，如图 1-43 所示。

3）更换灯管后，按相反顺序安装好显示单元。此时，应防止尘土等脏物进入显示单元。

（4）10.4in LCD 更换过程。

1）拔掉电源电缆插头和视频信号电缆插头，拆下 LCD 控制单元，如图 1-41 所示。

2）拆下 LCD 的金属薄片，如图 1-44 所示。

3）按图 1-45 所示方向拉出灯管。

4）更换灯管后，按相反顺序安装好显示单元。此时，应防止尘土等脏物进入显示单元。

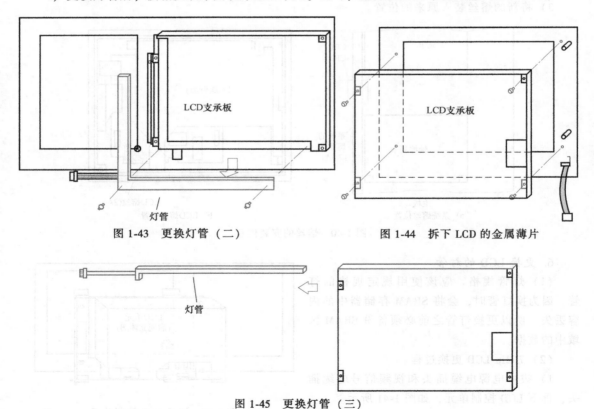

图 1-43　更换灯管（二）　　　　　　　　图 1-44　拆下 LCD 的金属薄片

图 1-45　更换灯管（三）

🔰**任务扩展**　IC 测试仪的应用

数控机床集成电路测试仪分为离线测试仪和在线测试仪两种。其中，离线测试仪又分为专用测试仪和通用测试仪（见图1-46）。在线IC测试仪按功能分为普及型和高档型两种。图1-47a所示为GT2100A型数字集成电路多参数筛选测试仪，图1-47b所示为LPICT-7A型线性IC测试仪。下面以在线测试为例，具体说明IC测试仪的使用方法。在线测试主要包括以下三项测试。

图1-46　手持式IC测试仪

a) GT2100A型数字集成电路
多参数筛选测试仪

b) LPICT-7A型线性IC测试仪

图1-47　IC在线测试仪

1. 快速测试

快速测试时，先用取样夹子夹住IC，再输入被测IC电路的名称，如74LS00。这时，显示器将显示如图1-48所示的图形。该图中，右边为被测IC电路在该板上的状态，左边为测试结论。若显示结论为"Device Passes"，则表明被测IC是好的；若显示结论为"Fault"，则表明被测IC可能失效，需要记录下来。用此项测试可以很快地将被测线路板上所有的几十片IC筛选一遍，并对记录下来的可能失效的IC再进行诊断测试。

2. 诊断测试

对快速测试筛选出来的可能失效的IC进行重点诊断测试，这时，显示器上将显示如图1-49所示的图形。图中，左边引脚4、5为仪器供给的输入逻辑电平波形，标准输出逻辑EQ为根据真值表计算出来的标准逻辑电平。引脚6为仪器实测的输出逻辑电平（虚方块表示电平不高不低）的波形。若引脚6的波形与标准输出逻辑EQ的波形不符，则判断这组逻辑输出失效，即该片IC可能损坏。

图1-48　快速测试图

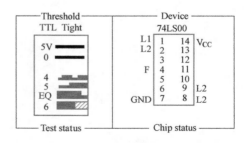

图1-49　诊断测试图

用以上两项测试方法可以找出85%以上的失效IC芯片。用以上测试方法判断后，可以再选择第三项测试——连线测试来判断IC的好坏。

3. 连线测试

对难以用以上两项测试法判断的IC故障，即在线路板上无法测试并排除的故障，如其他元器件的状态及连线对该被测IC的影响而造成的"假象"失效故障，要采用连线测试。

测试时，IC测试仪先对一块无故障的线路板上的IC进行学习，并建立相应的文件。这时，IC测试仪自动分析被"学习"的每片IC各引脚的连线状态，并把它们一一显示出来。同时，把

"学习"取得的 IC 输出逻辑电平波形与存储的标准波形进行比较。若两者完全一致，则证明被测 IC 是好的，否则认为该芯片失效。用这种测试可以找出以上两种测试难以判断的故障，以及开路、短路故障，其准确率达 95% 以上。

📖 **说　明**　IC 测试仪是片级维修所用到的仪器。

🔩 **任务巩固**

一、填空题（将正确答案填写在横线上）

1. 数控机床电气维修常用的仪表有：_____、_____、_____、_____、_____。

2. _____常用于测量伺服电动机的转速，是检查伺服调速系统的重要依据之一。

3. 数控系统修理通常选用频带宽度为_____范围内的双通道示波器。它不仅可以测量电平、脉冲上/下沿、脉宽、周期、频率等参数，还可以进行两信号的相位和电平幅度的比较。

4. 数控机床集成电路测试仪分为_____和_____两种。

5. 常用的转速表，有_____转速表和_____转速表等。

二、判断题（正确的打"√"，错误的打"×"）

1. 在数控机床的故障检测过程中，借助一些专用仪器是没有必要的，这些专用仪器只能从侧面反映故障点状况。（　　）

2. 所有数控系统的 PLC 必须使用专用的编程器才能对其进行编程、调试、监控和检查。（　　）

3. 逻辑测试笔可以方便地测量数字电路的脉冲、电平，通过其发光管指示可以判断是上升沿还是下降沿，是电平还是连续脉冲，可以粗略估计逻辑芯片的好坏。（　　）

三、选择题（把正确答案的代号填到括号内）

1. （　　）可以用来测试运算控制器等部件的逻辑电路好坏。

A. 示波器　　B. 万用表　　C. 逻辑分析仪　　D. 故障跟踪仪

2. 在线 IC 测试仪按功能分为（　　）两种。

A. 普及型和高档型　　B. 模拟型和数字型　　C. 机械式和电子式　　D. 相位式和电平式

模块二 数控系统的装调与维修

CNC 装置由软件和硬件组成，硬件为软件的运行提供了支持环境。CNC 装置有专用计算机数控装置（简称专机数控）和通用个人计算机数控装置（简称 PC 数控）两种。专机数控所用的计算机一般是由数控系统生产厂商为其 CNC 系统专门设计的，一般是工业控制计算机。而 PC 数控所用的计算机即是普通的个人计算机。

CNC 软件是为实现 CNC 系统各项功能而编制的专用软件，又称为系统软件，分为管理软件和控制软件两大部分，如图 2-1 所示。在系统软件的控制下，CNC 装置对输入的加工程序自动进行处理并发出相应的控制指令，使机床加工工件。

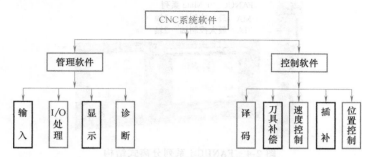

图 2-1 CNC 系统软件框图

随着微电子和计算机技术的发展，以"硬连接"构成数控系统，逐渐过渡到以软件为主要标志的"软连接"数控时代，即用软件实现机床的逻辑控制和运动控制，具有较强的灵活性和适应性。

通过学习本模块，学生应学会数控系统常用参数的设置，能对数控系统的参数进行备份和恢复；能进行数控机床一般功能的调试；能排除数控机床调试中常见的电气故障；熟悉数控系统的接口功能和机床电气控制电路；能排除数控机床的干扰，掌握接地保护的相关知识。

任务一 数控系统硬件的连接

🔵 任务引入

FANUC i 系列机箱共有两种形式，一种是内装式，另一种是分离式。所谓内装式就是系统线路板安装在显示器背面，数控系统与显示器（LCD）是一体的，如图 2-2 所示。图 2-3 是内装式 CNC 与 LCD 的实装图。分离式结构如图 2-4 所示。它的系统部分与显示器是分离的，显示器可以是 CRT（阴极射线管），也可是 LCD（液晶显示器）。两种系统的功能基本相同，内装式系统体积小，分离式系统使用更灵活些。如大型龙门镗铣床显示器需要安装在吊挂上，系统更适宜安装在控制柜中，显然使用分离式系统更适合。

无论是内装式结构还是分离式结构，它们均由"基本系统"和"选择板"组成。

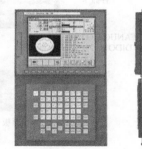

图 2-2 FANUC i 系列内装式系统

图 2-3 内装式 CNC 与 LCD 的实装

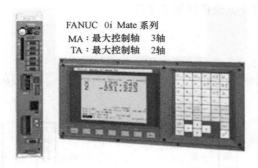

图 2-4 FANUC i 系列分离式结构

基本系统可以形成一个最小的独立系统，实现最基本的数控功能，如基本的插补功能（FS16i 可达 8 轴控制，0iC 最多可达 4 轴控制），形成独立加工单元。

图 2-5 是 FANUC 0i-TD 系统结构示意图。数控系统主机硬件如图 2-6 所示，图 2-7 是其框图。图 2-8 是系统各板插接位置图，图 2-9 是系统各板插接位置的实物图。

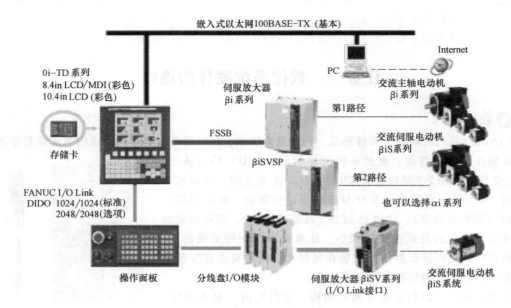

图 2-5 FANUC 0i-TD 系统结构示意图

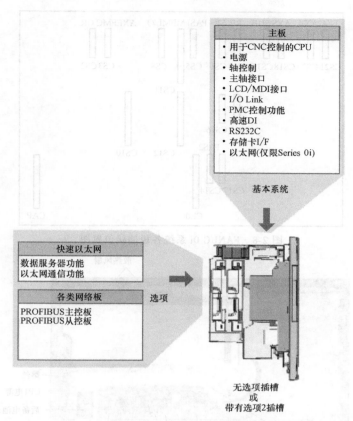

图 2-6　数控系统主机硬件

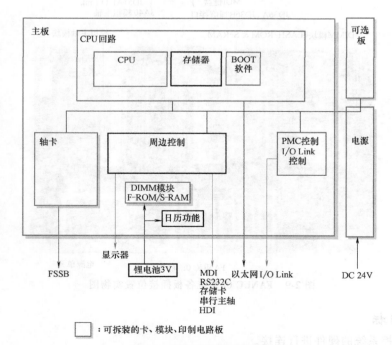

□ : 可拆装的卡、模块、印制电路板

图 2-7　数控系统主机框图

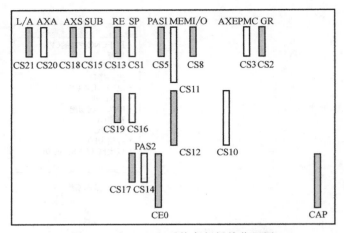

图 2-8　FANUC 0i 系统各板插接位置图

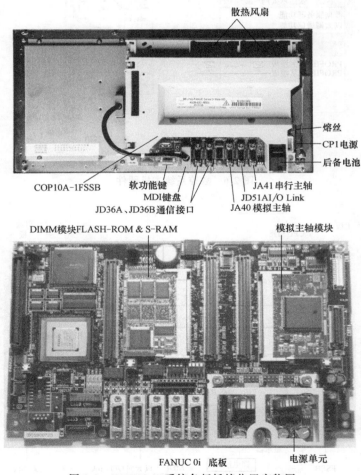

图 2-9　FANUC 0i 系统各板插接位置实物图

🐚任务目标

1）能对数控系统的硬件进行连接。

2）能对数控系统的硬件进行调整。

3）能排除数控系统硬件的典型故障。

●**任务实施**

■**现场教学** 由教师把学生带到数控机床边，由教师或工厂技术人员介绍数控系统控制单元的组成，在介绍时要注意人身与机床的安全。

数控机床控制单元由主板和 I/O 两个模块构成。主板模块包括主 CPU、内存、PMC 控制、I/O Link 控制、伺服控制、主轴控制、内存卡 I/F、LED 显示等；I/O 模块包括电源、I/O 接口、通信接口、MDI 控制、显示控制、手摇脉冲发生器控制和高速串行总线等。各部分与机床、外部设备连接插槽或插座如图 2-10 所示。

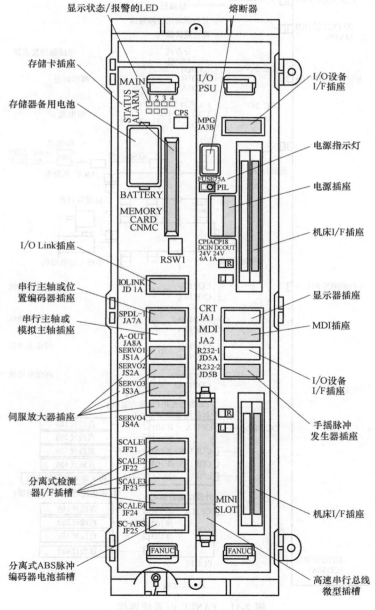

图 2-10 FANUC 0i 系统控制单元

■ 技能训练

一、数控系统硬件的连接

图 2-11 为 FANUC 0i 系统的连接图。系统输入电压为 DC 24 （1±10%） V，电流约 7A。伺服

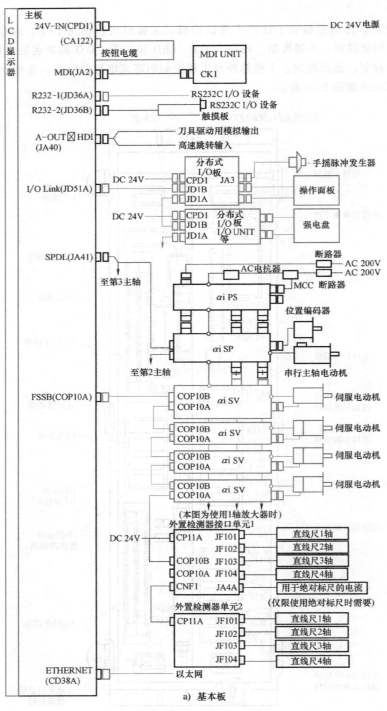

图 2-11　FANUC 0i 系统连接

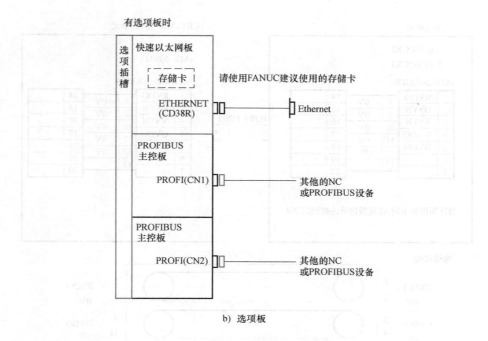

b) 选项板

图 2-11 FANUC 0i 系统连接 (续)

和主轴电动机为 AC 200V (不是 220V, 其他系统如 0 系统, 系统电源和伺服电源均为 AC 200V) 输入。这两个电源的通电及断电顺序是有要求的, 不满足要求会出现报警或损坏驱动放大器。原则是要保证通电和断电都在 CNC 的控制之下。

1. CRT/MDI 单元

(1) 视频信号接口。图形卡 (GR) 的接线如图 2-12 所示, 视频信号接口如图 2-13 所示。

图 2-12 图形卡 (GR) 的接线

(2) 显示单元电源的连接。不同的显示单元所要求的电源电压不同, 图 2-14 与图 2-15 分别为 9in 单色 CRT 与 LCD 的连接图。

(3) 连接分离型显示单元的软键的电缆。某些分离型显示单元有软键, 这些单元有用于软键的扁平电缆。该电缆连接分离型 MDI 单元的 KM2 插头 (见图 2-16)。

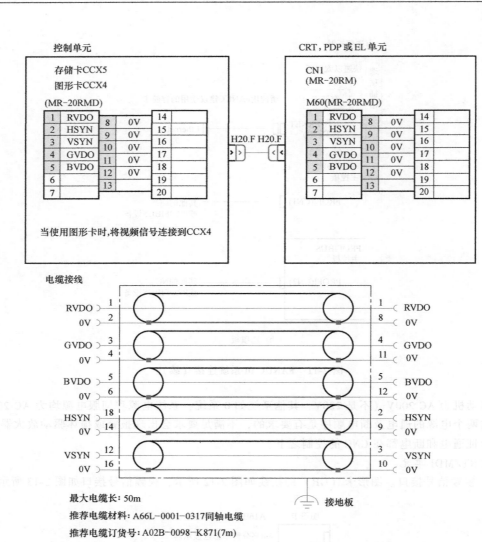

图 2-13　视频信号接口

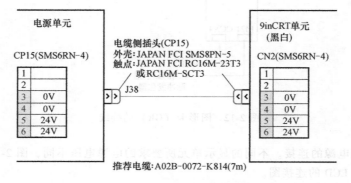

图 2-14　9in 单色 CRT 的连接图

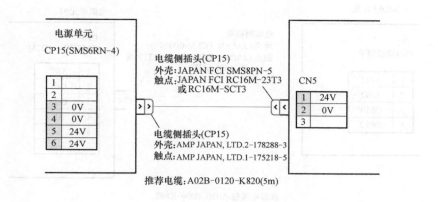

图 2-15 LCD 的连接图

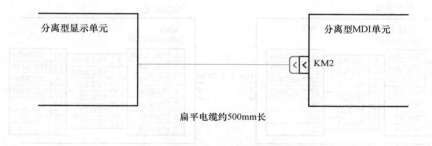

图 2-16 分离型显示单元的连接

（4）显示单元上的 ON/OFF 开关。全键型的 9in CRT/MDI 单元、9in PDP/MDI 单元、7.2in LCD/MDI 单元和 14in CRT/MDI 单元都具有用于接通和关闭控制单元的 ON/OFF 开关。当开关连接到输入单元或电源单元 AI（内装输入单元）时，可通过按 ON/OFF 开关接通或关闭控制单元。图 2-17 与图 2-18 分别为 14in CRT/MDI 单元连接到输入单元与电源单元的连接图。

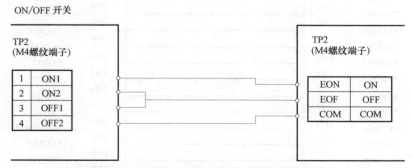

图 2-17 14in CRT/MDI 单元连接到输入单元的连接图

（5）MDI 单元接口（见图 2-19）。

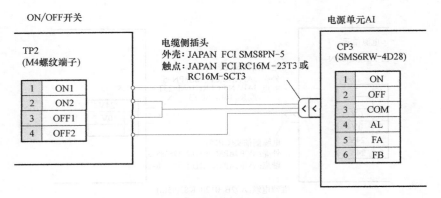

推荐电缆包:A02B-0096-K892

图 2-18　14in CRT/MDI 单元连接到电源单元的连接图

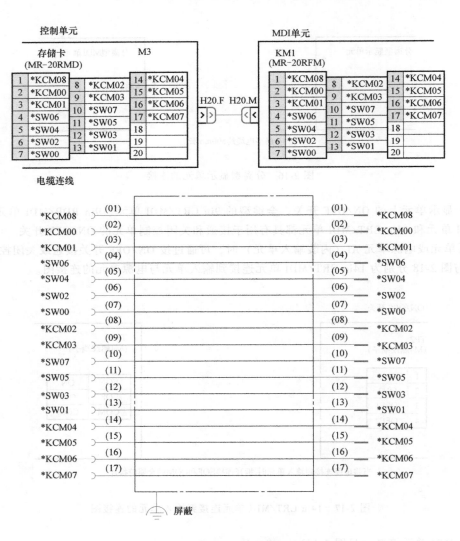

图 2-19　MDI 单元接口

2. 手摇脉冲发生器接口（见图 2-20 与图 2-21）

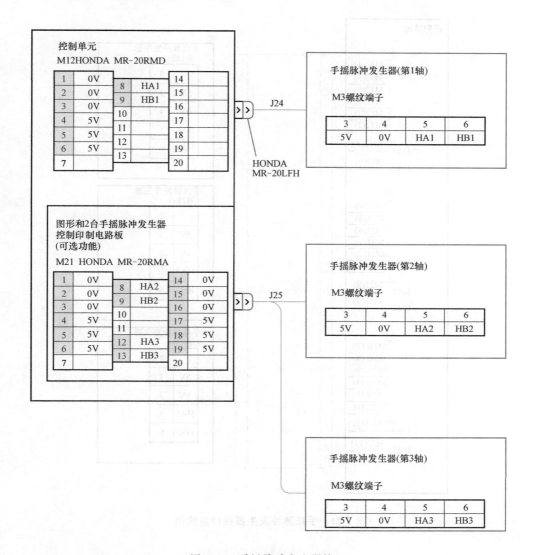

图 2-20　手摇脉冲发生器接口

3. I/O 的连接

标准 I/O 连接如图 2-22 所示。

4. 远程缓冲器接口

远程缓冲器是用于以高速向 CNC 提供大量数据的可选配置。远程缓冲器通过一个串行接口连接到主计算机或 I/O 装置上（见图 2-23）。表 2-1 列出了远程缓冲器印制电路板的类型。根据它们在控制单元中的位置不同，可将它们分为三大类。

（1）远程缓冲器接口、原理及连接（RS232C 见图 2-24 与图 2-25）。当使用 FANUC DNC2 接口并将 IBM PC-AT 作为主计算机时，主计算机在转到接收状态时，取消 RS（变为低电平）。因此，在这种情况下，CNC 侧的 CS 必须连接到 CNC 侧的 ER。

（2）远程缓冲器与电池单元的连接（见图 2-26）。

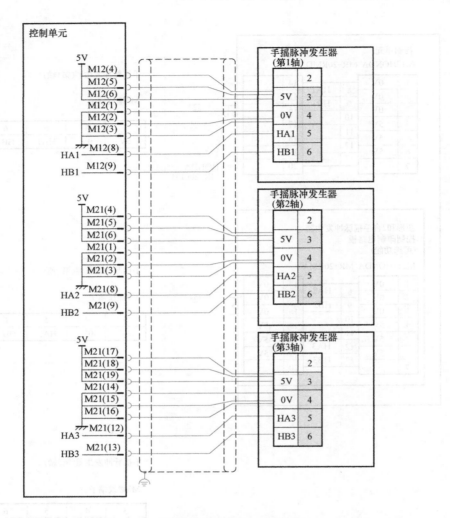

图 2-21   手摇脉冲发生器接口连线图

表 2-1   远程缓冲器印制电路板类型

类型	名　称	备　注	连接槽
A	SUB CPU 卡	包括在多轴卡中，第 5 轴和第 6 轴可作为 PMC 轴控制	SUB
A	控制单元 B 的远程缓冲器	不能连接第 5 轴和第 6 轴	SUB
B	控制单元 A 的远程缓冲器	也可用于 DNC2 接口	扩展连接器 JA1 和 JA2
C	控制单元 B 的远程缓冲器	也可用于 DNC2 接口	SP

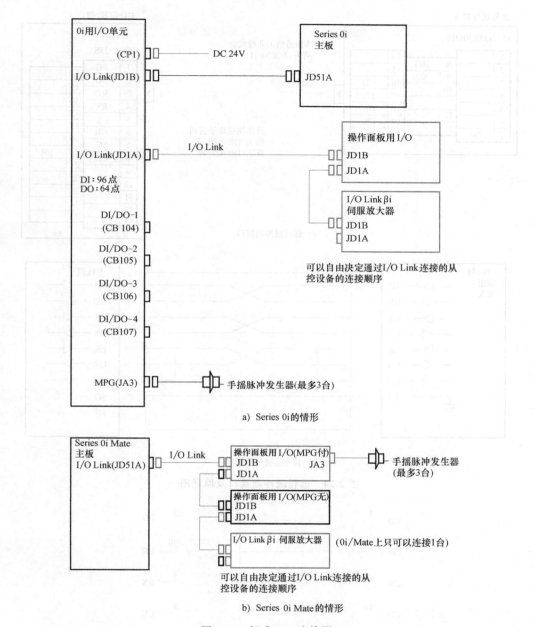

a) Series 0i 的情形

b) Series 0i Mate 的情形

图 2-22 标准 I/O 连接图

图 2-23 FANUC 0i 系统与计算机通信连接图

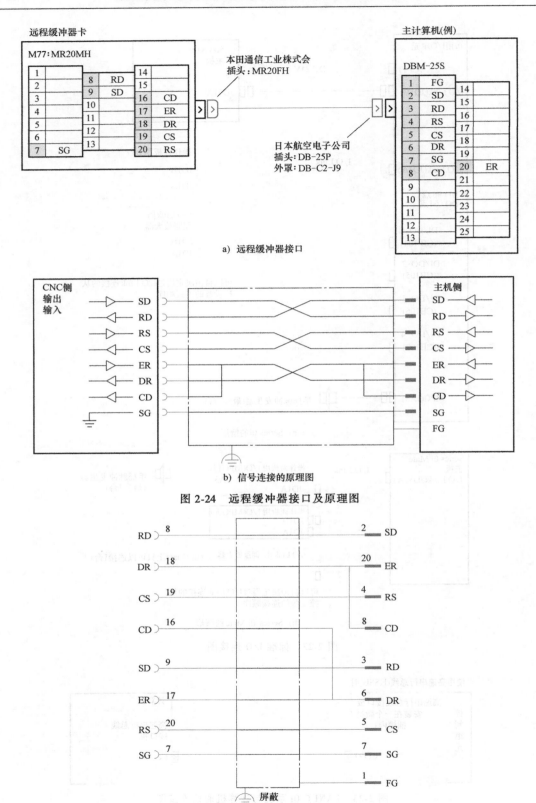

a) 远程缓冲器接口

b) 信号连接的原理图

图 2-24　远程缓冲器接口及原理图

图 2-25　电缆接线图

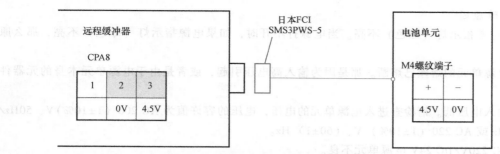

图 2-26　远程缓冲器与电池单元的连接

二、典型故障——电源不能接通的维修

按电源 ON 按钮后，数控系统不启动，实际上没有系统电源接入 CNC。

FANUC i 系列产品系统输入电源为 DC 24V，这里需要注意的是，由 AC 220V 到 DC 24V 的电源不是 FANUC 公司提供的，是由机床厂选配的外购件。

FANUC i 系列仅接收 DC 24V 电源，如图 2-27 所示。

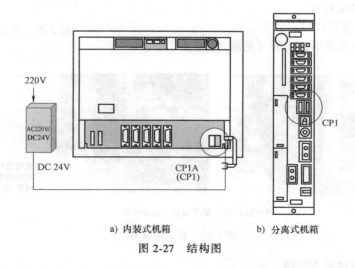

a) 内装式机箱　　　　　　b) 分离式机箱

图 2-27　结构图

DC 24V 输入系统后，还需通过系统将 DC 24V 转换为 3.3V（FLASH 卡写入电压）、5V（线路板 IC 工作电压）、±12V、±15V，如图 2-28 所示。

在该电源前端有一个快速熔断器，当外部电压过高时立即熔断，保护系统硬件。

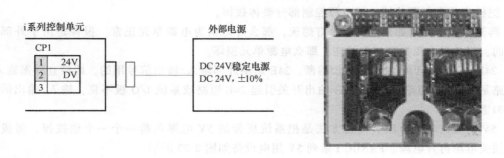

a) 外部电源单元AC 220V/DC24V输入到CNC　　　b) CNC系统电源DC 24V/3.3V,5V,±12V,±15V

图 2-28　变压

1. 故障原因

(1) 电源指示灯 (绿色) 不亮。当电源打不开时, 如果电源指示灯 (绿色) 不亮, 那么原因可能是:

1) 电源单元的熔丝已熔断。那是因为输入高电压引起, 或者是由于电源单元本身的元器件损坏。

2) 输入电压低。请检查进入电源单元的电压, 电压的容许值为 AC 200 (1±10%) V、50Hz/(60±1) Hz 或 AC 220 (1±10%) V、(60±1) Hz。

3) AC 220V/DC 24V 电源单元不良。

4) 外部 24V 短路, 电阻过小, 引起短路电流过大, 电源保护或损坏。

(2) 电源指示灯亮, 报警灯熄灭, 但打不开电源。其原因是电源 ON 的条件不满足。FANUC 推荐 ON/OFF 电路如图 2-29 所示。电源 ON 的条件有 3 个:

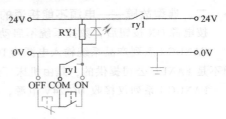

1) 电源 ON 按钮闭合后断开。

2) 电源 OFF 按钮闭合。

3) 外部报警触点打开。

(3) 电源单元报警灯亮。

图 2-29　开关电路

1) 24V 输出电压的熔丝熔断 (见图 2-30)。

通过有机玻璃可以观察快熔丝断否

CP1为24V输入端,下面是快速熔断器

图 2-30　快速熔断器

① 检查 24V 与地是否短路。

② 显示器/手动数据输入板单元不良。

2) 电源单元不良。

① 把电源单元所有输出插头拔掉, 只留下电源输入线和开关控制线。

② 把机床整个电源关掉, 把电源控制部分整体拔掉。

③ 再开电源, 此时如果电源报警灯熄灭, 那么可以认为电源单元正常。报警是由于外部负载引起的, 而如果电源报警灯仍然亮, 那么电源单元损坏。

3) 24E (外部 24V 电源) 的熔丝熔断。24E 是供外部输入/输出信号用的, 请检查外部输入/输出回路是否对 0V 短路。外部输入/输出开关引起 24E 短路或系统 I/O 板不良, 输入/输出回路如图 2-31 所示。

4) 5V 的负荷电压短路。检查方法是把系统所带的 5V 电源负荷一个一个地拔掉, 每拔一次, 必须关电源再开电源。FANUC i 系列 5V 用电设备如图 2-32 所示。

当拔掉任意一个 5V 电源负荷后, 电源报警灯熄灭, 那么, 可以证明该负荷及其连接电缆出现故障。

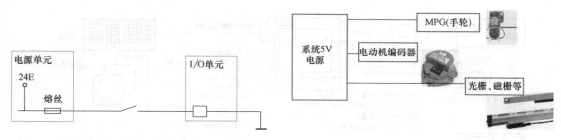

图 2-31 输入/输出回路 　　　　　　　　 图 2-32 5V 用电设备

需要注意的是，当拔掉电动机编码器的插头时，如果是绝对位置编码器，还需要重新回参考点，机床才能恢复正常。

5）系统各印制电路板有短路。用万用表测量 5V、±15V、24V 与 0V 之间的电阻，必须在电源关的状态下测量。

① 把系统各印制电路板一个一个地往下拔，再开电源，确认报警灯是否再亮。

② 如果当某一印制电路板拔下后，电源报警灯不亮，那就可以证明该印制电路板有问题，需更换该印制电路板。

③ 当用计算机与 CNC 系统进行通信作业，如果 CNC 通信接口烧坏，有时也会使系统电源打不开。

2. 故障维修实例

一台加工中心机床，电源无法正常上电，电源单元红灯亮（电源报警）。

经初步诊断为 24E 短路引起系统无法上电，处理方法为将 I/O 模块一个一个地摘除，当摘除到第 1 个输入模块时，电源 24V 正常，进一步检查该模块上的输入/输出点，最终发现 X9.2（Z 轴回零减速开关）对地短路。更换开关及整理线路，故障排除。

🏠**任务扩展** SIEMENS 802D 数控系统硬件连接

一、SIEMENS 系统各部件的连接（见图 2-33）

✍**想一想**

根据您所在学校的 SIEMENS 系统数控机床，说明图 2-33 所示各单元的作用，并进行验证。

二、PROFIBUS 总线的连接

SIEMENS 802D 是基于 PROFIBUS 总线的数控系统。输入/输出信号是通过 PROFIBUS 总线传送的，位置调节（速度给定和位置反馈信号）也是通过 PROFIBUS 完成的。

1. PROFIBUS 电缆的准备

PROFIBUS 电缆应由机床制造商根据其电柜的布局连接。系统提供 PROFIBUS 的插头和电缆，插头应按照图 2-34 所示连接。

2. PROFIBUS 电缆的准备

PCU 为 PROFIBUS 的主设备，每个 PROFIBUS 从设备（如 PP72/48、611UE）都具有自己的总线地址，因而从设备在 PROFIBUS 总线上的排列次序是任意的。PROFIBUS 的连接如图 2-35 所示。PROFIBUS 两个终端设备的终端电阻开关应拨至 ON 位置。P72/48 的总线地址由模块上的地址开关 S1 设定。第一块 PP72/48 的总线地址为"9"（出厂设定）。如果选配第二块 PP72/48，其总线地址应设定为"8"；611UE 的总线地址可利用工具软件 SimoCom U 设定，也可通过611UE 上的输入键设定。总线设备（PP72/48 和驱动器）在总线上的排列顺序不限，但总线设备的总线地址不能冲突，即总线上不允许出现两个或两个以上相同的地址。

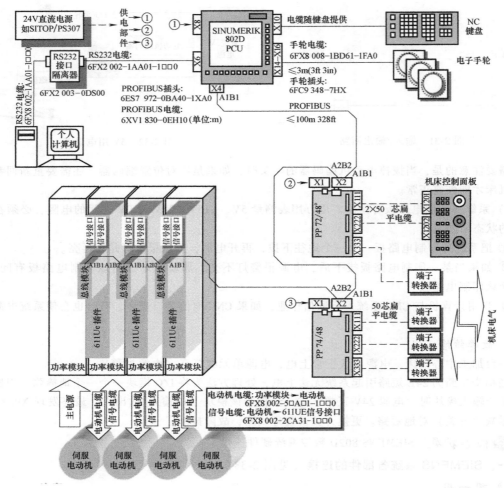

图 2-33　SIEMENS 系统各部件的连接

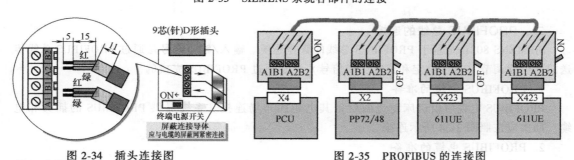

图 2-34　插头连接图　　　　　　图 2-35　PROFIBUS 的连接图

📖**看一看**　根据您所在学校的数控机床，看一看图 2-33 所示各单元的具体位置。

⚙**任务巩固**

一、填空题（将正确答案填写在横线上）

1. FANUC i 系列机箱共有两种形式，一种是_____，另一种是_____。

2. 远程缓冲器是用于以_____向_____提供大量数据的可选配置。远程缓冲器通过一个_____连接到主计算机或输入/输出装置上。

3. FANUC 0i 系统的输入电压为_____，电流约 7A。伺服和主轴电动机为_____输入。

4. 系统电源和伺服电源通电及断电顺序是有要求的，不满足要求会_____或损坏驱动放大器，原则是要保证通电和断电都在_____的控制之下。

5. 机箱无论是内装式结构还是分离式结构，它们均由"_____"和"_____"组成。

6. FANUC 0i-TD 系统主机硬件包括主印制电路板（PCB）、控制单元电源、图形显示板、_____板、_____板、I/O 接口板、存储器板、子 CPU 板、扩展的轴控制板和_____板等。

7. FANUC 0i 系统控制单元由_____和_____两个模块构成。主板模块包括_____、内存、PMC 控制、_____控制、伺服控制、主轴控制、内存卡 I/F、LED 显示等；I/O 模块包括电源、_____、_____、MDI 控制、显示控制、手摇脉冲发生器控制和_____等。

二、判断题（正确的打"√"，错误的打"×"）

1. 当使用 FANUC DNC2 接口并将 IBM PC-AT 作为主计算机时，主计算机在转到接收状态时，取消 RS（变为低电平）。在这种情况下，CNC 侧的 CS 必须连接到 CNC 侧的 ER。（　　）

2. LCD 具有视频信号微调控制器。控制器要能消除 NC 单元与 LCD 之间的轻微偏移，无须在安装或在更换 NC 的显示单元硬件、显示单元或电缆时将控制器调整好以消除故障。（　　）

3. FANUC 0i 系统的输入电压为 DC 24（1±20%）V，电流约 7A。（　　）

4. FANUC 0i 系统 DNC2 提供位置数据接口。（　　）

任务二　克服干扰对数控机床的影响

任务引入

干扰一般是指数控系统在工作过程中出现的一些与有用信号无关的，并且对数控系统性能或信号传输有害的电气变化现象。这些有害的电气变化现象会使有用信号的数据发生瞬态变化，增大误差，出现假象，甚至使整个系统出现异常信号而引起故障。例如，几毫伏的噪声可能淹没传感器输出的模拟信号，构成严重干扰，影响系统正常运行。对于精密数控机床来说，克服干扰的影响显得尤为重要。

任务目标

1）了解干扰的种类。

2）掌握提高数控机床抗干扰的措施。

3）能对数控机床进行正确的接地与屏蔽。

任务实施

教师讲解　干扰的分类

干扰根据其现象和信号特征有不同的分类方法。

一、按干扰性质分

1. 自然干扰

自然干扰主要是由雷电、太阳异常电磁辐射及其他来自宇宙的电磁辐射等自然现象形成的干扰。

2. 人为干扰

人为干扰分有意干扰和无意干扰。有意干扰指由人有意制造的电磁干扰信号。人为无意干扰很多，如工业用电、高频及微波设备等引起的干扰。

3. 固有干扰

固有干扰主要是电子元器件固有噪声引起的干扰，包括信号线之间的相互串扰，长线传输时由于阻抗不匹配而引起的反射噪声、负载突变而引起的瞬变噪声以及馈电系统的浪涌噪声干扰等。

二、按干扰的耦合模式分

1. 电场耦合干扰

电场耦合干扰是电场通过电容耦合的干扰，包括电路周围物件上聚积的电荷直接对电路的泄放，大载流导体产生的电场通过寄生电容对受扰装置产生的耦合干扰等。

2. 磁场耦合干扰

磁场耦合干扰是大电流周围磁场对装置回路耦合形成的干扰。动力线、电动机、发电机、电源变压器和继电器等都会产生这种磁场。

3. 漏电耦合干扰

漏电耦合干扰是绝缘电阻降低而由漏电电流引起的干扰，多发生于工作条件比较恶劣的环境或器件性能退化、器件本身老化的情况下。

4. 共阻抗感应干扰

共阻抗感应干扰是电路各部分公共导线阻抗、地阻抗和电源内阻压降相互耦合形成的干扰。这是机电一体化系统普遍存在的一种干扰。

5. 电磁辐射干扰

由各种大功率高频或中频发生装置、各种电火花以及电台、电视台等产生的高频电磁波，向周围空间辐射，形成电磁辐射干扰。

现场教学　把学生带到车间中，在数控机床边，根据本机床的具体情况来介绍数控机床的抗干扰措施。

一、信号的分组

机床使用的电缆分类见表 2-2。每组电缆应按表中所述处理方法处理，并按分组走线，电缆走线方法如图 2-36 所示。

表 2-2　机床使用的电缆分类

组别	信 号 线	处理方法
A	一次侧交流电源线 二次侧交流电源线 交/直流动力线（包括伺服电动机、主轴电动机动力线） 交/直流线圈 交/直流继电器	将 A 组电缆与 B 组和 C 组分开捆绑，或者将 A 组电缆进行屏蔽
B	直流线圈（DC 24V） 直流继电器（DC 24V） CNC 与强电柜之间的 DI/DO 电缆 CNC 与机床之间的 DI/DO 电缆 控制单元及其外围设备的 DC 24V 输入电源电缆	在直流线圈和继电器上连接二极管，将 B 组电缆与 A 组电缆分开捆绑，或者将 B 组电缆进行屏蔽。B 组电缆与 C 组电缆离得越远越好，建议将 B 组电缆进行屏蔽处理
C	CNC 与伺服放大器之间的电缆 位置反馈、速度反馈用的电缆 CNC 与主轴放大器之间的电缆 位置编码器电缆 手摇脉冲发生器电缆 CRT（LCD）、MDI 用的电缆 RS 232C、RS 422 用的电缆 电池电缆 其他需要屏蔽用的电缆	将 C 组电缆与 A 组电缆分开捆绑，或者将 C 组电缆进行屏蔽。C 组电缆与 B 组电缆离得越远越好

注：1. 分开走线指每组间的电缆间隔要在 10cm 以上。

2. 电磁屏蔽指各组间用接地的钢板屏蔽。

二、屏蔽

屏蔽是利用导电或导磁材料制成的
盒状或壳状屏蔽体将干扰源或干扰对象
包围起来，从而割断或削弱干扰场的空
间耦合通道，阻止其电磁能量的传输。
按需要屏蔽的干扰场性质的不同，可分
为电场屏蔽、磁场屏蔽和电磁场屏蔽。

电场屏蔽是为了消除或抑制由于电
场耦合引起的干扰。通常用铜和铝等导
电性能良好的金属材料做屏蔽体。屏蔽
体结构应尽量完整、严密并保持良好的
接地。

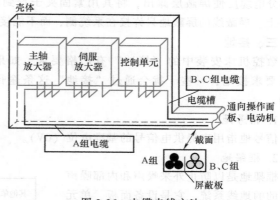

图 2-36 电缆走线方法

磁场屏蔽是为了消除或抑制由于磁场耦合引起的干扰。对静磁场及低频交变磁场，可用
高磁导率的材料做屏蔽体，并保证磁路畅通。对于高频交变磁场，由于主要靠屏蔽体壳体上
感生的涡流所产生的反磁场起排斥原磁场的作用，因此，应选用良导体材料，如铜、铝等做
屏蔽体。

一般情况下，单纯的电场或磁场是很少见的，通常是电、磁场同时存在，因此，应将电、磁
场同时屏蔽。例如，在电子仪器内部，最大的工频磁场来自电源变压器，对变压器进行屏蔽是抑
制其干扰的有效措施。在变压器绕组线包的外面包一层铜皮作为漏磁短路环。当漏磁通穿过短
路环时，在铜环中感生涡流，因此会产生反磁通以抵消部分漏磁通，使变压器外的磁通减弱。对
变压器或扼流圈的侧面也需屏蔽，一般采用包一层铁皮来做屏蔽盒。包的层数越多，短路环越
厚，屏蔽效果越好。

与 CNC 连接的电缆，均需经过屏蔽处理，应按图 2-37 所示方法紧固。装夹屏蔽线时除夹住
电缆外，还兼屏蔽处理作用，这对系统的稳定性极为重要，因此必须实施。如图 2-37 所示，剥

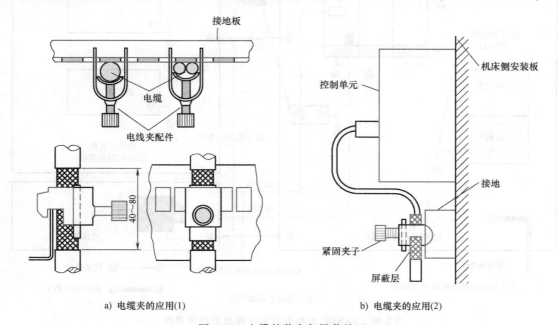

a) 电缆夹的应用(1)　　　　　　　　　　b) 电缆夹的应用(2)

图 2-37 电缆的装夹与屏蔽处理

开部分电缆皮使屏蔽层露出，将其用紧固夹子拧到机床厂商制作的地线板上，紧固夹子附在 CNC 上。屏蔽线的屏蔽层只许接在系统侧，而不能接在机床侧，否则会引起干扰。

三、接地

数控机床安装中的"接地"有严格要求，如果数控装置、电气柜等设备不能按照使用手册要求接地，一些干扰会通过"接地"这条途径对机床起作用。数控机床的地线系统有三种：

1. 信号地

信号地指用来提供电信号的基准电位（0V）。

2. 框架地

框架地是以防止外来噪声和内部噪声为目的的地线系统，它是设备面板、单元外壳、操作盘及各装置间连接的屏蔽线。

3. 系统地

系统地是将框架地和大地相连接。

图 2-38 是数控机床的地线系统示意图，图 2-39 所示为数控机床实际接地的方法。图 2-39a 所示是将所有金属部件连在多点上的接地方法，把主接地点和第二接地点用截面积足够大的电缆连接起来。图 2-39b 所示的接地方法是设置一个接地点。

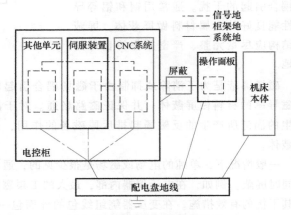

图 2-38　数控机床的地线系统

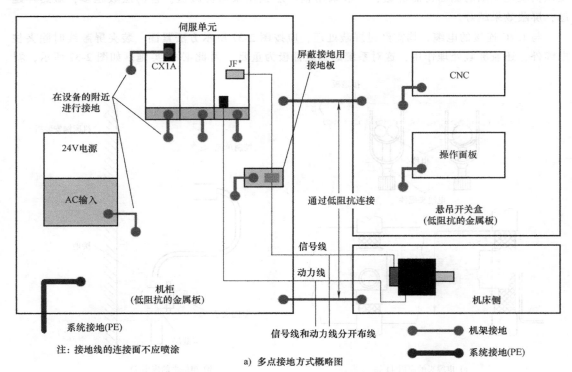

a）多点接地方式概略图

图 2-39　FANUC 系列数控机床接地系统示意图

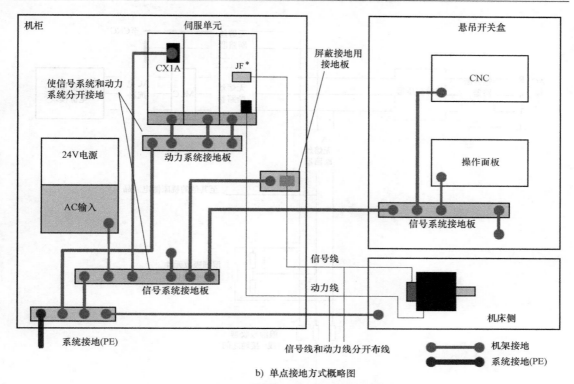

b) 单点接地方式概略图

图 2-39 FANUC 系列数控机床接地系统示意图（续）

注 意

1）接地标准及办法需遵守国标 GB/T 5226.1—2019《机械电气安全 机械电气设备 第一部分：通用技术条件》。

2）中性线不能作为保护地使用。

3）PE 接地只能集中在一点接地，接地线截面积必须 ≥6mm²，接地线严格禁止出现环绕。

四、浪涌吸收器的使用

为了防止来自电网的干扰，在异常输入时起到保护作用，电源的输入应该设有保护措施。通常采用的保护装置是浪涌吸收器。浪涌吸收器包括两部分，一个为相间保护，另一个为线间保护。浪涌吸收器的连接如图 2-40 所示。

从图 2-40 可以看出，浪涌吸收器除了能够吸收输入交流的干扰信号以外，还可以起到保护的作用。当输入的电网电压超出浪涌吸收器的钳位电压时，会产生较大的电流，该电流即可使 5A 断路器断开，而输送到其他控制设备的电流随即被切断。

查一查

数控机床还可以采用哪几种抗干扰措施？

五、维修实例

【例 2-1】 TH7640 型加工中心采用 SIEMENS 802D 系统，在加工过程中出现无规律"3000 急停"报警。关机后重新开机，能继续工作，但上述现象会反复。

分析及处理：急停后再开机床能够工作，说明 CNC 系统及驱动系统正常。此现象可能是电源波动引起的。检查控制电源 24V 直流电压及 220V 交流电压，监控故障出现前后是否出现波动。

查直流电源 24V，正常。查交流电源 220V，发现开机正常，在 218V 左右。机床工作一段时

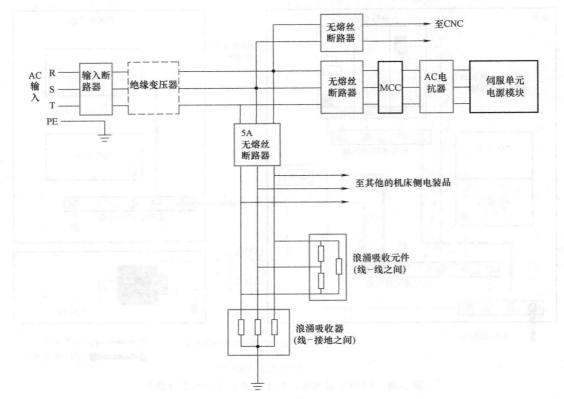

图 2-40　浪涌吸收器的连接

间后电压突然降至 180V。过了一会儿，机床出现急停报警。这说明该机床急停是由于控制电源 220V 波动造成的。逐个排查各种工作状态，发现只有在开液压泵的情况下出现急停，但液压泵电动机绕组及绝缘正常。更换液压泵后故障排除。

【例 2-2】　CNC—B4H250—600 型数控 4 轴单面卧式枪钻机床采用 SIEMENS 802S 系统。该机床正常状态为开机出现自检页面，自检通过后进入加工页面。

故障现象：开机出现自检页面，但自检过程不能顺利完成，而是反复不停地从头开始自检，无法进入加工页面，但无报警。

分析及处理：出现这一现象的一种可能是系统有问题，无法完成自检；另一种可能是外部干扰自检过程。考虑到系统无报警，故先从外部入手。CNC 系统电源由开关电源 24V 供电。查 24V 电源，开始正常，自检过程中突然降至 5V，然后自动变为 24V，使 CNC 系统自检中断，又重新开始启动自检。怀疑可能是开关电源有问题。用开关电源接一模拟负载，24V 稳定，基本上可以排除开关电源。该电源除了给 CNC 系统供电外，还同时给 PLC 供电。查 PLC 有关部件，发现有一开关上的电源线接地，致使 CNC 系统自检。进入 PLC 后，由于该开关接地而使开关电源输出电压突降，引起 CNC 系统自检中断。排除故障，自动退出 PLC 后，电源又恢复 24V，重新开始启动自检。将开关处理好后，开机自检通过，机床正常工作。

【例 2-3】　故障现象：某配套 SIEMENS 3M 的加工中心，在使用过程中经常无规律地出现"死机"、系统无法正常起动等故障。机床故障后，重新开机，又可以恢复正常工作。

分析及处理：可以初步判断数控系统本身的组成模块、软件及硬件均无损坏，发生故障的原因主要来自系统外部的电磁干扰或外部电源干扰等。

考虑到该机床为德国进口设备，在数控系统、机床、车间的接地系统，电缆屏蔽连接，电缆的布置、安装，系统各模块的安装、连接等基础性工作方面存在问题的可能性较小。

机床的安装环境条件较差，厂房内大型设备较多，电源的干扰与波动及电磁干扰可能是引起系统工作不正常的主要原因。为此，维修时对系统的电源进线增加了干扰滤波环节。在采取以上措施后，"死机"现象消除，机床长时间工作正常。

【例 2-4】　故障现象：配套 SIEMENS 802D 系统的数控铣床，开机时出现报警 ALM380500，驱动器显示报警号 ALM504。

分析及处理：驱动器 ALM504 报警的含义是编码器的电压太低，编码器反馈监控失效。

经检查，开机时伺服驱动器可以显示"RUN"，表明伺服驱动系统可以通过自诊断，驱动器的硬件应无故障。经观察发现，每次报警都是在伺服驱动系统"使能"信号加入的瞬间出现，由此可以初步判定，报警是由于伺服电动机加入电枢电压瞬间的干扰引起的。

重新连接伺服驱动的电动机编码器反馈线，进行正确的接地连接后，故障清除，机床恢复正常。

【例 2-5】　故障现象：某配套国产 KND100M 的数控落地镗床，在使用过程中经常无规律地出现系统报警"WATCH DOG"、系统无法正常起动等故障。机床故障后，只要进行一次重新开机，一般可以恢复正常工作，但有时需要开、关机多次或对系统的连接插头进行几次插、拔操作，系统报警才能消除。

分析及处理：经过检查确认，数控系统、机床、车间的接地系统，系统的电缆屏蔽连接，电缆的布置、安装，系统各模块的安装、连接、固定均符合要求，排除了以上基础工作缺陷造成"软故障"的可能性。

进一步检查发现：在机床正常工作时，系统电源模块的输出电压 DC 5V 电压值为 4.9V 左右，其值偏低，它可能是导致系统工作不正常的主要原因。维修时对系统电源模块的输出电压进行了调整。考虑到该机床的各类连接电缆均较长（长度在 20m 左右），为了保证编码器侧的 DC 5V 达到规定的电压值，实际调整电源模块的输出 DC 5V 电压为 5.1V 左右。调整后经长时间的运行证明，系统报警"WATCH DOG"不再出现，机床故障被排除。

⚙**任务扩展**　SIEMENS 系统数控机床的系统地

SIEMENS 系统数控机床的系统地如图 2-41 所示。其中，①处为 L1、L2、L3 三相中未被其他设备使用的两相；②处只有 PE 接地良好时才能连接，如果不能确定 PE 是否良好，禁止连接；③处接地线截面积必须≥6mm²，以确保接地效果；④处接地线截面积必须≥10mm²，以确保接地效果。

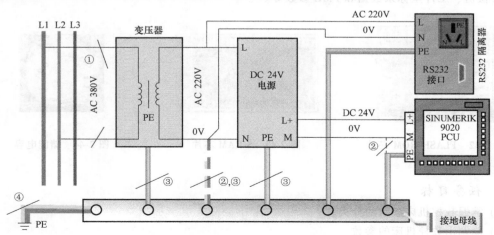

图 2-41　SIEMENS 系统数控机床的系统地

任务巩固

一、填空题（将正确答案填写在横线上）

1. 干扰根据其现象和信号特征有不同的分类方法，按干扰性质分为_____、_____、_____；按干扰的耦合模式分为_____、_____、_____、_____、_____。

2. 按需要屏蔽的干扰场性质的不同，可分为_____、_____和_____。

3. 数控机床的地线系统有三种：_____、_____、_____。

4. 为抑制来自电源的干扰，在交流电源进线处采用了_____和有静电屏蔽的_____，并设有变阻二极管用来吸收_____和_____。

5. 在CNC系统的控制电路的输入电源部分，也要采取抗干扰措施。一般是在三相电源线间_____浪涌吸收器，从而有效地吸收电网中的_____，起到一定的保护作用。

二、判断题（正确的打"√"，错误的打"×"）

1. 屏蔽线的屏蔽地只许接在系统侧，而不能接在机床侧，否则会引起干扰。（　　）

2. 电磁干扰一般是指系统在工作过程中出现的一些与有用信号无关的，并且对系统性能或信号传输有害的电气变化现象。（　　）

任务三　数控系统的参数设置

任务引入

FANUC i 系列数控系统与其他数控系统一样，通过不同的存储空间存放不同的数据文件。

ROM/FLASH-ROM：只读存储器（见图2-42），在数控系统中作为系统存储空间，用于存储系统文件和机床厂文件（MTB）。

S-RAM：静态随机存储器（见图2-43），在数控系统中用于存储用户数据，断电后需要电池保护，所以有易失性（如电池电压过低、SRAM损坏等）。其中的储能电容（见图2-44）可保持S-RAM芯片中数据30min。

数控机床中的数据文件主要分为系统文件、MTB文件和用户文件。其中，系统文件为FANUC提供的CNC和伺服控制软件；MTB文件包括PMC程序、机床厂编辑的宏程序执行器（Manual Guide 及 CAP程序等）；用户文件包括系统参数、螺距误差补偿值、加工程序、宏程序、刀具补偿值、工件坐标系数据和PMC参数等。

图2-42　FLASH-ROM芯片　　　图2-43　S-RAM芯片　　　图2-44　储能电容

任务目标

1）掌握数控机床参数的分类。

2）能调出数控机床的参数。

3）会对数控机床的参数进行设定。

任务实施

现场教学 把学生带到数控机床边，由教师或工厂中的技术人员进行现场教学，并让学生进行实际操作。

一、参数的分类及分类画面调出步骤

1. 参数的分类

FANUC 数控系统的参数按照数据的形式大致可分为位型和字型。其中，位型又分位型和位轴型；字型又分字节型、字节轴型、字型、字轴型、双字型、双字轴型。位轴型参数允许分别给各个控制轴设定参数。

位型参数就是对该参数的 0 ~ 7 这 8 位单独设置 "0" 或 "1" 的数据。位型参数的格式如图 2-45 所示。字型参数的格式如图 2-46 所示。

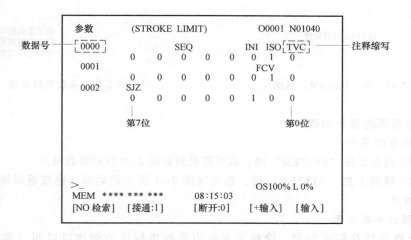

图 2-45 位型参数的格式

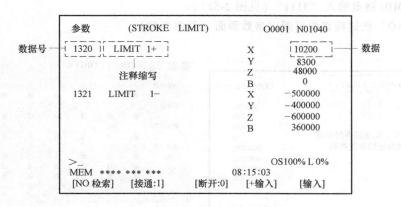

图 2-46 字型参数的格式

2. 参数类别画面的调出步骤

1) 在 MDI 键盘上按 "HELP" 键。

2) 按 [PARAM] 软键（见图 2-47）就可以看到如图 2-48 所示参数类别画面与图 2-49 所示

的参数数据号的分类画面。该画面共有4页，可通过翻页键进行查看。

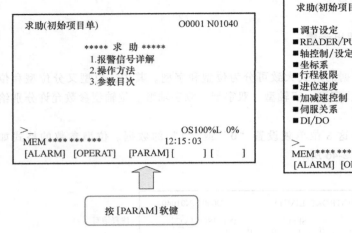

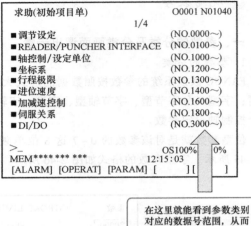

图2-47 按［PARAM］软键 　　　　　图2-48 参数类别画面

二、参数画面的显示和调出

1. 参数画面的显示

1）在MDI键盘上按"SYSTEM"键，就可能看到如图2-50所示参数画面。

2）在MDI键盘上按"SYSTEM"键，若出现图2-51所示的画面，则按返回键，直到出现图2-50所示画面。

2. 快速调出参数画面

下面以查找各轴存储式行程、检测正方向边界的坐标值为例加以说明（参数数据号为3111）。

1）在MDI键盘上按"SYSTEM"键。

2）通过MDI键盘输入"3111"（见图2-52）。

3）按［NO］软键检索便可调出参数画面（见图2-53）。

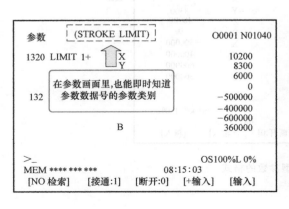

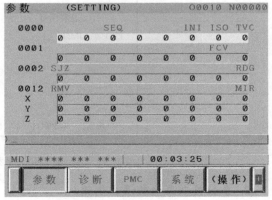

图2-49 参数数据号的类别画面 　　　　　图2-50 参数画面

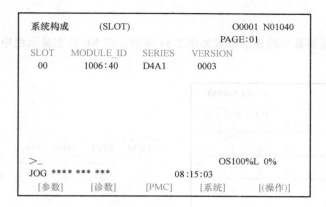

```
系统构成      (SLOT)                    O0001 N01040
                                            PAGE:01
SLOT    MODULE_ID    SERIES     VERSION
00      1006:40      D4A1       0003




>_                               OS100%L 0%
JOG  **** *** ***              08:15:03
[参数]     [诊数]     [PMC]      [系统]     [(操作)]
```

图 2-51 系统构成画面

输入需要
的参数号

```
参 数      (SETTING)              O0010 N00000

 0000                  SEQ          INI  ISO  TVC
           0    0    0    0    0    0    0    0
 0001                              FCV
           0    0    0    0    0    0    0    0
 0002 SJZ                               RDG
           0    0    0    0    0    0    0    0
 0012 RMV                              MIR
      X    0    0    0    0    0    0    0    0
      Y    0    0    0    0    0    0    0    0
      Z    0    0    0    0    0    0    0    0

)3111_

MDI  ****  *** ***       00:04:46

  搜 索   ON:1   OFF:0   +输入   输 入
```

图 2-52 输入参数号

```
参 数     (CRT/MDI/EDIT)        O0010 N00000

 3110                     AHC
           0    0    0    0    0    0    0    0
 3111 NPA OPS OPM            SVP SPS SVS
        0   0   1   0    0    1    1    1
 3112                              SGD
           0    0    0    0    1    1    0    1
 3113
           0    1    0    0    0    0    0    1
 3114
           0    0    0    0    0    0    0    0



MDI  ****  *** ***       00:05:29

  搜 索   ON:1   OFF:0   +输入   输 入
```

图 2-53 调出参数画面

做一做　对参数画面的显示和调出进行操作，注意不要进行修改。

3. NC 状态显示

NC 状态显示栏在屏幕中的显示位置如图 2-54 所示。在 NC 状态显示栏中的信息可分为 8 类，如图 2-55 所示。

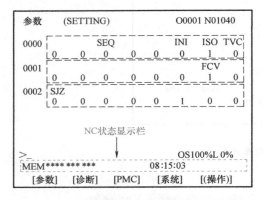

图 2-54　NC 状态显示栏在屏幕中的显示位置

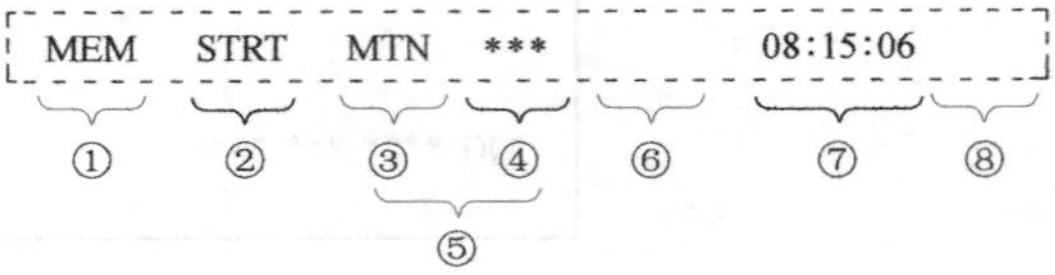

图 2-55　信息分类

技能操作　参数的设定

在进行参数设定之前，一定要清楚所要设定参数的含义和允许的数据设定范围，否则，机床就有被损坏的危险，甚至危及人身安全。

一、准备步骤

1）将机床置于 MDI 方式或急停状态。

2）在 MDI 键盘上按 "OFFSET SETTING" 键。

3）在 MDI 键盘上按光标键，进入参数写入画面。

4）将 "参数写入" 的设定从 "0" 改为 "1"（见图 2-56）。

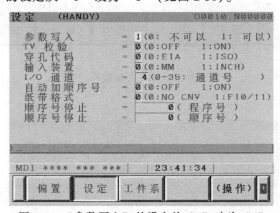

图 2-56　"参数写入" 的设定从 "0" 改为 "1"

二、位型参数设定

下面以 0 号参数为例来介绍位型参数的设定。0 号参数是一个位型参数，其 0 位是关于是否进行 TV 检查的设定。当设定为 "0" 时，不进行 TV 检查；当设定为 "1" 时，进行 TV 检查。设定步骤如下：

1）调出参数画面（见图 2-57）。

2）进行设定（见图 2-58）。

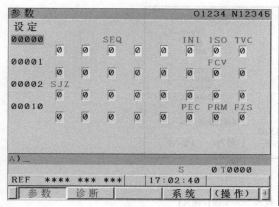

图 2-57　调出参数画面

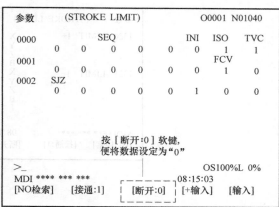

图 2-58　位型参数设定

三、字型参数的设定

下面以 1320 号参数设定为例介绍字型参数的设定步骤。现在将 1320 号参数中 X 轴存储式行程检测 1 的正方向边界的坐标值，由原来的 10200 修改为 10170。

将光标移到 1320 位置（见图 2-59）字型参数数据输入，共有三种最常用的方法：

1）输入 "10170"，按［输入］软键（见图 2-60）。

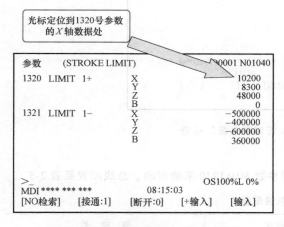

图 2-59　将光标移到 1320 号参数位置

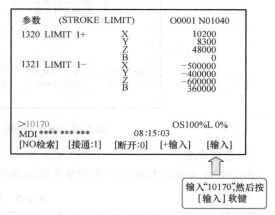

图 2-60　输入 "10170" 后按［输入］软键

2）输入 "-30"，按［+输入］软键（见图 2-61）。

3）输入 "10170"，按 "INPUT" 键。

有的参数在重新设定完成后，会即时起效。而有的参数在重新设定后，并不能立即生效，而且会出现报警 "000　需切断电源"，如图 2-62 所示。此时，说明该参数必须在关闭电源后，重新打开电源方可生效。

在参数设定完成后，最后一步就是将 "参数写入" 重新设定为 "0"，使系统恢复到 "参数写入" 为不可以的状态。

做一做　对各种参数进行重新设定，注意完成后的恢复。

任务扩展　SIEMENS 802D 系统数控机床的参数

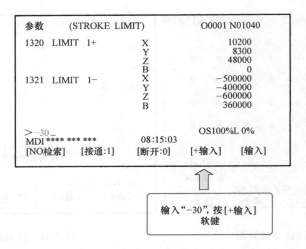

图 2-61　输入 "-30" 后按［+输入］软键

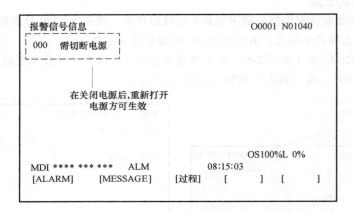

图 2-62　出现 "000　需切断电源" 报警

1. 总线配置

SIEMENS 802D PROFIBUS 的配置是通过通用参数 MD11240 来确定的。总线配置见表 2-3。

表 2-3　总线配置

参数设定（MD11240）	PP72/48 模块	驱 动 器
0	1+1	无（出厂设定）
3	1+1	双轴+单轴+单轴
4	1+1	双轴+双轴+单轴
5	1+1	单轴+双轴+单轴+单轴
6	1+1	单轴+单轴+单轴+单轴

该参数生效后，611 UE 液晶窗口显示的驱动报警应为 A832（总线无同步）；611 UE 总线接口插件上的指示灯变为绿色。

2. 驱动器模块定位

数控系统与驱动器之间通过总线连接，系统根据参数与驱动器建立物理联系。参数设定见

表 2-4。

表 2-4　驱动器模块定位参数设定

MD11240 = 3			MD11240 = 4			MD11240 = 5			MD11240 = 6		
611UE	地址	轴号	611UE	地址	轴号	611UE	地址	轴号	611UE	地址	轴号
双轴 A	12	1	双轴 A	12	1	单轴	20	1	单轴	20	1
双轴 B	12	2	双轴 B	12	2	单轴	21	2	单轴	21	2
单轴	10	5	双轴 A	13	3	双轴 A	13	3	单轴	22	3
单轴	11	6	双轴 B	13	4	双轴 8	13	4	单轴	10	5
			单轴	10	5	单轴	10	5			

3. 位置控制使能

系统出厂设定各轴均为仿真轴，既系统不产生指令输出给驱动器，也不读电动机的位置信号。按表 2-4 设定参数可激活该轴的位置控制器，使坐标轴进入正常工作状态。

参数生效后，611UE 液晶窗口显示 "RUN"，这时通过点动可使伺服电动机运动；此时如果该坐标轴的运动方向与机床定义的运动方向不一致，则可通过表 2-5 修改参数。

表 2-5　位置控制使能修改参数

数据号	数据名	单位	值	数据说明
32100	AX_MOTION_DIR	—	1	电动机正转（出厂设定）
			−1	电动机反转

4. 返回参考点的设置

1) 设置机床参数（见表 2-6）。

表 2-6　设置机床参数

数据号	数据名	单位	值	数据说明
34200	ENC_REFP_MODE	—	0	绝对值编码器位置设定
34210	ENC_REFP_STATE	—	0	绝对值编码器状态：初始

2) 进入手动方式，将坐标移动到一个已知位的位置值。

3) 输入已知位的位置值（见表 2-7）。

表 2-7　输入已知位的位置值

数据号	数据名	单位	值	数据说明
34100	REFT_SET_POS	mm	*	机床座的位置

4) 激活绝对值编码器的调整功能（见表 2-8）。

表 2-8　激活绝对值编码器的调整功能

数据号	数据名	单位	值	数据说明
34210	ENC_REFP_STATE	mm	1	绝对值编码器状态：调整

5) 激活机床参数。按机床控制面板上的复位键，可激活以上设定的参数。

6) 返回参考点。通过机床控制面板进入返回参考点方式。

7) 设定完毕（见表 2-9）。

表 2-9　设定完毕的参数

数据号	数据名	单位	值	数据说明
34090	REFP_MOVE_DIST_CORR	mm	*	参考点偏移量
34210	ENC_REFP_STATE	—	2	绝对值编码器状态：设定完毕

📖 任务巩固

一、填空题（将正确答案填写在横线上）

1. FANUC 数控系统的参数按照数据的形式大致可分为____型和____型。其中，位型又分位型和位轴型，字型又分字节型、字节轴型、字型、字轴型、双字型、双字轴型。_____参数允许参数分别设定给各个控制轴。

2. 在参数设定完成后，最后一步就是将"_____"重新设定为"____"，使系统恢复到"参数写入"为_____的状态。

3. 位型参数就是对该参数的 0~7 这 8 位单独设置"____"或"____"的数据。

4. 有的参数在重新设定完成后，会即时起效。而有的参数在重新设定后，并不能立即生效，而且会出现报警"000　需切断电源"，此时，说明该参数必须_____，重新打开电源方可生效。

5. 在进行参数设定之前，一定要清楚所要设定参数的_____和允许的_____范围，否则，机床就有被损坏的危险，甚至危及人身安全。

二、简答题

1. 简述如何快速调出参数画面。

2. 简述如何进行位型参数和字型参数的设定。

任务四　数控系统参数的备份与恢复

🔔 任务引入

存储卡具有进行 DNC 加工及数据备份功能，FANUC 0i/16i/18i/21i 等系统都支持存储卡通过 BOOT 画面备份数据。常用的存储卡为 CF（Compact Flash）卡，如图 2-63 所示。

图 2-63　CF 卡

系统数据被分在两个区存储。F-ROM 中存放系统软件和机床厂家编写的 PMC 程序及 P-CODE 程序。S-RAM 中存放的是参数、加工程序、宏变量等数据。通过进入 BOOT 画面可以对这两个区的数据进行操作。数据存储区见表 2-10。

表 2-10 数据存储区

数据种类	保存处	备 注
CNC 参数	S-RAM	
PMC 参数		
顺序程序	F-ROM	
螺距误差补偿量		任选（Power Mate i-H 上没有）
加工程序	S-RAM	
刀具补偿量		
用户宏变量		FANUC 16i 为任选
宏 P-CODE 程序	F-ROM	宏执行程序（任选）
宏 P-CODE 变量	S-RAM	
C 语言执行程序、应用程序	F-ROM	C 语言执行程序（任选）
S-RAM 变量	S-RAM	

任务目标

1）掌握参数的备份方法。

2）会对数控机床的参数进行恢复。

任务实施

现场教学 让学生到数控机床边，由教师或工厂技术人员操作，学生观看，教师或工厂技术人员可现场解答学生的提问。然后，由学生进行操作。

一、基本操作

1. 启动

1）在一起按右端的软键［NEXT］及其左边键的同时接通电源（图 2-64）；也可以在一起按数字键"6""7"的同时接通电源，系统出现如图 2-65 所示画面。需要注意的是，如图 2-64 所示使用软键启动时，软键部位的数字不显示。

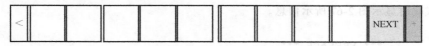

图 2-64 同时按两软键

2）按软键或数字键"1"~"7"可进行不同的操作，其内容见表 2-11。不能把软键和数字组合在一起操作。

表 2-11 操作表

软键	数字键	操 作
<	1	在画面上不能显示时，返回前一画面
SELECT	2	选择光标位置
YES	3	确认执行
NO	4	确认不执行
UP	5	光标上移
DOWN	6	光标下移
>	7	在画面上不能显示时，移向下一画面

```
SYSTEM  MONITOR

███████████████████████

      2. SYSTEM DATA CHECK
      3. SYSTEM DATA DELETE
      4. SYSTEM DATA SAVE
      5. SYSTEM DATA BACKUP
      6. SYSTEM DATA FILE DELETE
      7. MEMORY CARD FORMAT


10.END
***MESSAGE***
SELECT MENU AND HIT SELECT KEY


<1 [SEL 2] [YES 3] [NO 4] [UP 5] [DOWN 6] 7>
```

图 2-65　启动画面

2. 格式化

可以进行存储卡的格式化。在存储卡第一次使用时或电池没电了，或者存储卡的内容被破坏时，需要进行格式化。操作步骤如下：

1）在图 2-65 所示画面中选择 "7. MEMORY CARD FORMAT"。

2）系统显示图 2-66 所示确认画面，按 [YES] 软键。

```
*** MESSAGE ***
MEMORY CARD FORMAT OK ? HIT YES OR NO.
```

图 2-66　确认画面

3）格式化时显示图 2-67 所示信息。

```
*** MESSAGE ***
FORMATTING MEMORY CARD.
```

图 2-67　格式化信息

4）正常结束时，显示图 2-68 所示信息，按 [SELECT] 软键。

```
*** MESSAGE ***
FORMAT COMPLETE. HIT SELECT KEY.
```

图 2-68　结束信息

二、把 S-RAM 的内容存到存储卡（或恢复 SRAM 的内容）

1. "SRAM DATA BACKUP" 画面显示

1）启动系统，出现启动画面。

2）按软键 [UP] 或 [DOWN]，把光标移到 "5. SYSTEM DATA BACKUP"。

3）按软键［SELECT］，出现图 2-69 所示的"SRAM DATA BACKUP"画面。

2. 按软键［UP］或［DOWN］选择功能

1）把数据存到存储卡选择"SRAM BACK-UP"。

2）把数据恢复到 S-RAM 选择"RESTORE SRAM"。

3. 数据备份/恢复

1）按软键［SELECT］。

2）按软键［YES］（中止处理按软键［NO］）。

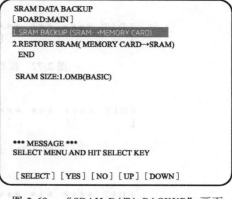

图 2-69　　"SRAM DATA BACKUP"画面

4. 说明

1）以前常用的存储卡的容量为 512KB，S-RAM 的数据也是按 512KB 单位分割后进行存储/恢复。现在存储卡的容量大都在 2GB 以上，对于一般的 S-RAM 数据就不用分割了。

2）使用绝对脉冲编码器时，将 S-RAM 数据恢复后，需要重新设定参考点。

三、使用 M-CARD 分别备份系统数据

1. 默认命名

1）首先要将 20 号参数设定为 4，表示通过 M-CARD 进行数据交换（见图 2-70）。

参数	(SETTING)	O00001 N00018
0020	I/O CHANNEL	4
0021		0
0022		0
0023		0
0024		0

```
)  ^                                    S     0  T0000
EDIT  ****    ***    ***          17：21：37
〔NO检索〕   〔接通:1〕  〔断开:0〕  〔+输入〕   〔输入〕
```

图 2-70　20 号参数设定为 4

2）在编辑方式下选择要传输的相关数据的画面（以参数为例）。

① 按下右侧的软键［OPR］（操作），对数据进行操作（见图 2-71）。

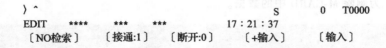

```
EDIT **** *** ***      17：13：51
〔 参数 〕（ 诊断 ）（ PMC ）（ 系统 ）（操作）
```

图 2-71　［OPR］操作

② 按下右侧的扩展键［?］（见图 2-72）。

③ ［READ］表示从 M-CARD 读取数据（见图 2-73），［PUNCH］表示把数据备份到 M-CARD。

④ ［ALL］表示备份全部参数（见图 2-74），［NON-0］表示仅备份非零的参数。

```
EDIT **** *** ***          17:22:24
(        )( READ )(PUNCH )(        )(        )
```

图 2-72　按右侧的扩展键 [?] 操作

```
EDIT **** *** ***          17:22:39
(        )(        )( ALL )(        )(NON-0 )
```

图 2-73　从 M-CARD 读取数据

```
EDIT **** *** ***          17:22:53
(        )(        )(        )( CAN )( EXEC )
```

图 2-74　备份全部参数

⑤ 执行即可看到 [EXEC] 闪烁, 参数保存到 M-CARD 中。

通过这种方式备份数据, 备份的数据以默认的名字存于 M-CARD 中。如备份的系统参数默认的名字为 "CNCPARAM"。把 100#3 NCR 设定为 1, 可让传出的参数紧凑排列。

2. 使用 M-CARD 分别备份系统数据 (自定义名称)

若要给备份的数据起自定义的名称, 则可以通过 "ALL IO" 画面进行。

1) 按下 MDI 面板上的 [SYSTEM] 软键, 然后按显示器下面软键的扩展键 [?] 数次, 出现图 2-75 所示画面。

2) 按下图 2-75 所示的 [操作] 软键, 出现可备份的数据类型, 如图 2-76 所示。以备份参数为例:

① 按下图 2-76 中的 [参数] 软键。

② 按下图 2-76 中的 [操作] 软键, 出现图 2-77 所示的可备份的操作类型。

[F READ] 为在读取参数时按文件名读取 M-CARD 中的数据。

[N READ] 为在读取参数时按文件号读取 M-CARD 中的数据。

[PUNCH] 为传出参数。

[DELETE] 为删除 M-CARD 中的数据。

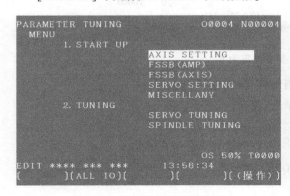

图 2-75　按显示器下面软键的
扩展键 [?] 显示画面

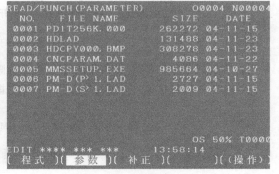

图 2-76　可备份的数据类型

③ 在向 M-CARD 中备份数据时, 按下图 2-77 中的 [PUNCH] 软键, 出现如图 2-78 所示画面。

```
READ/PUNCH(PARAMETER)          O0004 N00004
 NO.   FILE NAME         SIZE      DATE
0001  PD1T256K.000      262272   04-11-15
0002  HDLAD             131488   04-11-23
0003  HDCPY000.BMP      308278   04-11-23
0004  CNCPARAM.DAT        4086   04-11-22
0005  MMSSETUP.EXE      985664   04-10-27
0006  PM-D(P'1.LAD        2727   04-11-15
0007  PM-D(S'1.LAD        2009   04-11-15



                              OS 50% T0000
EDIT **** *** ***         13:57:33
[F检索 ][F READ][N READ][PUNCH ][DELETE]
```

图 2-77　可备份的操作类型

```
READ/PUNCH(PARAMETER)          O0004 N00004
 NO.   FILE NAME         SIZE      DATE
0001  PD1T256K.000      262272   04-11-15
0002  HDLAD             131488   04-11-23
0003  HDCPY000.BMP      308278   04-11-23
0004  CNCPARAM.DAT        4086   04-11-22
0005  MMSSETUP.EXE      985664   04-10-27
0006  PM-D(P'1.LAD        2727   04-11-15
0007  PM-D(S'1.LAD        2009   04-11-15

PUNCH  FILE NAME=


)HDPRA^                        OS 50% T0000
EDIT **** *** ***         13:59:02
[F名称 ][      ][ STOP ][ CAN  ][ EXEC ]
```

图 2-78　PUNCH 画面

④ 在图 2-79 中输入要传出的参数的名称，例如 "HDPRA"，按下 [F 名称] 软键即可给传出的数据定义名称。按下 [EXEC] 软键执行即可。

通过这种方法备份参数可以给参数起自定义的名称，也可以备份不同机床的多个数据。对于备份系统其他数据，方法也相同。

3. 备份系统的全部程序

在程序画面备份系统的全部程序时输入 "0—9999"，依次按下 [PUNCH]、[EXEC] 软键，可以把全部程序传到 M-CARD 中（默认文件名为 PROGRAM.ALL）。设置 3201#6 NPE，可以把备份的全部程序一次性输入到系统中（见图 2-80）。

```
READ/PUNCH(PARAMETER)          O0004 N00004
 NO.   FILE NAME         SIZE      DATE
0001  PD1T256K.000      262272   04-11-15
0002  HDLAD             131488   04-11-23
0003  HDCPY000.BMP      308278   04-11-23
0004  CNCPARAM.DAT        4086   04-11-22
0005  HDCPY001.BMP      308278   04-11-23
0006  HDCPY002.BMP      308278   04-11-23
0007  MMSSETUP.EXE      985664   04-10-27
0008  HDCPY003.BMP      308278   04-11-23
0009  HDPRA              76024   04-11-23
PUNCH  FILE NAME=

_                             OS 50% T0000
EDIT **** *** ***         14:00:03
[F名称 ][      ][ STOP ][ CAN  ][ EXEC ]
```

图 2-79　名称输入画面

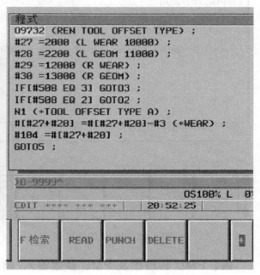

图 2-80　备份全部程序

在图 2-81 所示画面中选择 10 号文件 PROGRAM.ALL，在程序号处输入 "0—9999"，可把程序一次性全部传入系统中。

也可给传出的程序自定义名称，其步骤如下：

1）在 "ALL IO" 画面选择 PROGRAM。

2）按下 [PUNCH] 软键输入要定义的文件名，如 18IPROG，然后按下 [F 名称] 软键（见图 2-82）。

3）输入要传出的程序范围，如 "0—9999"（表示全部程序），然后按下 [O 设定] 软键

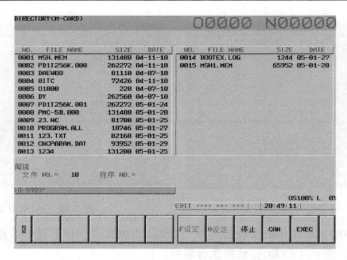

图 2-81　把程序一次性全部传入系统画面

（见图 2-83）。

4）按下［EXEC］软键执行即可。

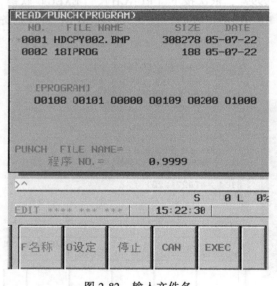

图 2-82　输入文件名

图 2-83　输入程序范围

四、PMC 梯形图及 PMC 参数输入/输出

1. PMC 梯形图的输出

（1）传送到 CNC S-RAM。

1）请确认输入设备是否准备好（计算机或 CF 卡）。如果使用 CF 卡，在 SETTING 画面 I/O 通道一项中设定 I/O = 4。如果使用 RS232C，则根据硬件连接情况设定 I/O = 0 或 I/O = 1（RS232C 接口 1）。

2）计算机侧准备好所需要的程序画面（相应的操作参照所使用的通信软件说明书）。

3）按下功能键。

4）按软键［SETING］，出现 SETTING 画面（见图 2-54）。

5）在 SETTING 画面中，设置 PWE = 1。当画面提示"PARAMETER WRITE（PWE）"时，输入 1。出现报警 P/S 100（表明参数可写）。

6）按 SYSTEM 键。

7）按 参数 诊断 PMC 系统 〈操作〉 ▶ 中的 ［PMC］软键，出现图 2-84 所示 PMC 画面。

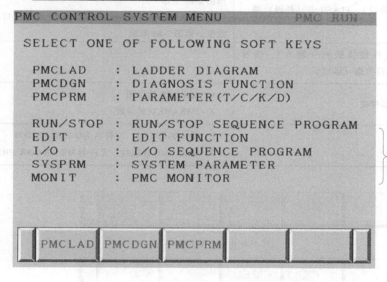

图 2-84　PMC 画面

8）按下最右边的软键 ▷ （菜单扩展键），出现图 2-85 所示子菜单。

图 2-85　子菜单

9）按子菜单中的 ［I/O］软键，出现图 2-86 所示画面。图 2-86 说明见表 2-12。

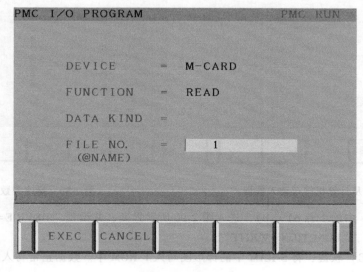

图 2-86　I/O 画面

表 2-12 I/O 画面说明

项 目	说 明	备 注
DEVICE	输入/输出装置，包含 F-ROM（CNC 存储区）、计算机（外设）、FLASH 卡（外设）等	1）如图 2-87 所示 2）选择 DEVICE＝M-CARD 时，从 CF 卡读入数据，如图 2-86 所示 3）选择 DEVICE＝OTHERS 时，从计算机接口读入数据，如图 2-88 所示
FUNCTION	读 READ，从外设读数据（输入）；或写 WRITE，向外设写数据（输出）	
DATA KIND	输入/输出数据种类	1）LADDER 梯形图 2）PARAMETER 参数
FILE NO.	文件名	1）输出梯形图时，文件名为@ PMC-SB.000 2）输出 PMC 参数时，文件名为@ PMC-SB.PRM

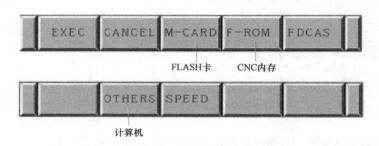

图 2-87 各种 I/O 装置对应的操作键

10）按［EXEC］软键，梯形图和 PMC 参数被传送到 CNC S-RAM 中。

（2）将 S-RAM 中的数据写到 CNC F-ROM 中。

1）首先将 PMC 画面控制参数修改为 "WRITE TO F-ROM（EDIT）＝1"（见图 2-89）。

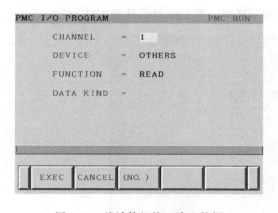

图 2-88 从计算机接口读入数据　　　　　图 2-89 修改参数

2）重复（1）中的步骤 6）~8），进入图 2-90 所示界面，并设置 "DEVICE＝F-ROM"（CNC 系统内的 F-ROM），"FUNCTION＝WRITE"。

3）按［EXEC］软键，将 S-RAM 中的梯形图写入 F-ROM 中。数据正常写入后会出现图 2-91 所示画面，操作完成。

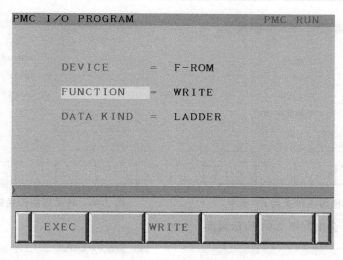

图 2-90 设置界面

图 2-91 完成操作

📖 **注 意**

1）如果不执行读入的梯形图（PMC 程序），关电再开电后数据会丢失，所以一定要将 S-RAM 中的数据写到 CNC F-ROM 中，将梯形图写入系统的 F-ROM 存储器中。

2）按照上述方式从外设读入 PMC 程序的时候，PMC 参数也一同读入。

3）用 I/O 方式读入梯形图的过程如图 2-92 所示。

（3）PMC 梯形图输出。

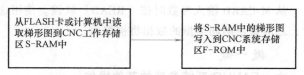

图 2-92 用 I/O 方式读入梯形图的过程

1）执行（1）中的步骤 6）~8）的操作。

2）出现 PMC I/O 画面后，设置"DEVICE＝M-CARD"（将梯形图传送到 CF 卡中，参见图 2-93）或"DEVICE＝OTHERS"（将梯形图传送到计算机中，参见图 2-94）。

3）将 FUNCTION 项选为"WRITE"，在 DATA KIND 中选择"LADDER"，如图 2-93 和图 2-94 所示。

4）按［EXEC］软键，CNC 中的 PMC 程序（梯形图）传送到 CF 卡或计算机中。

5）正常结束后会出现图 2-91 所示画面。

2. PMC 参数输出

1）执行（1）中的步骤 6）~8）的操作。

2）出现 PMC I/O 画面后，设置"DEVICE＝M-CARD"（将参数传送到 CF 卡中，如图 2-95 所示）或"DEVICE＝OTHERS"（将参数传送到计算机中，如图 2-96 所示）。

3）将 FUNCTION 项选为"WRITE"，在 DATA KIND 中选择"PARAM"。

4）按［EXEC］软键，CNC 中的 PMC 参数传送到 CF 卡或计算机中。

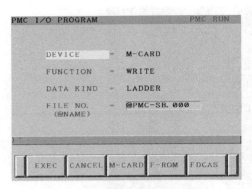

图 2-93 将梯形图传送到 CF 卡中

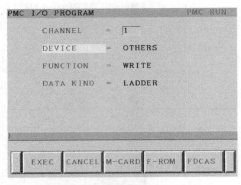

图 2-94 将梯形图传送到计算机中

5) 正常结束后会出现图 2-91 所示画面。

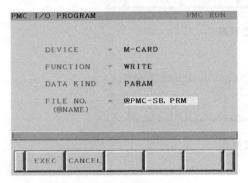

图 2-95 将参数传送到 CF 卡中

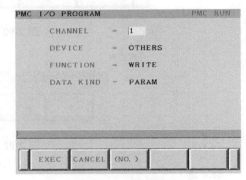

图 2-96 将参数传送到计算机中

五、从 M-CARD 输入参数

从 M-CARD 输入参数时按 [READ] 软键。使用这种方法再次备份其他机床相同类型的参数时，之前备份的同类型的数据将被覆盖。

做一做 应用存储卡对其他数控机床的参数进行备份和恢复。

六、FANUC 系统参数的其他操作

1. 0i-F 系统传输功能

0i-F 系统可实现 CF 卡、USB、PC 程序的互传，如图 2-97 所示，其操作如图 2-98 所示。将程序从 USB 传输至 CF 卡的操作步骤如图 2-99 所示。

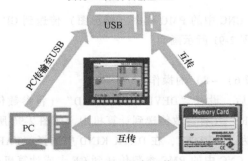

图 2-97 程序互传

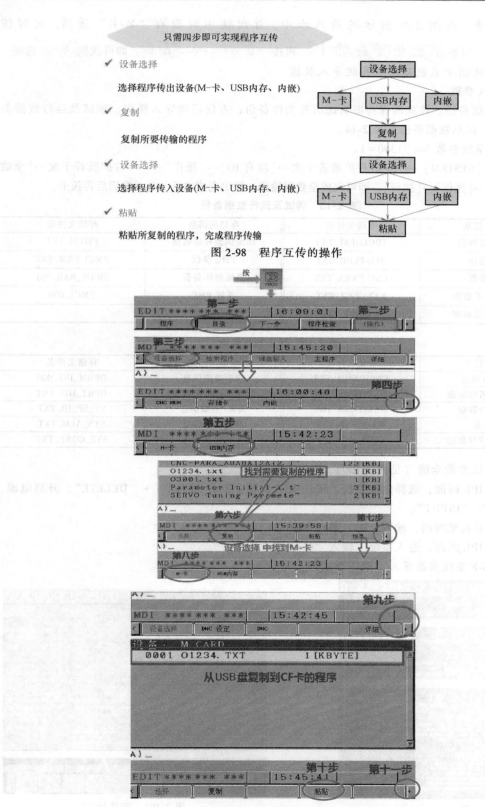

图 2-98 程序互传的操作

图 2-99 将程序从 USB 传输至 CF 卡的操作步骤

注 意　在图 2-99 所示的第八步中，首次使用时没有"M-卡"选项，此时按"未安装"，闪烁不能把储存储卡，再按 设备选择 → ↓ → M-卡，即可找到 M-卡 选项。

2. 从旧版 0i-F 系统给新版系统导入数据

（1）导入参数。

1）全数据备份。首先确保将旧系统所有文件备份，方便后续导入使用。调试及运行数据备份见表 2-13。信息数据备份见表 2-14。

① 设定系统参数 No. 313#0 = 1。

② 选择 [SYSTEM] → [+] 右扩展若干次 → [所有 IO] → [操作] → [+] 右扩展若干次 → [全数据] → [输出] → [操作] → [执行]，即可完成全数据输出。输出完成之后，关机重启后再拔卡。

表 2-13　调试及运行数据备份

存储的信息	存储文件名	存储的信息	存储文件名
刀具补偿数据	TOOLOFST. TXT	螺距误差补偿数据	PITCH. TXT
所有程序	ALL-FLDR. TXT	PMC 参数	PMC1 PRM. TXT
系统参数	CNC-PARA. TXT	系统整体备份	SRAM_BAK. 001
工件坐标系数据	EXT_WKZ. TXT	系统 PMC	PMC1. 000
用户宏变量数据	MACRO. TXT		

表 2-14　信息数据备份

存储的信息	存储文件名	存储的信息	存储文件名
数控 ID 信息	CNCIDNUM. TXT	选项功能信息	OPRM_INF. 000
机械系统名称数据	MAINTEMC. TXT	机床运行历史数据	OPRT_HIS. TXT
定期维修数据	MAINTENA. TXT	伺服/主轴信息	SV_SP_ID. TXT
M-信息	MAINTINF. TXT	系统报警信息	SYS_ALM. TXT
操作历史信号数据	OHIS_SIG. TXT	系统配置信息	SYS_CONF. TXT

2）新系统参数全清（见图 2-100）。

① 进入 IPL 画面，选择全清系统。按住 MDI 面板上的 "RESET" + "DELETE"，开启电源，输入 "1"，按 "INPUT"。

② 选择不调整时间。输入 "0"，按 "INPUT"。

③ 结束 IPL 画面，进入系统。输入 "0"，按 "INPUT"。

3）新 0i-F 系统参数导入（见图 2-101）。

图 2-100　参数全清

图 2-101　参数导入

① 导入备份参数文件。按 →┃→ 所有IO → 参数 → 《操作》 → F 读取 ，输入复制的参数文件对应文件号，选择 F设定 → 执行 ，导入参数，断电重启即可（注：CF卡导入时通道号 No.20=4，USB导入时通道号 No.20=17）。

② 导入配色参数包文件。为保证新系统为具有科技感的黑色调，需导入配色系数 DARK.txt。导入方法与上述导入参数方法一致。

（2）导入 PMC 程序和参数。

1）导入 PMC 程序。

① 必须保证系统类型一致：0i-F Type3/5/6 为 0i-F PMC/L 格式，0i-F Type1 为 0i-F PMC 格式。

② 当系统类型不一致时需要转换。在 IADDER 3 中打开 PMC 文件，在弹出的对话框中选择梯形图转换后的名称、保存路径及 PMC 类型。

若不清楚 PMC Type（PMC 类型），可以通过以下方式查看：按 →┃→ PMC 配置 → 标头 ，进入图 2-102 所示系统画面，查看 PMC 类型（也可在开机画面确认）。

软件：LADDER Ⅲ软件；版本要求：V7.5 及以上版本。

③ 选择导入文件。①、②项确认清楚后，将准备好的 PMC 文件导入系统，具体操作步骤如下：

a. PMC 设定。防止导入梯形图时提示"该功能不能使用"的报警；按 →┃→ PMC 配置 → 设定 ，参照图 2-103 所示进行设置。

b. PMC 导入。按 →┃→ PMC维护 → I/O ，参照图 2-103 所示进行设置。

选择《操作》→ 列表 → ↓ ↑ ，移动黄色光标至需导入的 PMC 处，然后按 选择 → 执行 。

图 2-102 系统画面

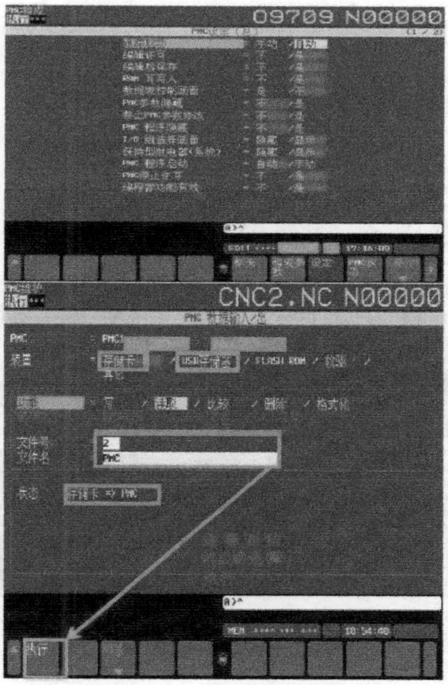

图 2-103 导入文件设置

④ 写入 FLASH ROM。导入梯形图后，再将梯形图写入 FLASH ROM 中，按图 2-104 所示进行操作：选择 [操作]→[执行] 即可。

⑤ 启动 PMC。写入之后，需要在"PMC 设置"里面找到"PMC 状态"，选择 [操作]→[启动]，

才可以运行 PMC 程序。

📃 **注 意** 如果不写 FLASH ROM, 关机重启后导入的 PMC 文件会丢失。

2) 导入 PMC 参数。

① 必须保证系数类型一致:

0i-F Type 3/5/6 为 0i-FPMC/-L 格式。

0i-F Type1 为 0i-FPMC 格式。

② 当系统类型不一致时需要调整。打开 PMC 参数文件, 直接在文件头部进行格式修改。

若不清楚 PMC Type (PMC 类型), 可以通过以下方式查看: 按 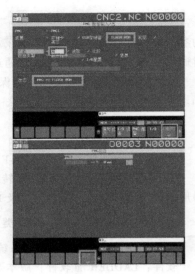 → 📄 → PMC 配置 → 标头, 进入图 2-105 所示系统画面, 查看 PMC 类型 (也可在开机画面确认)。

③ 选择导入参数。①、②项确认清楚后, 将准备好的 PMC 参数文件导入系统, 具体操作步骤如下:

a. PMC 设定。按 → 📄 → PMC 配置 → 设定, 参照图 2-106 进行设置 (同 PMC 文件导入设定)。

b. PMC 参数导入。按 → 📄 → PMC维护 → I/O , 参照图 2-106 进行设置。

选择 操作 → 列表 → ↓ ↑ , 移动黄色光标至需导入的 PMC 处, 然后按 选择 → 执行 。

图 2-104 写入 FLASH ROM

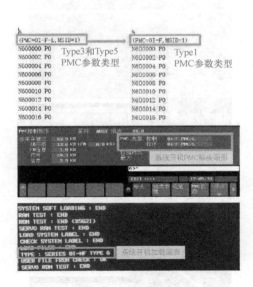

图 2-105 系统画面

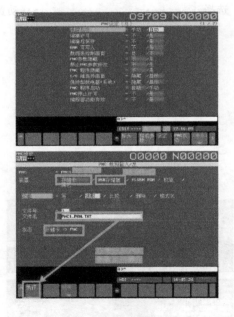

图 2-106 导入参数设置

3. 0i-F 系统参数的其他操作

(1) 设置 5 轴。

1) 伺服轴轴数的设定。在过去的 0i-D 系统上, 当增加 4/5 轴时, 将参数 8130 设置为 4/5 即可。在 0i-F 系统上没有了 8130 这个参数, 轴数在参数 987 中进行设定, 如图 2-107 所示。

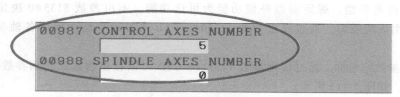

图 2-107　轴数的设定

说　明　当在 8.4in 显示器上使用 5 轴时，将参数 11350#4 9DE 设置为 1，可在画面上同时显示 5 个轴。

2）主轴轴数的设定。在 0i-D 系列上，通过 3701#5#4#1 来设定使用主轴的数量。在 0i-F 系统上，在参数 988 中设定主轴的数量，如图 2-107 所示。完成后如图 2-108 所示。

（2）封轴。在使用 βi-B 或 αi-B 驱动时，封轴变得更加简单，无须更改参数 1023，也无须使用轴脱开功能，硬件上也无须短接插头，直接将相应轴的参数 11802#4 KSV 设定为 1 即可，如图 2-109 所示。

（3）刀补/刀偏画面。在 8.4in 显示器上，将刀补/刀偏画面中是否分为 2 页显示（默认值 0 表示分 2 页显示，与以往的操作习惯不同）参数 24304#3 HD8 设置为 1，则只用 1 页显示刀补和刀偏，如图 2-110 所示。

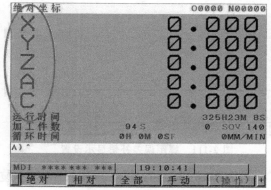

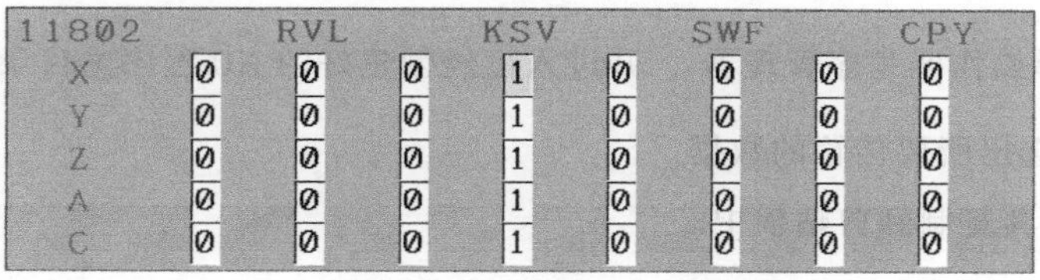

图 2-108　设定完成

图 2-109　封轴

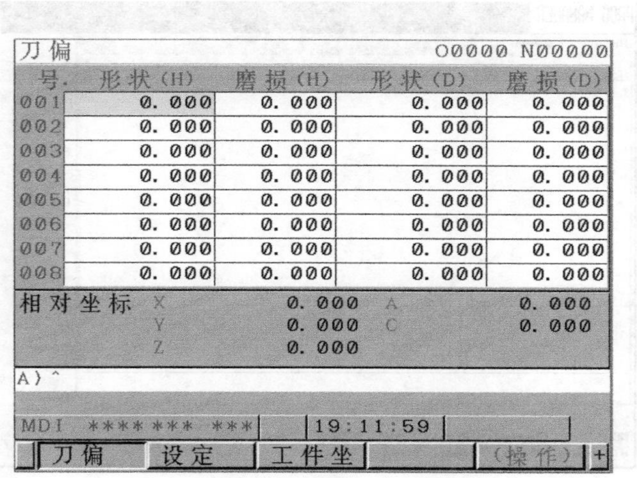

图 2-110　刀补/刀偏画面设置

（4）螺距误差补偿。螺距误差补偿功能为可选功能，不由参数 8135#0 决定。诊断号为 1186#7。在使用该功能时，通过设定参数 11350#5 PAD 来显示补偿画面的各轴参数范围，如图 2-111 所示。

（5）显示参数组名称。通过设定参数 11351#6 GTD 可以在参数画面看到参数的分组信息，方便修改参数，如图 2-112 所示。

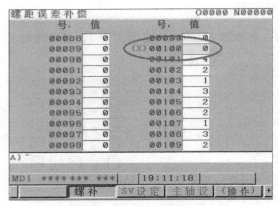

图 2-111　螺距误差补偿显示设置

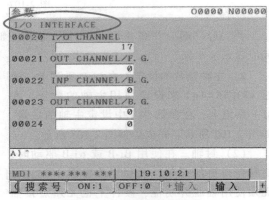

图 2-112　显示参数组名称

⚿ **任务扩展**　SIEMENS 参数的备份与恢复

一、通过 RS232 接口进行数据传输

通过控制系统的 RS232 接口可以将数据（如零件程序）读出到外部存储设备中，同样也可以从那里读入数据。RS232 接口和其数据存储设备必须相互匹配。

1. 操作步骤

1）`PROGRAM MANAGER`：选择操作区程序管理器，并进入已经创建好的 NC 程序主目录。使用光标或者按软键［全部选中］选出所要传输的数据。

2）`Copy`：将其复制到剪贴板中。

3）`RS232`：按软键［RS232］，并选定需要的传输模式，如图 2-113 所示。

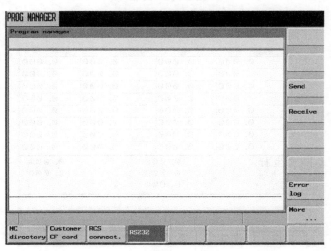

图 2-113　读出程序

4）![Send]：使用软键［Send］启动数据传输。所有复制到剪贴板的文件被传送出去。

2. 其他软键

1）![Receive]：通过 RS232 接口装载文件。

2）![Error log]：传输协议，所有被传输的文件按状态信息进行排列。对于将要输出的文件有文件名称、故障应答等；对于将要输入的文件有文件名称、路径数据及故障应答。传输提示信息见表 2-15。

表 2-15　传输提示信息

项　　目	说　　明
OK	传输正常结束
ERR EOF	接收文本结束符号,但存档文件不完整
Time Out	时间监控报警传输中断
User Abort	通过软键[Stop]结束传输
Error Com	端口 COM 1 出错
NC/PLC Error	NC 故障报警
Error Data	数据错误,有可能是: 1)文件读入时带有/不带先导符 2)以穿孔带格式发送的文件没有文件名
Error File Name	文件名称不符合 NC 的命名规范

🔧 **做一做**　根据所在学校的数控机床，通过 RS232 接口进行数据传输。

二、创建并读出或读入开机调试存档

1. 创建开机调试存档的操作步骤

![SHIFT/ALARM Start-up files]：在"系统"操作区域中按下软键［Start-up files］（开机调试文件）。

可以使用所有组件创建完整的开机调试存档，也可以有选择地进行创建。在进行有选择地创建时要执行以下操作：

1）![802D data]：按下软键［802D data］，利用方向键选择开机调试存档（NC/PLC）行。

2）![INPUT]：使用回车键打开目录，并用方向键选中需要的行。

3）![Copy]：按下软键［Copy］（复制）。文件复制到剪贴板中，如图 2-114 所示。

4）编制开机调试存档，如图 2-115 所示。

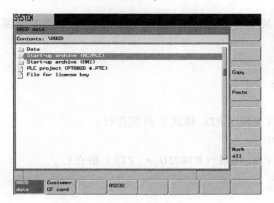

图 2-114　复制开机调试档案文件

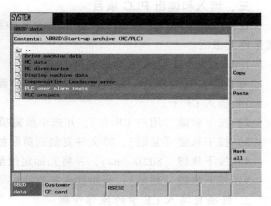

图 2-115　编制开机调试存档

2. 将开机调试存档写到 CF 卡上的操作步骤

1）插入 CF 卡，并且开机调试存档已经被复制至剪贴板中。

2）$\overline{\underset{\text{CF card}}{\text{Customer}}}$：按下软键［Customer CF card］（用户 CF 卡）。在目录中选择存放位置。

3）Paste：按下软键［Paste］（粘贴）开始写入开机调试存档文件。在后面的对话框中确认提供的名称，或者输入新名称。按下［OK］软键关闭对话框，如图 2-116 所示。

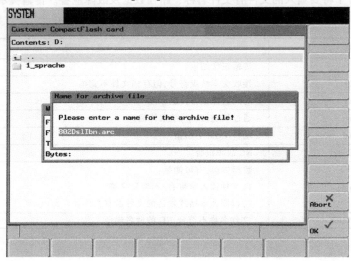

图 2-116　粘贴文件

3. 从 CF 卡上读入开机调试存档的操作步骤

为了读入开机调试存档文件，必须执行以下操作步骤：

1）插入 CF 卡。

2）按下软键［用户 CF 卡］，并选中所需存档文件所在行。

3）按下软键［复制］，将文件复制到剪贴板中。

4）按下软键［802D data］，并将光标定位至开机调试存档（NC/PLC）所在行。

5）按下软键［粘贴］，启动开机调试。

6）确认控制系统上的启动对话。

做一做　使用您所在学校的数控机床，通过 CF 卡进行数据传输。

三、读入和读出 PLC 项目

在读入项目时，先将其传输至 PLC 的文件系统中，然后将其激活。可以通过热启动控制系统来终止激活。

1. 从 CF 卡上读入项目的操作步骤

为了读入 PLC 项目，必须执行以下操作步骤：

1）插入 CF 卡。

2）按下软键［用户 CF 卡］，并选中所需项目文件（PTE 格式）的所在行。

3）按下软键［复制］，将文件复制到剪贴板中。

4）按下软键［802D data］，并将光标定位至 PLC 项目（PT802D＊.PTE）所在行。

5）按下软键［粘贴］，开始读入并激活。

2. 将项目写入 CF 卡的操作步骤

1）插入 CF 卡。

2）按下软键［802D data］，并用方向键选择 PLC 项目（PT802D ＊.PTE）所在行。

3）按下软键［复制］，将文件复制到剪贴板中。

4）按下软键［用户 CF 卡］，并选择文件的存放位置。

5）按下软键［粘贴］，开始写入过程。

做一做　使用您所在学校的数控机床，通过 CF 卡进行 PLC 项目的操作。

任务巩固

一、填空题（将正确答案填写在横线上）

1. 使用绝对脉冲编码器时，将____数据恢复后，需要重新设定参考点。

2. 存储卡第 1 次使用时或电池没电了，或者存储卡的内容被破坏时，需要进行_____。

3. 系统数据被分在____区存储。_____中存放系统软件和机床厂家编写的 PMC 程序及 P-CODE 程序。_____中存放的是参数、加工程序、宏变量等数据。

4. 软键［_____］表示从 M-CARD 读取数据，［_____］表示把数据备份到 M-CARD。

二、判断题（正确的打"√"，错误的打"×"）

1. 使用 M-CARD 输入参数，再次备份其他机床相同类型的参数时，之前备份的同类型的数据将被保存。（　　）

2. 在 PMC 梯形图的输出时，如果使用 CF 卡，在 SETTING 画面 I/O 通道一项中应设定 I/O = 1。（　　）

3. 在程序画面备份系统的全部程序时输入"0—9999"，依次按下［PUNCH］、［EXEC］软键可以把全部程序传到 M-CARD 中（默认文件名为 PROGRAM. ALL）。（　　）

4. 常用的存储卡的容量为 512KB，S-RAM 的数据也是按 512KB 单位分割后进行存储/恢复。现在存储卡的容量大都在 2GB 以上，对于一般的 S-RAM 数据就不用分割了。（　　）

模块三 数控机床 PLC 的装调与维修

数控机床用 PLC 可分为两类。一类是专为实现数控机床顺序控制而设计制造的内装型 (Built-in Type) PLC，PLC 与 NC 间的信号传送在 CNC 装置内部即可实现，PLC 与 MT 间则通过 CNC 输入/输出接口电路实现信号传送 (见图 3-1)。

另一类是输入/输出信号接口技术规范、输入/输出点数、程序存储容量以及运算和控制功能等均能满足数控机床控制要求的独立型 (Stand-alone Type) PLC，独立于 CNC 装置，具有完备的硬件和软件功能，能够独立完成规定控制任务的装置。采用独立型 PLC 的数控机床系统框图如图 3-2 所示。

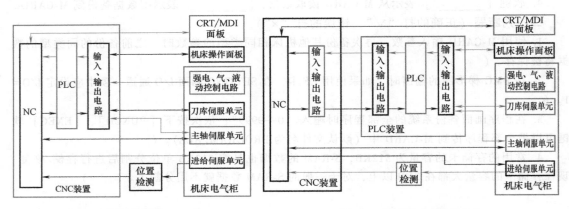

图 3-1 具有内装型 PLC 的
CNC 机床系统框图

图 3-2 具有独立型 PLC 的
CNC 机床系统框图

通过学习本模块，学生应能使用电气梯形图分析数控机床的故障；会设置 PLC 的参数；会对 PLC 进行硬件连接；能通过机床通信口将 PLC 程序 (如梯形图) 传入 CNC 控制器中；能通过 PLC 梯形图等诊断数控机床常见机械、电气、液压 (气动) 故障；能读懂 PLC 梯形图；掌握数控机床 PLC 程序的编制知识；会修改数控机床 PLC 程序中的不合理之处；掌握 PLC 输入/输出点的定义和调试方法；会对 PLC 源程序进行编写和编译；掌握数控装置接口功能和使用方法。

任务一 认识数控机床用 PLC

🔧 任务引入

FANUC 公司将其主要用于机床控制的可编程序逻辑控制器 (PLC) 称为可编程机床逻辑控制器 (Programmable Machine Controller, PMC)。

在 PMC 程序中，常用的编程语言是梯形图 (LADDER)。PMC 程序由第一级程序和第二级程序两部分组成。在 PMC 程序执行时，首先执行位于梯形图开头的第一级程序，然后执行第二级程序。SA3 中，第一级程序每 8ms 执行一次，每 8ms 中的 1.25ms 用来执行一、二级 PMC 程序，剩下的时间用于 NC 程序 (见图 3-3)。第二级程序会自动分割为 n 份，每 8ms 中的 1.25ms 执行完第一级程序剩下的时间执行一份第二级程序，因此，第二级程序每 $8n$ ms 才能执行一次。在第一级程序中，程序越长，第二级程序被分割的份数越多，则整个程序的执行时间 (包括第二级程序在内）就越长，信号的响应就越慢。因此，第一级程序应编得尽可能短，仅处理短脉冲信号，如急停、各轴超程、返回参考点减速、外部减速、跳步、到达测量位置和进给暂停信号等需要实时响应快的信号。

在 PMC 程序中使用结构化编程时，将每一个功能类别的程序分别归类到每一个子程序里，使阅读程序时更易于理解，当出现程序运行错误时，也易于找出原因。子程序只能在第二级程序后指定。图3-4 所示是由第一级程序、第二级程序、子程序组成的顺序程序基本架构。

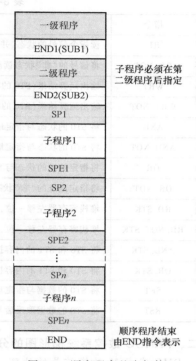

图 3-4　顺序程序基本架构

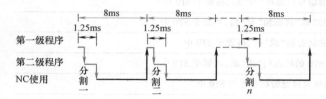

图 3-3　程序执行过程示意图

📎 任务目标

1）会对 PMC 进行硬件连接。
2）掌握数控装置的接口功能。
3）掌握梯形图的分析方法。
4）掌握 PMC 的地址分配。
5）掌握 PMC 画面的显示方法。

⬤ 任务实施

📗 教师讲解

一、PMC 指令系统

在 FANUC 数控系统系列的 PMC 中，规格型号不同，只是指令的条数有所不同，例如 PMC-SA1 有 12 条基本指令，功能指令有 48 条；而 PMC-SA3 有 14 条基本指令（见表 3-1），功能指令有 66 条。在基本指令和功能指令的执行中，用一个堆栈寄存器暂存逻辑操作的中间结果，堆栈寄存器共有 9 位（见图 3-5），按先进后出、后进先出的原理工作。当前操作结果压入时，堆栈各原状态全部左移一位；相反地，如果取出操作结果时堆栈全部右移一位，最后压入的信号首先恢复读出。

数控机床所用 PLC 的指令必须满足数控机床信息处理和动作控制的特殊要求，例如由 NC 输出的 M、S、T 二进制代码信号的译码（DEC），机械运动状态或液压系统动作状态的延时（TMR）确认，加工零件的计数（CTR），刀库、分度工作台沿最短路径旋转和现在位置至目标位置步数的计算（ROT），换刀时数据检索（DSCH）等。对于上述的译码、定时、计数、最短路径选择，以及比较、检索、转移、代码转换、四则运算、信息显示等控制功能，仅用一位操作的基本指令编程，实现起来

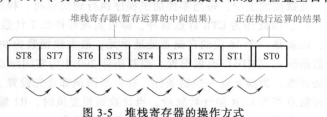

图 3-5　堆栈寄存器的操作方式

将会十分困难。因此，要增加一些具有专门控制功能的指令，这些专门指令就是功能指令。功能指令都是一些子程序，应用功能指令就是调用了相应的子程序。

表 3-1 基本指令和处理内容

序号	指令	处理内容
1	RD	读指令信号的状态，并写入 ST0 中。在一个阶梯开始的是常开节点时使用
2	RD. NOT	将信号的"非"状态读出，送入 ST0 中。在一个阶梯开始的是常闭节点时使用
3	WRT	输出运算结果（ST0 的状态）到指定地址
4	WRT. NOT	输出运算结果（ST0 的状态）的"非"状态到指定地址
5	AND	将 ST0 的状态与指定地址的信号状态相"与"后，再置于 ST0 中
6	AND. NOT	将 ST0 的状态与指定地址的"非"状态相"与"后，再置于 ST0 中
7	OR	将指定地址的状态与 ST0 的状态相"或"后，再置于 ST0 中
8	OR. NOT	将指定地址的"非"状态与 ST0 的状态相"或"后，再置于 ST0 中
9	RD. STK	堆栈寄存器左移一位，并把指定地址的状态置于 ST0 中
10	RD. NOT. STK	堆栈寄存器左移一位，并把指定地址的状态取"非"后再置于 ST0 中
11	AND. STK	将 ST0 和 ST1 的内容执行逻辑"与"，结果存于 ST0 中，堆栈寄存器右移一位
12	OR. STK	将 ST0 和 ST1 的内容执行逻辑"或"，结果存于 ST0 中，堆栈寄存器右移一位
13	SET	将 ST0 的数据与指定地址的数据相"或"后，将结果返回到指定地址中
14	RST	将 ST0 的数据取反后与指定地址的数据相"与"后，将结果返回到指定地址中

二、FANUC 数控系统梯形图的分析

1. PMC 完成 M 功能信号的处理

从图 3-6 中可以看出，主轴正转且冷却接通命令 M13 的完成条件为冷却泵接通（KA2 = 1），主轴正转命令信号发出（SFR = 1）以及主轴速度到达（SAR1 = 1）。而主轴正转命令 M03 的完成条件为 SFR = 1 以及 SAR1 = 1。

主轴反转且冷却接通命令 M14 的完成条件为冷却泵接通（KA2 = 1），主轴反转命令发出（SRV = 1）以及主轴速度到达（SAR1 = 1）。而主轴反转 M04 的完成条件为 SRV = 1 和 SAR1 = 1。

主轴停止命令 M05 的完成条件为进给运动停止（DEN = 1）以及主轴正转，反转命令均取消（SFR = 0，SRV = 0）或者主轴速度为"0"（SST1 = 1）。

2. 对加工零件计数

图 3-7 为零件加工计数控制梯形图。该梯形图用了两条功能指令，一条是译码指令 DEC，另一条是计数器指令 CTR。数控机床的 M 和 T 代码用译码指令来识别，译码指令 DEC 译 2 位 BCD 码，当 2 位数字的 BCD 码信号等于一个确定的指令数值时，输出为"1"，否则为"0"。图 3-7 中，DEC 指令的参数 1 为译码地址 0115，参数 2 为译码地址 3011，软继电器 M30（150.1）即为译码输出。

在数控加工中，每当零件加工程序执行到结尾时，程序中出现 M30 代码，经译码输出，M30 为"1"，以此作为 CTR 计数脉冲，即可实现零件加工计数。在 CTR 功能指令中，参数为计数器号，也就是一个 16 位的存储器地址单元，最大预置数为 9999。零件加工件数的预期值可通过手动数据输入（MDI）面板设置。控制条件 200.1 为常闭触点，表示计数器初始值为 0 及计数器做加法计数，为满足这一控制条件，在梯形图顶部首先设置了 L1 作为逻辑"1"电路。同时，M30 常开触点作为 CTR 的计数脉冲，当计数到预置值时，R1 输出"1"，图中 R1 常闭触点与 M30 常开触点串联，一旦计数到位，即可断开计数操作。

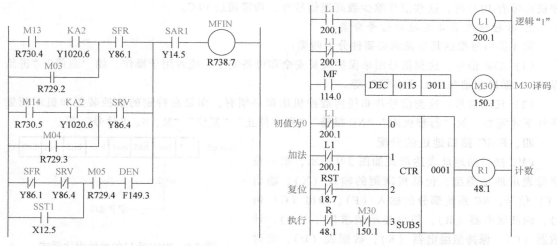

图 3-6 M 功能信号处理梯形图　　　　图 3-7 零件加工计数控制梯形图

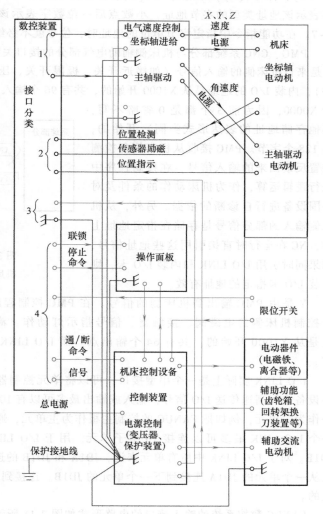

查一查 PLC 在数控机床上还有哪些应用?

三、数控机床接口

1. 接口定义及功能分类

数控机床接口是指数控装置与机床及机床电气设备之间的电气连接部分。接口分为 4 种类型,如图 3-8 所示。第 1 类是与驱动命令有关的连接电路;第 2 类是与测量系统和测量装置的连接电路;第 3 类是电源及保护电路;第 4 类是开关量信号和代码信号连接电路。第 1、2 类连接电路传送的是控制信息,属于数字控制、伺服控制及检测信号处理,和 PLC 无关。

第 3 类电源及保护电路是由数控机床强电线路中的电源控制电路构成。强电线路由电源变压器、控制变压器、各种继电器、保护开关、接触器、功率继电器等连接而成,以便为辅助交流电动机、电磁铁、电磁离合器、电磁阀等执行器件供电。强电线路不能与弱电线路直接连接,必须经中间继电器转换。

第 4 类开关量和代码信号是数控装置与外部传送的输入、输出控制信号。数控机床不带 PLC 时,这些信号直接在 NC 侧和 MT 侧之间传送。当数

图 3-8 数控机床接口框图

控机床带有 PLC 时，这些信号除少数高速信号外，均需通过 PLC。

2. 数控机床第 4 类接口信号分类

第 4 类信号根据其功能的必要性分为两类：

（1）必须信号。这类信号用来保护人身安全和设备安全，或者用于操作，如"急停""进给保持""循环起动""NC 准备好"等。

（2）任选信号。这类信号并非任何数控机床都必须有，而是在特定的数控装置和机床配置条件下才需要，如"行程极限""NC 报警""程序停止""复位""M、S、T 信号"等。

四、PMC 接口地址的分配

PMC 接口的地址表达形式如图 3-9 所示，第一位字母表示地址类型，包括机床侧的输入（X）、输出（Y）信号，NC 系统部分的输入（F）、输出（G）信号，内部继电器（R），信息显示请求信号（A），计数器（C），保持型继电器（K），数据表（D），定时器（T），标号（L），子程序号（P）。小数点前的数

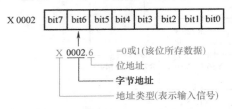

图 3-9　PMC 接口的地址表达形式

字表示该地址类型的字节地址，小数点后一位数字表示该字节中具体某一位的位地址，范围为 0~7。在功能指令中指定字节单位的地址时，位号就不必给出了。

PMC、CNC 系统部分与机床侧辅助电气部分的接口关系，如图 3-10 所示。从图中能够看到，X 是来自机床侧的输入信号（如接近开关、极限开关、压力开关、操作按钮、对刀仪等检测元件），内装 I/O 的地址是从 X1000 开始的，共有 96 个输入点。而 I/O LINK 的地址是从 X0（实际为 X0000，因为前 3 个都是 0 省略不写，其他存储地址的表达形式类同）开始的，共 128 个字节。PMC 接收从机床侧各检测装置反馈回来的输入信号，在控制程序中进行逻辑运算，作为机床动作的条件及对外围设备进行自诊断的依据。另外，从机床侧输入的部分信号是存储在指定地址上的，NC 在运行时直接引用这些地址信号，如果同时引用 I/O LINK 和内装 I/O 卡，则内装 I/O 卡指定的地址有效。

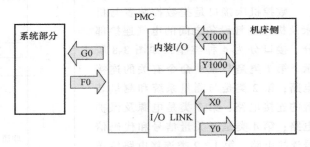

图 3-10　PMC、CNC 系统部分与
机床侧辅助电气部分的接口关系

Y 是由 PMC 输出到机床侧的信号。在 PMC 控制程序中，根据自动控制的要求，输出信号控制机床侧的电磁阀、接触器、信号指示灯动作，满足机床运行的需要。内装 I/O 的地址是从 Y1000 开始的，共有 64 个输出点。而 I/O LINK 的地址是从 Y0 开始的，共 128 个字节。

I/O LINK 实际上是一个串型接口，可以将单元控制器、分布式 I/O 等设备连接起来，并在各设备之间高速传送 I/O 信号，输入或输出最多可以有 1024 个点。FANUC I/O LINK 会将一个设备作为主单元，例如把 FANUC 的控制主板作为主单元，通过 JD1A 进行连接的设备作为子单元。一个 I/O LINK 最多可以连接 16 组子单元。用于 I/O LINK 连接的两个接口分别称为 JD1A 和 JD1B。对于 I/O LINK 中所有单元来说，JD1A 和 JD1B 的连接电缆插脚都是通用的。连接电缆总是从一个单元的 JD1A 连接到下一个单元的 JD1B。连接到最后一个单元时，其 JD1A 是不需要连接的。

FANUC 数控系统的输入接口的电路形式如图 3-11 所示。连接到输入点的触点电气参数额定值要求电压大于等于 30V，电流大于等于 16mA，断路时的触点泄漏电流小于 1mA，接通时的触

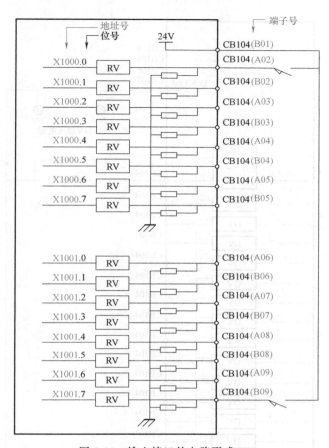

图 3-11　输入接口的电路形式

点之间的电压降（包括电缆上的电压降）小于 2V。

输出接口的电路形式如图 3-12 所示。注意，绝对不允许采用驱动器并联输出的连接方式。驱动器的最大负载电流小于 200mA，每一个 DOCOM 电源引脚的最大电流小于 0.7A（包括瞬间浪涌电流）。驱动输出时开关管的饱和压降最大为 1.0V（当负载电流为 200mA 时）。输出驱动器的耐压为小于 24（1+20%）V，包括瞬间的浪涌电压。输出驱动器的开关管开路时，其泄漏电流必须小于 100μA。

输出接口所用的外部电源电压规格为 24（1+10%）V，电源电流应大于最大负载电流总和再加上 100mA。接通电源时，应先接通外部电源，再接通控制单元的电源，或者同时接通；切断电源时，应先切断控制单元的电源，再切断外部电源，或者同时切断。

F 是 CNC 系统部分侧输入到 PMC 的信号，就是将伺服电动机和主轴电动机的状态，以及请求相关机床动作的信号（如移动中信号、位置检测信号、系统准备完毕信号等），反馈到 PMC 中进行逻辑运算，作为机床动作的条件及进行自诊断的依据。其地址是 F0~F255 和 F1000~F1255（地址号加 1000 是分配给第二系统的）。

G 是由 PMC 侧输出到 NC 系统部分的信号，对系统部分进行控制和信息反馈（如轴互锁信号、M 代码执行完毕信号等）。其地址是 G0~G255 和 G1000~G1255（地址号加 1000 是分配给第二系统的）。

1. 内部继电器地址（R）

在梯形图中，经常需要中间继电器作为辅助运算用。内部继电器的地址是从 R0 开始的，

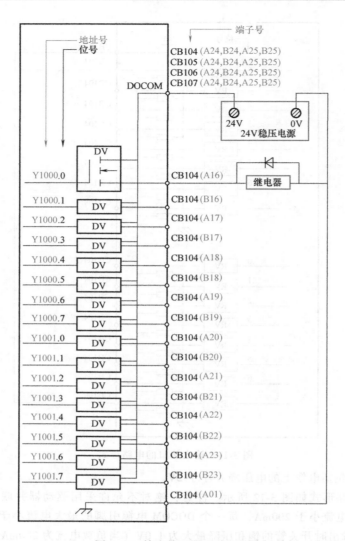

图 3-12 输出接口的电路形式

R0~R1499 供通用中间继电器使用，R9000~R9117 作为 PMC 系统程序保留区域，这个区域中的继电器不能用作梯形图中的线圈。R9000 作为二进制加法运算（ADDB）、二进制减法运算（SUBB）、二进制乘法运算（MULB）、二进制除法运算（DIVB）和二进制数值大小判别（COMPB）功能指令的运算结果输出用寄存器时，其各位的定义见表 3-2。R9000 作为外部数据输入（EXIN）、读 CNC 窗口数据（WINDR）、写 CNC 窗口数据（WINDW）功能指令的错误输出寄存器时，R9000.0 为指令执行出错。R9000~R9005 作为二进制除法运算（DIVB）功能指令的运算结果输出寄存器时，执行 DIVB 功能指令后的余数输出到这些寄存器。R9091 是系统定时器，其各位的定义见表 3-3。

表 3-2 R9000 的各位的定义

地址	定义
R9000.0	功能指令运算结果为 0
R9000.1	功能指令运算结果为负值
R9000.2	

（续）

地址	定义
R9000.3	
R9000.4	
R9000.5	功能指令运算结果溢出
R9000.6	
R9000.7	

表 3-3　R9091 系统定时器各位的定义

地址	定义	地址	定义
R9091.0	一直断开为 0	R9091.4	—
R9091.1	一直接通为 1	R9091.5	200ms 的周期信号，其中 104ms 为 1，96ms 为 0
R9091.2	—	R9091.6	1s 的周期信号，其中 504ms 为 1，496ms 为 0
R9091.3	—	R9091.7	—

2. 信息显示请求信号地址（A）

A 地址用来表示信息显示请求地址，其地址为 A0~A24，共 25 个字节，200 个位，共计 200 个信息。

数控机床厂家把不同的机床结构所能预见的异常情况汇总后，自己编写了错误代码和报警信息。PMC 通过从机床侧各检测装置反馈回来的信号和系统部分的状态信号，并经过程序的逻辑运算后，对机床所处的状态进行自诊断，若其发现状态与正常的状态有异，便将机床当时的情况判定为异常，并将对应于该种异常的 A 地址置为 1。当指定的 A 地址被置为 1 后，在报警显示画面会出现相关的信息，帮助查找和排除故障。而该故障信息是由机床厂家在编辑 PMC 程序时编写的，如果用户对机床的机械结构和元件的分布不是很熟悉，当出现机床侧异常的情况，报警显示画面上显示的报警信息也未读懂的时候，就可以利用当出现机床侧异常时的报警信息，和其相对应的 A 地址也会相应地置 1 这一关联关系，查阅相关的梯形图，通过分析梯形图，找出使 A 地址置为 1 的要素，从而定位故障点并将其排除。

3. 计数器地址（C）

C 为计数器地址，其地址为 C0~C79，共 80 个字节。该地址用于计数器（CTR）功能指令设定计数值，每 4 个字节组成一个计数器（其中 2 个字节用于保存预置值，另外 2 个字节用于保存当前值），也就是说总共可分为 20 个计数器，计数器号为 1~20。这一区域是非易失性存储区域，因此在系统断电时，存储器中的内容也不会丢失。

4. 保持继电器地址（K）

K 为保持继电器地址，其地址为 K0~K19，共 20 个字节 160 个位。K0~K16 为一般通用地址，K17~K19 为 PMC 系统软件参数设定区域，由 PMC 系统使用。在数控系统运行的过程中，若发生停电，输出继电器和内部继电器全部成为断开状态。当电源再次接通时，输出继电器和内部继电器都不可自动恢复到断电前的状态，所以，停电保持用继电器就用于需要保存停电前的状态，并在再运行时再现该状态的情形。

5. 数据表地址（D）

D 为数据表地址，其地址为 D0~D1859，共 1860 个字节。在 PMC 程序中，某些时候需要读写大量的数字数据（在这里称为数据表），D 就是用来存储这些数据的。这一区域是非易失性存储区域，因此在系统断电时，存储器中的内容也不会丢失。

6. 定时器地址（T）

T 为定时器地址，其地址为 T0~T79，共 80 个字节。该地址用于定时器（TMR）功能指令存储设定时间，每 2 个字节组成一个定时器，共可分为 40 个定时器，定时器号为 1~40。这一区域是非易失性存储区域，因此在系统断电时，存储器中的内容也不会丢失。

7. 标记地址（L）

L 为标记地址，从 L1 开始，共有 9999 个标记数，用于指定标号跳转（JMPB、JMPC）功能指令中跳转目标标号。在 PMC 程序中，相同的标号可以出现在不同的 LBL 指令中，只要在主程序和子程序中是唯一的就可以了。

8. 子程序号（P）

P 为子程序号的标志，从 P1 开始，共有 512 个子程序数，也就是说总共只能定义 512 个子程序。子程序号用于指定条件调用子程序（CALL）和无条件调用子程序（CALLU）功能指令中调用的目标子程序号。在 PMC 程序中，子程序号是唯一的。

技能训练

一、PMC 画面显示

1）按 `SYSTEM` 键。数控系统显示如图 3-13 所示的系统画面。

图 3-13 系统画面

2）按［PMC］软键。显示如图 3-14 所示的 PMC 画面。内部编程器起动后，按右端的继续键 ▶ 时，将进一步显示如图 3-15 所示的菜单。

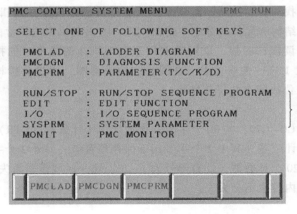

图 3-14 PMC 画面

［PMCLAD］软键：PMC 参数的设定和显示画面。

［PMCDGN］软键：PMC 输入/输出信号的状态显示画面。

图 3-15 PMC 调试第二页软键菜单

［PMCPRM］软键：梯形图的动态显示画面。

［RUN］软键：控制梯形图的运行/停止。

[EDIT] 软键：控制显示梯形图程序的编辑画面。

[I/O] 软键：控制显示 PMC 数据的输入/输出画面。

[SYSPRM] 软键：控制显示 PMC 系统参数画面。

[MONIT] 软键：控制显示 PMC 监视设定画面。

二、梯形图画面显示

1. 画面显示

1）按 SYSTEM 键，按 [PMC] 软键，出现如图 3-14 所示画面。

2）按 [PMCLAD] 软键，显示如图 3-16 所示梯形图画面。需要显示梯形图程序时，用户可按图 3-16 所示梯形图画面中的第一个软键 [LIST]，系统显示如图 3-17 所示的梯形图程序列表

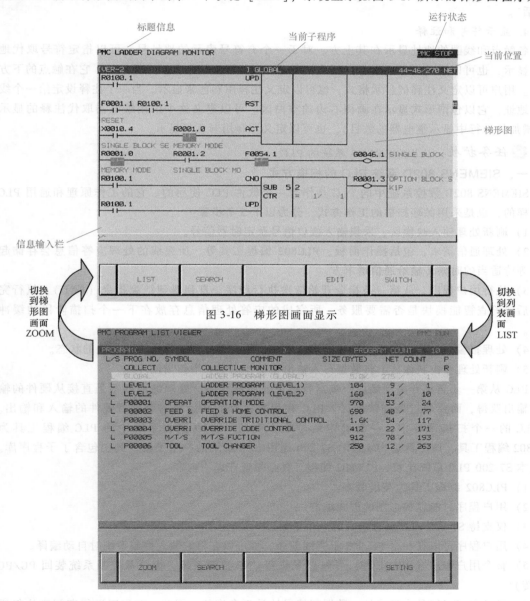

图 3-16 梯形图画面显示

图 3-17 梯形图画面切换

画面，可在程序列表中选择需要显示的程序。若在图 3-17 所示梯形图程序列表画面中按下软键 [ZOOM]，系统切换回如图 3-16 所示梯形图画面。

2. 画面结构

梯形图的标题信息、当前的子程序、画面中梯形图的当前位置信息，都可以显示在梯形图的上方。当光标显示时，光标下面地址的信息出现在画面底部附近的附加信息栏中。在信息栏中，错误信息和查询信息将根据实际情况被显示出来。在画面的右上侧显示了一个计量器，这个计量器表示当前显示的部分在整个梯形图中的位置。

3. 监控

根据信号的触点状态，线圈用不同的颜色来显示。图 3-16 中，带有色块的触点表示已经"激活"。

4. 显示符号和注释

各触点和线圈的地址显示在其上方。对于一个有符号表示的地址号，可以指定符号取代地址的显示，也可以定义符号用彩色来显示。当一个注释设定给一个触点的地址，它在触点的下方显示。用户可以定义注释的显示格式，也可以定义注释用彩色来显示。当一个注释设定给一个线圈的地址，它以包围形式显示在画面右边的空白区。可以定义这个区用继电器取代注释的显示（在增加的一行中显示继电器的数目），也可以定义注释用彩色来显示。

⭐ 任务扩展 认识 SIEMENS 系统的 PLC

一、SIEMENS 802D 系统 PLC 的扫描方式

SIEMENS 802D 数控系统中的 PLC 是作为一个软件 PLC 使用的。它的工作原理和通用 PLC 是一样的，也是采用循环扫描的工作方式，分为以下 5 个步骤：

1）刷新处理输入映像区，采集输入接口信号及定时器信号。

2）处理通信请求，包括操作面板、PLC802 编程工具等。所完成的处理应答信息会存储起来，等待适当的时候传输给通信请求方。

3）执行用户程序。从第一条指令开始依次执行程序，直到遇到结束指令（END）。执行完程序后要检查智能模块是否需要服务，所完成的应答处理信息存放在下一个扫描阶段的缓冲区中。

4）处理报警。自检存放系统程序的 EEPROM、用户程序存储区及 I/O 模块的状态。

5）刷新处理输出映像区。将数据写入输出模块，完成一个扫描循环。

PLC 从第一步运算开始到最后一步运行结束，用户程序所处理的内容不是直接从硬件的输入或输出获得，而要经过处理映像区。PLC 在程序执行的开始或结束刷新硬件的输入和输出。在 PLC 的一个扫描循环中，一个确定信号是不变的。802D 数控系统中的 PLC 编程工具为 PLC802 编程工具，该工具是 SIMATIC S7-200 通用 PLC 系统的一个子集，其中包含了子程序库。与基本 S7-200 PLC 系统比较，PLC802 编程工具必须遵守以下内容：

1）PLC802 编程工具为英语版本。

2）用户程序只能以梯形图的形式编制。

3）仅支持 S7-200 PLC 编程语言的一个子集。

4）用户程序可以在一台 PG/PC 上离线编译，也可以在将它装入控制系统时自动编译。

5）整个用户程序（PROJECT）可以被下载到 CNC 控制系统，也可从控制系统装回 PG/PC（上传）。

6）寻址方式只能是直接寻址，数据间接寻址是不允许的。因此，在程序运行期间不执行错误程序。

7）在使用各种数据时，注意正确使用数据类型，操作数的数据类型见表 3-4。

表 3-4　操作数的数据类型

数据类型	大小	地址排列	逻辑运算范围	算术运算范围
BOOL	1bit	1	0,1	—
BYTE	1B	1	00 ~ FF	0 ~ 255
WORD	2B	2	0000 ~ FFFF	-32768 ~ 32768
DOUBLEWORD	4B	4	00000000 ~ FFFFFFFF	-2147483648 ~ 2147483647
REAL	4B	4	—	$\pm(10^{37} \sim 10^{38})$

802D 控制系统能最多存储 6000 条指令和 1500 个符号。影响 PLC 内存容量的因素有指令条数、符号名称数及长度和注释数及长度。

802D 数控系统的内置 PLC 的程序结构一般采用结构化的程序设计方法，分为主程序和子程序两大类，子程序可以有 7 级嵌套。PLC 的循环周期是机床生产商根据需要设定的，可以是控制器内部插补循环周期的整数倍，并且不同实时要求的子程序可以设定不同的循环周期。

二、SIEMENS 802D 数控系统内置 PLC 接口地址的分配

SIEMENS 802D 数控系统的内置 PLC 的操作数（即可操作的继电器）共分为 9 类，其地址范围见表 3-5。其中，V、I、Q、M 4 种继电器可以按位、字节、字和双字来寻址；SM 可以按位、字节来寻址；T、C 可以按位和字来寻址；AC 可以按字节、字和双字来寻址；常量可以按字节、字和双字来寻址。

表 3-5　SIEMENS 802D 数控系统内置 PLC 的操作数

操作数地址符	说明	范围
V	数据	V10000000. 0 ~ V79999999. 7
T	定时器	T0 ~ T15(100ms)；T16 ~ T31(10ms)
C	计数器	C0 ~ C31
I	数字输入映像区	I0. 0 ~ I17. 7
Q	数字输出映像区	Q0. 0 ~ Q11. 7
M	标志位	M0. 0 ~ M255. 7
SM	特殊标志位	SM0. 0 ~ SM0. 6
AC	累加器	AC0 ~ AC3(双字)
L	局部变量	L0. 0 ~ L51. 7

V 地址是 NC 与 PLC 的接口信号的数据存储区域，其地址的结构见表 3-6，地址范围为 V10000000. 0 ~ V79999999. 7。

表 3-6　NC 与 PLC 的接口信号的数据存储地址结构

类型标记（模块号）	区号（通道）	分区	分支	位址
00 (10 ~ 79)	00 (00 ~ 99)	0 (0 ~ 9)	000 (000 ~ 999)	符号 (8bit)

T、C 分别为定时器和计数器。定时器有 100ms 和 10ms 两种定时精度，其地址范围分别为 T0 ~ T15（100ms）和 T16 ~ T31（10ms），并且既可以用作一般的接通延时定时器（TON），也可

以用作具有计算功能的定时器（TONR）。计数器既可以用作加计数器，又可以用作减计数器，其地址范围为 C0~C31。

I 地址是 PLC 的输入信号映像区，其地址范围为 I0.0~I17.7。Q 地址是 PLC 的输出信号映像区，其地址范围为 Q0.0~Q11.7。这两类地址即是 802D 数控系统输入/输出模块 PP72/48 的地址。该模块可以提供 72 个数字输入信号和 48 个数字输出信号，每个模块有 3 个独立的 50 芯插槽，每个插槽有 24 个数字输入信号和 16 个数字输出信号。输出信号的输出驱动能力为 0.25mA。802D 系统最多可以配置两个 PP 模块。

M 为标志位继电器，即中间继电器，其地址范围为 M0.0~M255.7。SM 为特殊标志位继电器，其地址范围为 SM0.0~SM0.6，具体含义见表 3-7。

表 3-7　SM 特殊标志位继电器

特殊标志位	说明
SM0.0	逻辑"1"信号
SM0.1	第一个 PLC 周期"1"，随后为"0"
SM0.2	缓冲数据丢失：只有第一个 PLC 周期有效（"0"为数据正常，"1"为数据丢失）
SM0.3	系统再启动：第一个 PLC 周期"1"，随后为"0"
SM0.4	60s 脉冲（交替变化：30s"0"，然后 30s"1"）
SM0.5	1s 脉冲（交替变化：0.5s"0"，然后 0.5s"1"）
SM0.6	PLC 周期循环（交替变化：一个周期为"0"，一个周期为"1"）

AC 为累加器地址，地址范围为 AC0~AC3。L 为局部变量地址，地址范围为 L0.0~L51.7，在子程序中自动分配使用。

🖥️任务巩固

一、填空题（将正确答案填写在横线上）

1. 在 PMC 程序中，使用的编程语言是＿＿＿＿＿＿。

2. PMC 程序由＿＿＿＿＿＿程序和＿＿＿＿＿＿程序两部分组成。

3. 在 PMC 程序执行时，首先执行位于梯形图开头的＿＿＿＿＿＿程序，然后执行＿＿＿＿＿＿程序。第一级程序每＿＿＿＿＿＿执行一次，每 8ms 中的 1.25ms 用来执行一、二级 PMC 程序，剩下的时间用于＿＿＿＿＿＿程序。

4. 第二级程序会自动分割为＿＿＿＿＿＿份，每 8ms 中的 1.25ms 执行完第一级程序剩下的时间执行一份第二级程序，因此，第二级程序每＿＿＿＿＿＿ms 才能执行一次。

5. 在第一级程序中，程序越＿＿＿＿＿＿，第二级程序被分割的份数越＿＿＿＿＿＿，则整个程序的执行时间（包括第二级程序在内）就＿＿＿＿＿＿，信号的响应就＿＿＿＿＿＿。

6. 数控机床所用 PLC 的指令必须满足数控机床＿＿＿＿＿＿和＿＿＿＿＿＿的特殊要求。

7. 数控机床接口分为 4 种类型：第 1 类是与＿＿＿＿＿＿有关的连接电路；第 2 类是与＿＿＿＿＿＿的连接电路；第 3 类是电源及保护电路；第 4 类是＿＿＿＿＿＿连接电路。

8. 数控机床第 4 类信号根据其功能的必要性分为两类，分别是＿＿＿＿＿＿、＿＿＿＿＿＿。

9. 数控机床 PMC 输出接口所用的外部电源电压规格为＿＿＿＿＿＿，电源电流应大于＿＿＿＿＿＿再加上 100mA。接通电源时，应先接通＿＿＿＿＿＿，再接通＿＿＿＿＿＿，或者同时接通；切断电源时，应先切断＿＿＿＿＿＿，再切断＿＿＿＿＿＿，或者同时切断。

二、判断题（正确的打"√"，错误的打"×"）

1. RD 读指令信号的状态，并写入 ST0 中。在一个阶梯开始的是常开节点时使用。（　　）

2. RD. NOT 将信号的"非"状态读出，送入 ST0 中。在一个阶梯开始的是常闭节点时使用。（　　）

3. WRT 输出运算结果（ST0 的状态）到指定地址。（　　）

4. WRT. NOT 输出运算结果（ST0 的状态）的"与"状态到指定地址。（　　）

5. AND 将 ST0 的状态与指定地址的信号状态相"与"后，再置于 ST0 中。（　　）

6. AND. NOT 将 ST0 的状态与指定地址的"非"状态相"与"后，再置于 ST0 中。（　　）

7. OR 将指定地址的状态与 ST0 相"与"后，再置于 ST0 中。（　　）

8. OR. NOT 将指定地址的"非"状态相"或"后，再置于 ST0 中。（　　）

9. RD. STK 堆栈寄存器左移一位，并把指定地址的状态置于 ST0 中。（　　）

10. RD. NOT. STK 堆栈寄存器左移一位，并把指定地址的状态取"非"后再置于 ST0 中。（　　）

11. AND. STK 将 ST0 和 ST1 的内容执行逻辑"与"，结果存于 ST0 中，堆栈寄存器右移一位。（　　）

12. OR. STK 将 ST0 和 ST1 的内容执行逻辑"或"，结果存于 ST0 中，堆栈寄存器右移一位。（　　）

13. SET 将 ST0 的数据与指定地址的数据相"与"后，将结果返回到指定地址中。（　　）

14. RST 将 ST0 的数据取反后与指定地址的数据相"或"后，将结果返回到指定地址中。（　　）

15. 控制条件的数量和意义随功能指令的不同而变化。（　　）

16. 控制条件存入堆栈寄存器中，其顺序是固定不变的。（　　）

17. TMR 和 DEC 指令在编程器上有其专用指令键，其他功能指令则用 SUB 键和其后的数字键输入。（　　）

18. 功能指令不同于基本指令，可以处理各种数据。也就是说，数据或存有数据的地址可作为功能指令的参数，参数的数目和含义随指令的不同而不同。（　　）

19. 由功能指令管理的数据通常是 BCD 码或八进制数。（　　）

三、分析题

根据图 3-18 对 FANUC 数控系统 M 代码的译码进行分析。其中，M 指令译码 PMC 控制主要相关信号如下：

1. F 信号。

DEN：系统分配结束信号，地址：F0001. 3。

MF：M 指令选通信号，地址：F0007. 0。

2. R 信号。

DM03：M03 译码信号，地址：R0250. 3。

DM04：M04 译码信号，地址：R0250. 4。

DM05：M05 译码信号，地址：R0250. 5。

M03：M03 代码信号，地址：R0260. 3。

M04：M04 代码信号，地址：R0260. 4。

M05：M05 代码信号，地址：R0260. 5。

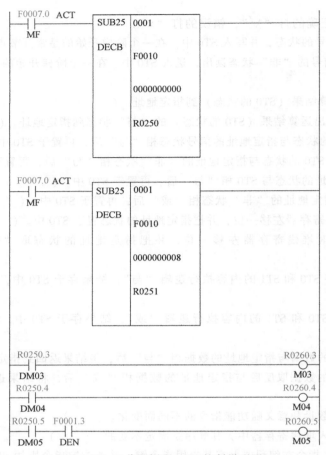

图 3-18 M 代码译码 PMC 控制梯形图

任务二 编辑数控机床 PLC 的程序

🔆 任务引入

PLC 的功能是对数控机床进行顺序控制。所谓顺序控制,就是按照事先确定的顺序或逻辑,对控制的每一个阶段依次进行的控制。对数控机床来说,顺序控制是在数控机床运行过程中,以 CNC 内部和机床各行程开关、传感器、按钮、继电器等的开关量信号状态为条件,并按照预先规定的逻辑顺序对诸如主轴的起停与换向,刀具的更换,工件的夹紧与松开,液压、冷却、润滑系统的运行等进行的控制。顺序控制的信号主要是开关量信号。

PLC 在数控机床上实现的功能主要包括工作方式控制、速度倍率控制、自动运行控制、手动运行控制、主轴控制、机床锁住控制、程序校验控制、硬件超程和急停控制、辅助电动机控制、外部报警和操作信息控制等。其 PLC 程序设计是由机床制造商来完成的,因此,对于同一功能、不同的机床制造商的产品,其程序是不一样的。在需要时,机床用户也可对 PLC 程序进行修改,以实现其特殊功能。

🖥 任务目标

1) 掌握 PLC 的编辑方法。

2）会应用 FANUC LADDER 软件编辑 PMC 程序。

● **任务实施**

■ **现场教学**

把学生带到数控机床边，由教师或工厂中的技术人员进行现场示范性操作，然后让学生自己操作。

一、FANUC 数控系统中 PMC 的编辑

1. 梯形图编辑功能（PMC-SB7）

（1）梯形图的设置。梯形图编辑设置画面如图 3-19 所示，其设置项见表 3-8。

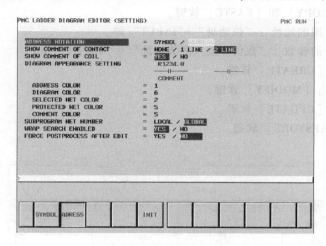

图 3-19　梯形图编辑设置画面

表 3-8　梯形图编辑设定画面的设置项

项目		默认设置	说明
地址的表示方法		地址	设定程序中是以符号形式还是以地址形式显示每个位地址和字节地址
显示触点注释		2 行	更改每个触点的注释的显示格式
显示线圈注释		YES	指定是否显示每个线圈的注释
程序外观设置	地址颜色	绿色（1）	改变梯形图的颜色。可以设置梯形图各元件如连线、继电器等的颜色
	图表颜色	黑色（6）	
	网格颜色	黄色（2）	
	受保护网格颜色	淡蓝色（5）	
	注释颜色	淡蓝色（5）	
子程序网格号		GLOBAL	设置在显示子程序时，是显示仅表示在子程序中网格的"LOCAL"数值，还是显示表示整个梯形图程序的"GLOBAL"数值。该设置还会影响在用数值搜索网格时网格数值信息的表示方式
循环搜索有效		YES	设置当搜索操作到达梯形图程序结尾处时，是否返回梯形图程序起始处并继续进行搜索
编辑后强制后台处理		NO	设置在编辑梯形图程序后退出梯形图编辑画面时，使梯形图程序运行的后台处理过程始终执行，还是仅在修改梯形图程序后才执行

在梯形图编辑设定画面中按［INIT］软键将初始化所有设定值。此时，所有设置项均被初始化为默认值。

（2）梯形图的编辑。

1）梯形图编辑画面。在梯形图编辑画面中，可以通过编辑梯形图修改程序状态。在梯形图监控画面中按下［EDIT］软键，可以进入梯形图编辑画面，如图 3-20 所示。在梯形图编辑画面中，可以进行以下操作：

① 删除网格：［DELETE］软键。

② 移动网格：［CUT］和［PASTE］软键。

③ 复制网格：［COPY］和［PASTE］软键。

④ 修改触点和线圈的地址："位地址" + "INPUT" 键。

⑤ 修改功能指令的参数："数值" 或 "字节地址" + "INPUT" 键。

⑥ 添加新网格：［CREATE］软键。

⑦ 修改网格结构：［MODIFY］软键。

⑧ 使修改生效：［UPDATE］软键。

⑨ 放弃修改：［RESTORE］软键。

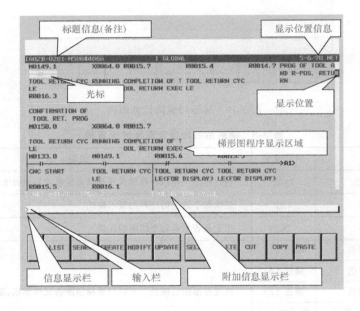

图 3-20　梯形图编辑画面

无论梯形图程序处在运行还是停止状态，都可以对梯形图进行编辑。然而，如果准备运行修改过的梯形图，就必须先更新梯形图。更新的方法是退出梯形图编辑画面或按下［UPDATE］软键。

如果编辑后的程序在写入 flash ROM 前系统断电，则修改无效。利用输入/输出画面将顺序程序写入 flash ROM。当 K902#0 被设为 1 时，在结束编辑后，会显示一条确认信息，询问是否将顺序程序写入 flash ROM。

2）软键操作。梯形图编辑画面软键如图 3-21 所示，其功能及说明见表 3-9。

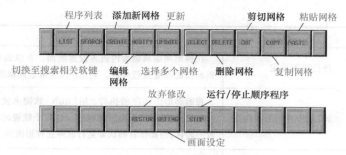

图 3-21　梯形图编辑画面软键

表 3-9　梯形图编辑画面软键的功能及说明

软键	功能	说明
[LIST]	切换至程序列表编辑画面	在程序列表编辑画面内,也可以切换在梯形图编辑画面内显示的子程序
[SEARCH]	搜索并切换菜单	按下[<]软键可以返回主软键
[MODIFY]	切换至网格编辑画面	修改所选网格的结构
[CREATE]	创建新网格	按下该软键出现网格编辑画面,在光标位置创建新网格
[UPDATE]	修改生效	将当前编辑的梯形图更新为运行的梯形图,所有的修改都可以生效,同时仍保持在编辑画面。如果更新成功,梯形图会开始运行
[SELECT]	选择多个网格	对某些操作,例如按下[DELETE]、[CUT]、[COPY]软键可选择多个网格。按下[SELECT]软键可选择一个或多个网格,利用光标移动键和搜索功能选择目标网格。在该模式下,选择的网格以凹进的[SELECT]软键表示,所选网格的信息在靠近屏幕底部的附加信息栏里显示
[DELETE]	删除网格	删除所选网格。删除的网格将消失。如果用[DELETE]软键删除了错误的网格,那么就必须放弃所有的更改,将梯形图程序恢复到没有编辑前的最初状态
[CUT]	剪切网格	剪切所选网格。剪切下的网格从程序中消失,但是被保存在粘贴缓冲区中。粘贴缓冲区中[CUT]操作前的内容被清除。可用软键[CUT]和[PASTE]来移动网格
[COPY]	复制网格	将所选网格复制到缓冲区中。程序没有任何改变。粘贴缓冲区中[COPY]操作前的内容被清除。可用软键[COPY]和[PASTE]来复制网格
[PASTE]	粘贴网格	在光标位置粘贴被保存在粘贴缓冲区中的经过[CUT]或[COPY]操作的网格。在用[SELECT]软键选择的网格处按下[PASTE]软键,将所选网格替换为粘贴缓冲区中的网格。粘贴缓冲区中的内容在CNC 断电之前一直保留
[RESTOR]	放弃所做修改	将梯形图程序恢复到刚进入梯形图编辑画面时的状态或者是最后一次用[UPDATE]软键更新的状态。当作了错误的修改并且很难纠正该错误时,该软键非常有用

（续）

软键	功能	说明
[SETING]	进行画面设定	在梯形图编辑画面内进入设置画面。在该画面内可以对梯形图编辑画面的设置进行修改。利用[<]软键返回梯形图编辑画面
[RUN]/[STOP]	运行/停止梯形图程序	控制梯形图程序的执行。用[RUN]软键来使梯形图程序运行，用[STOP]软键来停止梯形图程序。这两个软键的操作均需要得到操作者的确认，当操作者确认要运行或停止梯形图程序时，按下[YES]即可
[<]	退出编辑状态	退出编辑画面，同时将编辑的梯形图程序更新为运行程序，所有修改都可以生效。当梯形图编辑画面处于有效状态并且类似<SYS>的功能键不起作用时，编辑数据被删除

修改运行的梯形图程序或运行/停止梯形图程序时必须特别小心，如果在错误的时间或者当机床处于某种不当的状态时运行/停止了梯形图，机床可能会产生不可预料的后果。当梯形图程序处于停止状态时，安全机构和梯形图程序的监测都没有运行。所以请务必确保在运行/停止梯形图时，机床处于正确的状态且没有任何人靠近机床。

3）其他键的操作。

① 光标移动键、翻页键：可以通过光标移动键和翻页键在屏幕上移动光标。当光标位于某继电器或某功能指令的地址参数上时，光标处地址的信息在附加信息显示栏处显示。

② "位地址" + "ENTER" 键：更改光标处继电器的位地址。

③ "数值"或"字节地址"+"ENTER"键：更改光标处的功能指令参数。但是，有些参数是不能通过该操作更改的。如果发现有该参数不能更改的信息提示，需使用网格编辑画面更改参数。

2. 网格编辑功能

应用网格编辑功能可以创建新网格，也可以修改已存在的网格。

1）修改已存在的网格。按下［MODIFY］软键进入网格编辑画面，该模式为修改已存在网格的"修改模式"。

2）创建新网格。按下［CREATE］软键进入网格编辑画面，该模式为创建新网格的"创建模式"。在该画面下可以进行表3-10所列操作。

表 3-10　创建新网格时可进行的操作

项目	操作
创建新的触点和线圈	"位地址" +[—┤ ├—]、[—○—]等
改变触点和线圈的类型	[—┤ ├—]、[—○—]等
创建新的功能指令	[FUNC]
改变功能指令的类型	[FUNC]
删除触点、线圈和功能指令	[…………]
绘制/擦除连接线	[————]、[↑]、[———— ↑]
编辑功能指令的数据表	[TABLE]
插入行/列	[INSLIN]、[INSCLM]、[APPCLM]
改变触点和线圈的地址	"位地址" +"INPUT"键
改变功能指令的参数	"数值"或"位地址"+"INPUT"键
放弃修改	[RESTORE]

（1）有效网格的构成。有效网格必须有如图 3-22a 所示的结构。输入部分由触点和功能指令组成，输入部分操作的结果必须有会合点。在会合点后是仅由线圈组成的输出部分。会合点最靠近右边母线，是由各个连接部分的一个单一结合点组成，如图 3-22b 所示。输入部分必须至少包括一个继电器或功能指令，而输出部分可以不包括任何东西，如图 3-22c 所示。有效网格还必须满足以下条件：

1）一个网格中只能有一个功能指令。

2）功能指令只能位于输入部分的末端（最右端）。

3）输出部分只能包含线圈。

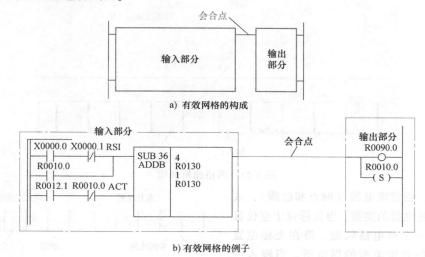

图 3-22　网格的构成与应用

（2）网格编辑画面的特点。图 3-23 所示网格编辑画面的特点如下：

1）基本与梯形图编辑画面相同，只是该画面只显示一个网格，同时也不显示在梯形图编辑画面中右边界的位置条。

2）当前的编辑模式在屏幕右上端显示为"创建模式"或"修改模式"。按下［MODIFY］软键，进入网格编辑画面，为"修改模式"；按下［CREATE］软键，进入网格编辑画面，为"创建模式"。

3）当前网格号显示在屏幕顶端右方。该网格号与先前的梯形图编辑画面中的网格号相同。

4）当梯形图监控/编辑画面折叠网格的宽度大于屏幕宽度时，网格编辑画面会根据网格宽度在水平方向扩展网格图像。网格扩展宽度超出屏幕宽度时，若将光标移出屏幕，则会滚动到该方向之前未显示出来的网格图像。网格占用的最大尺寸为 1024 个元素，但是实际可用面积略小于这个尺寸，这是由于不同的内部条件造成不同的内部使用情况所致。"元素"是指单个继电器占据的空间大小。

（3）网格编辑画面的操作。图 3-24 所示网格编辑画面软键的操作如下：

1）软键操作。

① ［—| |—］、［—|/|—］、［—○—］、［—○○—］、［—Ⓢ—］、［—Ⓡ—］：输入和

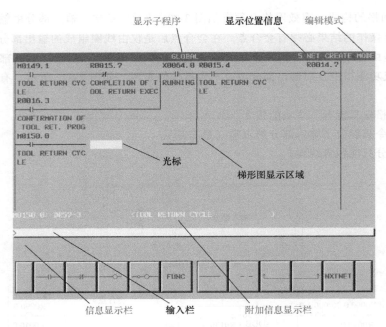

图 3-23 网格编辑画面

更改继电器，创建继电器（触点和线圈），或者更改已有继电器的类型。当光标位于空位置时按下任意一个继电器软键，将在光标位置创建一个新的软键类型的继电器。当输入一个位地址后按下软键，那么位地址就作为新创建的继电器的地址。如果没有给出位地址，那么在此之前最后输入的位地址将被自动分配给新创建的继电器。如果此前还没有输入过位地址，那么新创建的继电器就不会有地

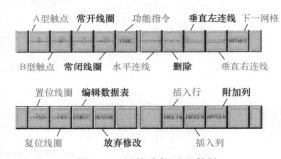

图 3-24 网格编辑画面软键

址。触点可以放在非最右列的任意位置，而线圈只能放在最右列。将光标移到一个已有的继电器上，按下另一种类型的继电器软键，将会改变光标处的继电器类型。但是不允许将线圈改为触点，也不允许将触点改为线圈。除了该画面只显示一个网格外，其他基本与梯形图编辑画面相同，如图 3-25 所示。

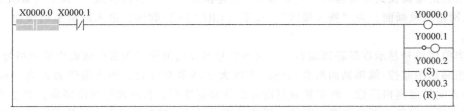

图 3-25 触点和线圈的例子

②［FUNC］：输入和更改功能指令。创建功能指令，或更改已有功能指令的类型。当光标位于空位置时按下［FUNC］软键，将在光标位置创建一个新的功能指令，同时显示功能指令列表，然后输入所选的功能指令类型。如果直接输入一个表示功能指令数值或名字的字符串后按下［FUNC］软键，那么就不显示列表画面。将光标移到一个已有的功能指令上按下［FUNC］

软键，可以更改光标处的功能指令类型。

③ [————]：绘制水平连线。绘制水平连线或将一个已有的继电器改变为水平连线。

④ [--------]：擦除继电器和功能指令。擦除光标位置的继电器和功能指令。

⑤ [↑————]、[————↑]：绘制和擦除垂直连线。绘制光标位置的继电器或水平连线左右两侧的向上垂直连线，或擦除已有的垂直连线。如果光标位置的继电器或水平连线没有向上的垂直连线，那么这两个软键显示为实箭头，表示按下软键将绘制连线；如果光标位置的继电器或水平连线有向上的垂直连线，那么这两个软键显示为虚箭头（[↑————]、[————↑]），表示按下软键将擦除连线，如图 3-26 所示。

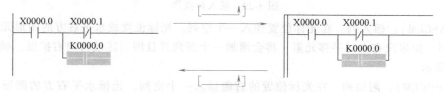

图 3-26　绘制和擦除水平连线

⑥ [NXTNET]：进入下一个网格。结束编辑当前网格，进入下一个网格。如果属于在梯形图编辑画面下按下 [MODIFY] 软键进入网格编辑画面的情况，按下 [NXTNET] 软键将结束当前网格的编辑，并编辑下一个网格，如图 3-27 所示。如果是在梯形图编辑画面下按下 [CRE-ATE] 软键进入网格编辑画面的情况，按下 [NXTNET] 软键将结束当前网格的创建，并将其插入梯形图，然后创建一个新的初始为空的网格，该网格将被插入到当前网格的下一处，如图 3-28 所示。

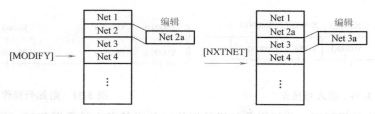

图 3-27　在修改模式下（修改一个已有的网格）按下 [NXTNET] 软键的情况

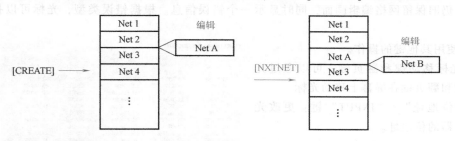

图 3-28　在创建模式下（创建一个新的网格）按下 [NXTNET] 软键的情况

⑦ [TABLE]：编辑数据表。进入功能指令数据表编辑画面，编辑光标位置的功能指令数据表。该软键仅当光标位置的功能指令包括数据表时出现。

⑧ [RESTORE]：放弃修改。放弃所有的修改，将网格恢复到开始编辑前的状态。如果是在梯形图编辑画面下按下 [CREATE] 软键进入网格编辑画面的情况，将会返回到空的网格；如果是在梯形图编辑画面下按下 [MODIFY] 软键进入网格编辑画面的情况，将会返回到该画面修改前的网格。

⑨ [INSLIN]：插入行。在光标位置插入一个空行。光标位置或垂直下方的图形元素都将向

下平移一行。在功能指令框的中间进行插入行操作，将会在垂直方向扩展指令框，使输入条件之间增加一行空间，如图3-29所示。

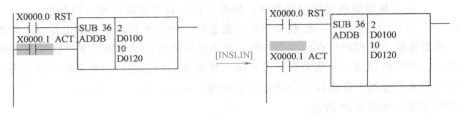

图3-29　插入行操作

⑩［INSCLM］：插入列。在光标位置插入一个空列。光标位置或水平右方的图形元素都将向右平移一列。如果没有空间平移元素，将会增加一个新列并且图形区域将向右扩展。插入列操作如图3-30所示。

⑪［APPCLM］：附加列。在光标位置的右侧插入一个空列。光标水平右方的图形元素都将向右平移一列。如果需要，将会向右方扩展网格。附加列操作如图3-31所示。

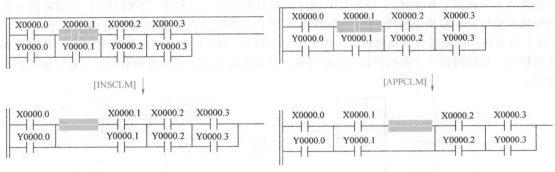

图3-30　插入列操作　　　　　　　　　　图3-31　附加列操作

⑫［<］：退出编辑画面。分析当前编辑的网格，并将其存入梯形图程序。如果发现网格中有错误，仍旧保留网格编辑画面，同时显示一个错误信息。根据错误类型，光标可以指示错误位置。

2）使用其他键的操作。

① 光标移动键和翻页键：可以通过光标移动键和翻页键在屏幕上移动光标。

② "位地址" + "INPUT" 键：更改光标处继电器的位地址。

③ "数值" / "字节地址" + "INPUT" 键：更改光标处的功能指令参数。

3. 功能指令的编辑

（1）功能指令列表画面。在网格编辑画面按下［FUNC］软键，进入功能指令列表画面，如图3-32所示。在列表画面中，可以从列表中所有可用的功能指令中选择，其操作见表3-11。

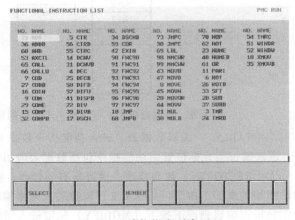

图3-32　功能指令列表画面

表 3-11 功能指令列表画面的操作

功能	软键	说明
选择功能	[SELECT]	选择一个功能指令。选择光标处的功能指令,并将其插入网格
重新排列功能 指令列表	[NUMBER]	按功能指令的标示数字顺序排列功能指令
	[NAME]	按功能指令的名称字母顺序排列功能指令(默认情况)
退出选择	[<]	退出功能指令选择,并返回网格编辑画面

(2) 功能指令数据表的编辑。在功能指令数据表编辑画面内,可以编辑属于某个功能指令的数据表的内容。在网格编辑画面中,当光标位于以下包含数据表的功能指令处时,按下 [TABLE] 软键就可以进入功能指令数据表编辑画面,如图 3-33 所示。

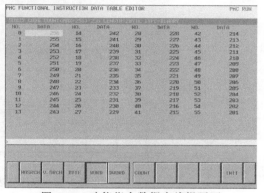

图 3-33 功能指令数据表编辑画面

1) 功能指令 COD (SUB7)。

2) 功能指令 CODB (SUB27)。功能指令 DISP (SUB49) 不能使用。

在该画面下,以下编辑操作有效:

1) 更 改 数 据 表 的 值:" 数 值 " + "ENTER" 键。

2) 更 改 数 据 长 度: [BYTE]、 [WORD]、 [D. WORD] 软键。

只能在 CODB 功能指令数据表编辑画面操作以下软键:

1) 更改数据数量: [COUNT] 软键。

2) 初始化所有数据: [INIT] 软键。

4. 程序列表编辑

作为程序列表浏览画面功能的补充,在程序列表编辑画面中可以创建新程序和删除程序。在梯形图编辑画面中按软键 [LIST] 就会出现图 3-34 或图 3-35 所示画面。可在程序列表编辑画面中进行以下操作:

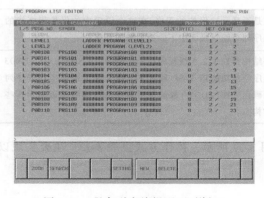

图 3-34 程序列表编辑画面(详细)   图 3-35 程序列表编辑画面(简明)

1) 创建新程序: [NEW] 软键。

2) 删除程序: [DELETE] 软键。

在程序列表编辑画面中可以选择详细浏览格式或简明浏览格式。默认的浏览格式是详细浏览格式。

（1）设定画面。程序列表编辑（设定）画面如图 3-36 所示，其设定见表 3-12。

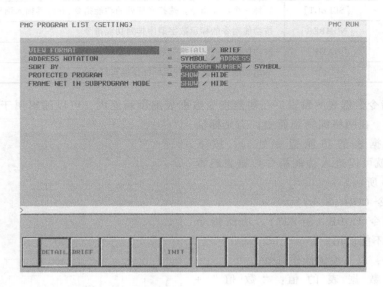

图 3-36　程序列表编辑（设定）画面

表 3-12　程序列表编辑（设定）画面的设定操作

设定	默认	说明
VIEW FORMAT	DETAIL	指定显示程序列表编辑画面在"DETAIL"模式或是在"BRIEF"模式
ADDRESS NOTATION	ADDRESS	指定显示程序编辑画面的每个子程序是地址还是符号
SORT BY	PROGRAM NUMBER	指定在程序列表编辑画面中显示的每个子程序是根据程序号还是符号的顺序排列。当 ADDRESS NOTATION 是 SYMBOL 时，没有符号的程序按照程序号的顺序排在带有符号的程序后面。GLOBAL、LEVEL1、LEVEL2、LEVEL3 不在这些类型指定之内
PROTECTED PROGRAM	SHOW	指定是否显示被保护的程序，在这个设定中的保护程序指的是在程序列表编辑画面中不能被编辑的程序
FRAME NET IN SUBPROGRAM MODE	SHOW	程序结构指在 1、2、3 级程序中的功能指令 END1、END2、END3 和子程序中的功能指令 SP 和 SPE。这个设定指定当在程序列表编辑画面中按[ZOOM]软键显示程序的内容时是否显示这些程序结构

（2）画面操作。程序列表编辑画面的软键如图 3-37 所示，操作方式见表 3-13，主要实现以下功能：

1）显示程序的内容。

2）查找程序。

3）画面设定。

4）添加新程序。

5）删除程序。

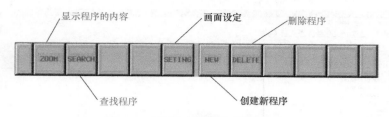

图 3-37　程序列表编辑画面的软键

表 3-13　程序列表编辑画面的操作方式

软键	功能	说明
[ZOOM]	显示程序的内容	进入梯形图编辑画面
[SEARCH]	查找程序	在输入程序名或输入符号名后按下[SEARCH]软键,查找对应的字符串所代表的程序并将光标移到相应程序
[SETING]	画面设定	进入程序列表编辑画面的设定画面,在此可改变程序列表编辑画面的设定。要返回程序列表编辑画面,按返回键[<]
[NEW]	创建新程序	如果输入程序名或符号并按[NEW]软键,首先会检测程序是否存在。如果程序不存在,将会创建新的程序。新创建的程序将自动插入到程序列表中并且光标指向它。下面的梯形图结构将根据创建的新程序的类型而自动创建 LEVEL1:功能指令 END1 LEVEL2:功能指令 END2 LEVEL3:功能指令 END3 Subprogram:功能指令 SP、SPE 如果程序处在可编辑状态,以上操作有效
[DELETE]	删除程序	如果输入空格并按[DELETE]软键,光标所指的程序将被删除。如果输入程序名或符号并按[DELETE]软键,首先检查程序是否存在,如果程序存在,该程序将被删除 GLOBAL、LEVEL1 和 LEVEL2 永远存在程序列表里,如果删除这些程序,程序的内容会丢失,但在程序列表里这些程序名不会消失。如果程序处在可编辑状态,以上操作有效

二、使用 FANUC LADDER Ⅲ 存储卡编辑梯形图

1. 存储卡格式的 PMC 的转换

通过存储卡备份的 PMC（梯形图）称为存储卡（M-CARD）格式的 PMC。由于其为机器语言格式,不能由计算机的 LADDER Ⅲ 直接识别和读取并进行修改和编辑,所以必须进行格式转换。同样,在计算机上编辑好的 PMC 程序不能直接存储到 M-CARD 上,也必须通过格式转换,才能装载到 CNC 中。

（1）M-CARD 格式（PMC-SA.000 等）→计算机格式（PMC.LAD）。

1）运行 FANUC LADDER Ⅲ 软件,在该软件下新建一个类型与备份的 M-CARD 格式的 PMC 程序类型相同的空文件,如图 3-38 所示。

2）选择“File”中的“Import”（即导入 M-CARD 格式文件）,软件会提示导入的源文件格式,选择 M-CARD 格式,然后再选择需要导入的文件名（找到相应的路径）,如图 3-39 所示。执行下一步找到要进行转换的 M-CARD 格式文件,按照软件提示的默认操作一步步执行,即可将 M-CARD 格式的 PMC 程序转换成计算机可直接识别的 .LAD 格式文件,如图 3-40 所示。这样就可以在计算机上进行修改和编辑操作了。

（2）计算机格式（PMC.LAD）→M-CARD 格式。当把计算机格式（PMC.LAD）的 PMC 转换

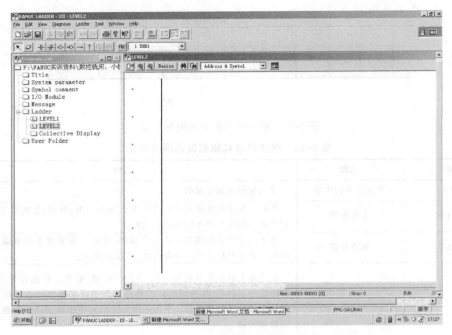

图 3-38 新建空文件

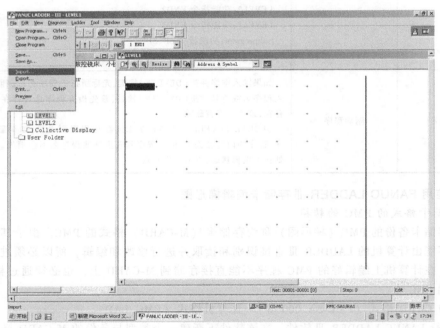

图 3-39 导入文件

成 M-CARD 格式的文件后,可以将其存储到 M-CARD 上,通过 M-CARD 装载到 CNC 中,而不用通过外部通信工具(例如:RS232C 或网线)进行传输。

1)在 FANUC LADDER Ⅲ软件中打开要转换的 PMC 程序。先在 "Tool" 中选择 "Compile",将该程序编译成机器语言,如果没有提示错误,则编译成功,如图 3-41 所示。如果提示有错误,要退出修改后重新编译,然后保存,再选择 "File" 中的 "Export",如图 3-42 所示。如果要在梯形图中加密码,则在编译的选项中单击,"Option",选择 "Setting of Password",再输入两遍

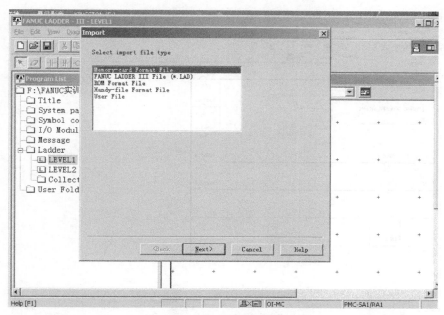

图 3-40　转换格式

密码就可以了。

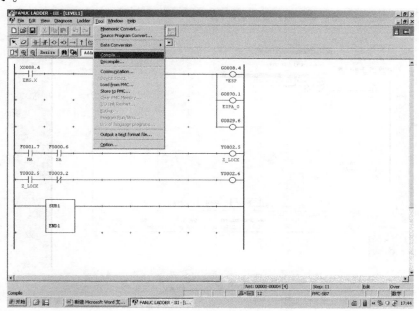

图 3-41　译码

2）在选择"Export"后，软件提示选择输出的文件类型，选择 M-CARD 格式，如图 3-43 所示。确定 M-CARD 格式后，选择下一步指定文件名，按照软件提示的默认操作即可得到转换了格式的 PMC 程序。注意，该程序的图标是一个 Windows 图标（即操作系统不能识别的文件格式，只有 FANUC 系统才能识别）。转换好的 PMC 程序即可通过存储卡直接装载到 CNC 中。

2. 不同类型的 PMC 文件之间的转换

1）运行 FANUC LADDER Ⅲ 软件。

2）单击"File"，选择"Open Program"项，打开一个希望改变 PC 种类的 Windows 版梯形

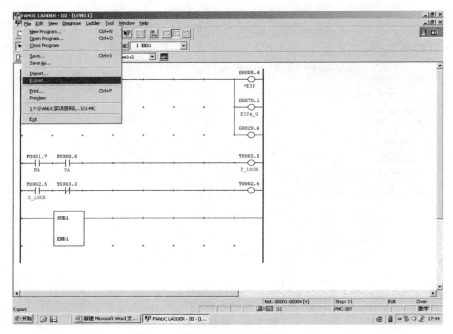

图 3-42　选择 "File" 中的 "Export"

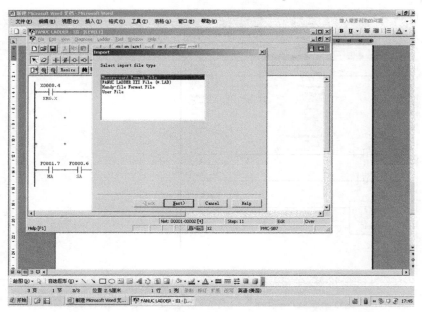

图 3-43　格式转换

图文件。

3）选择工具栏 "Tool" 中助记符转换项 "Mnemonic Convert"，则显示 "Mnemonic Conversion" 页面。其中，助记符文件（Mnemonic File）栏需新建中间文件名，含文件存放路径。转换数据种类（Convert Data Kind）栏需选择转换的数据，一般为 "ALL"。

4）完成以上设置后，单击 "OK" 确认，然后显示数据转换情况信息，无其他错误后关闭此信息页，再关闭 "Mnemonic Conversion" 页面。

5）单击 "File"，选择 "New Program" 项，新建一个目标 Windows 版的梯形图，同时选择目标 Windows 版梯形图的 PC 种类。

6）选择工具栏"Tool"中源程序转换项"Source Program Convert"，则显示"Source Program Conversion"页面。其中，助记符文件（Mnemonic File）栏需选择刚生成的中间文件名，含文件存放路径。

7）完成以上设置后，单击"OK"确认，然后显示数据转换情况信息"All the content of the source program is going to be lost. Do you replace it?"，单击"是"确认。无错误后关闭此信息页，再关闭"Source Program Conversion"页面。

三、利用 FANUC LADDER Ⅲ 进行梯形图在线编辑

利用 FANUC 提供的 PCMCIA 网卡，不仅可以进行 Servo Guide 的调试，还可以通过其网络功能进行 PMC（梯形图）的在线编辑。

1. NC 端设置

（1）对 PCMCIA 网卡设定 IP 地址。设定方法如下：SYSTEM →右扩展键（多次）→ETHPRM→操作（OPR）→PCMCIA。可以看到如图 3-44 所示画面。其中的 IP 地址的设定必须与计算机处的 IP 地址设定一致，规则为前三位必须一致。例如，图 3-44 中的 IP 地址为169. 254. 205. ＊，计算机中的 IP 地址也必须为 169. 254. 205. ＊，但是最后一位必须不同。

子网掩码的设定：计算机和 NC 的设定必须相同，具体的设定数值在 PC 侧可以自动生成。

（2）设定 PMC 功能下的 ONLINE 功能。步骤如下：SYSTEM →PMC → 右扩展键（多次）→MONIT →ONLINE。如图 3-45 所示，"RS-232C"与"HIGH SPEED I/F"为两种传输方法。采用PCMCIA 网卡进行传输时，要进行"HIGH SPEED I/F"通信方式的选择。按下下翻页键后，显示如图 3-46 所示画面。

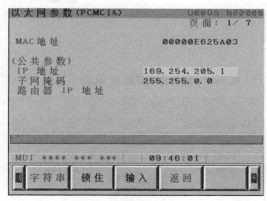

图 3-44　IP 地址的设定　　　　　　　　　图 3-45　RS-232C 的传输方法

如图 3-46 所示，选择"HIGH SPEED I/F"为"USE"。在没有连通的情况下，HIGH SPEED I/F＝STAND-BY。连通后，如图 3-47 所示，下画色线标出了连通的确认信号，以及 PC 端的 IP 地址。

2. PC 端设置

（1）打开 FANUC LADDER Ⅲ软件（Ver. 4.6 以上）。

（2）选择"Tool"下拉菜单中的"Communication"选项。

1）配置"Network Address"，如图 3-48 所示。选择"Add Host"后，弹出对话框"Host Setting Dialog"，如图 3-49 所示，在"Host"文本框中输入 NC 端的 IP 地址，将 NC 作为主机。输入完成后，则将该地址显示于"Network Address"中。

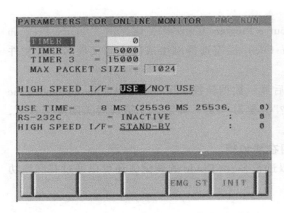

图 3-46　"HIGH SPEED I/F"通信方式选择

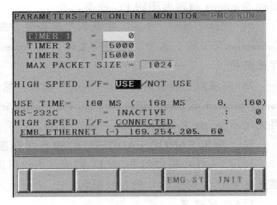

图 3-47　选择"HIGH SPEED I/F"为"USE"

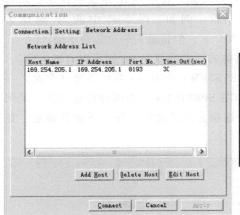

图 3-48　配置 "Network Address"

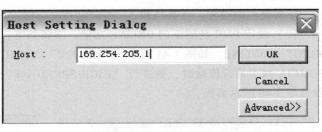

图 3-49　输入 NC 端的 IP 地址

2) 选择端口。在 "Communication" 对话框中选择 "Setting" 选项卡。将 "Enable Device" 中的主机 IP 地址（NC 端的 IP 地址）选中，添加到 "Use Device" 中，然后单击 "Connect" 按钮，即可显示与 NC 的连接过程。连接完成后，即可在线显示梯形图的当前状态，同时可以在线监视梯形图的运行状态。选择端口如图 3-50 所示。在此状态下，无法对梯形图进行修改。

（3）利用 PC 端 FANUC LADDER Ⅲ 软件对 NC 的梯形图进行在线修改。

1) 选择 LADDER Ⅲ软件的 "Ladder" 下拉菜单，如图 3-51 所示。

2) 从图 3-51 中可以看出当前状态为 "Monitor"。将当前状态改为 "Editor" 模式，此时就可以对梯形图进行修改了。

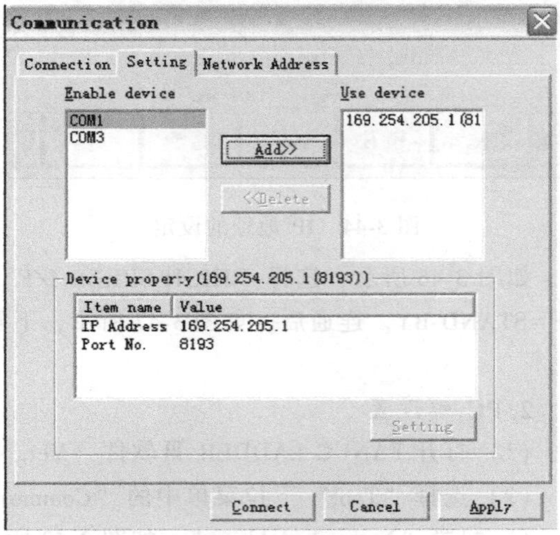

图 3-50　选择端口

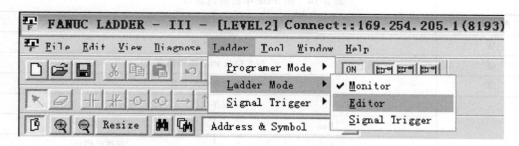

图 3-51 选择 LADDER Ⅲ软件的 "Ladder" 下拉菜单

3）修改完毕后，重新将 "Ladder Mode" 的状态改为 "Monitor"。此时会弹出对话框，提示梯形图已经修改，是否将 NC 中的梯形图进行修改。单击 "Yes" 后，会再次确认将修改 PC 以及 NC 侧的梯形图。单击 "No" 后，即完成在线修改。

注 意 ① 将 FANUC LADDER Ⅲ 的 "Programer Mode" 改为 "Offline" 状态后，需要将修改过的梯形图写入 F-ROM 才能保存在 NC 端。在 NC 端，在 "Online" 状态下不能对梯形图进行修改。

② 如果梯形图中设有密码，在计算机侧进行显示的过程中，会提示输入密码。

任务扩展 SIEMENS 802D PLC 的调整

一、SIEMENS 802D PLC 的基本操作

1）在系统操作区中按下软键 [PLC]。

2）按下 $\boxed{\text{PLC program}}$，打开保存在永久存储器中的项目（见图 3-52）。其结构说明见表 3-14，组合按键的应用见表 3-15。

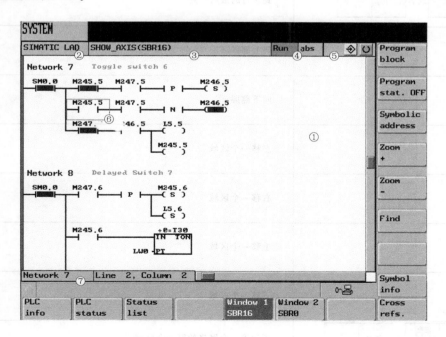

图 3-52 画面结构

表 3-14　图 3-52 中的图例说明

图形单元	说明	
①	应用区域	
②	所支持的 PLC 编程语言	
③	有效程序段的名称	
④	程序状态	
	Run	程序正在运行
	Stop	程序已停止
	应用区域状态	
	Sym	符号显示
	abs	绝对值显示
⑤		有效按键显示
⑥	焦点	接受光标所选中的任务
⑦	提示行	在"查找"时显示提示信息

表 3-15　组合按键的应用

按键组合	动作
NEXT WINDOW 或者 CTRL ←	到达行的第一列
END 或者 CTRL →	到达行的最后一列
PAGE UP	向上翻屏
PAGE DOWN	向下翻屏
←	左移一个区域
→	右移一个区域
↑	上移一个区域
↓	下移一个区域
CTRL NEXT WINDOW 或 CTRL ↑	到达第一个网格的第一个区域

（续）

按键组合	动作
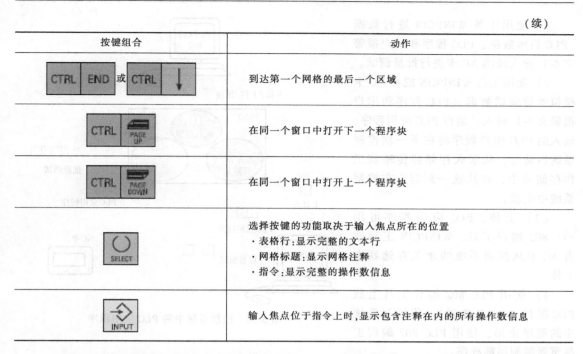 CTRL END 或 CTRL ↓	到达第一个网格的最后一个区域
CTRL PAGE UP	在同一个窗口中打开下一个程序块
CTRL PAGE DOWN	在同一个窗口中打开上一个程序块
SELECT	选择按键的功能取决于输入焦点所在的位置 ·表格行:显示完整的文本行 ·网格标题:显示网格注释 ·指令:显示完整的操作数信息
INPUT	输入焦点位于指令上时,显示包含注释在内的所有操作数信息

3）按下不同的软键可进行不同的操作，如按下［连接］软键即可进入系统的通信参数设定界面，进行必要的通信设定，如图 3-53 所示。

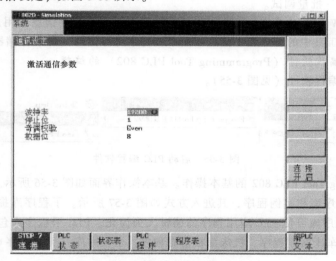

图 3-53 通信参数设定界面

二、SIEMENS 数控系统用 PLC 的编辑

SIEMENS 数控系统用 PLC 的种类虽然不少，但其编辑却是大同小异的。现以 SIEMENS 802D 数控系统所用 PLC 为例介绍。

1. 下载/上传/复制/比较 PLC 应用程序

用户可以在控制系统里保存、复制，或用另一个 PLC 项目覆盖 PLC 应用程序，如图 3-54 所示，可以通过 PLC 802 编程工具、WINPCIN（二进制文件）、NC 卡来实现。

（1）下载。此项功能是向控制系统的永久存储器（加载存储器）中写入传输数据。

1）使用 PLC 802 编程工具下载 PLC 项目（Step7 连接）。

2）使用工具 WINPCIN 进行数据（PLC 机床数据、PLC 程序和用户报警文本）输入或用 NC 卡进行批量调试。

3）使用工具 WINPCIN 或者 NC 卡模拟批量调试数据（PLC 程序和用户报警文本）输入，运行 PLC 应用程序。读入的 PLC 用户程序将在下一次控制系统启动时，从永久存储器传输到工作存储器中，并从这一刻起，在控制系统中生效。

（2）上传。PLC 应用程序可用 PLC 802 编程工具、WINPCIN 工具或者 NC 卡从控制系统的永久存储器中上传。

1）使用 PLC 802 编程工具上载 PLC 项目（Step7 连接）。将控制系统中的程序读出，使用 PLC 802 编程工具重新编制当前程序。

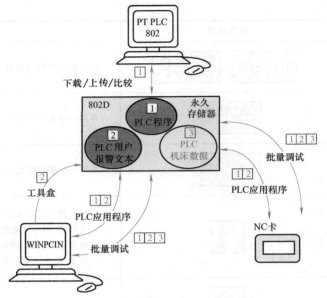

图 3-54　控制系统中的 PLC 应用程序

2）使用工具 WINPCIN 进行数据（PLC 机床数据、PLC 程序和用户报警文本）输出或用 NC 卡进行"启动数据"批量调试。

3）使用工具 WINPCIN 或 NC 卡读出 PLC 应用程序（PLC 程序信息和用户报警文本）数据，比较 PLC 802 编程工具中的程序和存储在控制系统的永久存储器（加载存储器）中的程序。

2. 应用 PLC 编程软件（Programming Tool PLC 802）的编辑

1）启动 PLC 编程软件（见图 3-55）。

图 3-55　启动 PLC 编程软件

2）Programming Tool PLC 802 的基本操作。基本操作界面如图 3-56 所示。在 802D 的工具盒内提供了 PLC 子程序库和实例程序，其进入方式如图 3-57 所示。子程序库提供了各种基本子程序，利用 PLC 子程序库可使 PLC 应用程序的编辑大为简化。PLC 子程序库包含了一个说明文件及铣床实例程序、车床实例程序、机床面板仿真程序、子程序库（无主程序 OB1 的 PLC 程序）4 个 PLC 项目文件。

如需将 PLC 项目文件下传（计算机→802D）、将 802D 内部的项目文件上传（802D→计算机）或联机调试时，PLC 编程软件的协议应选择"802D（PPI）"，并且和 802D 系统设定正确且匹配的通信参数。此时，802D 必须进入联机方式。

任务巩固

一、填空题（将正确答案填写在横线上）

1. 对数控机床梯形图进行设置时，可改变梯形图的颜色。可以设置梯形图各元件如 _____、_____ 等的颜色。

2. 有效网格的输入部分由 _____ 和 _____ 组成，输入部分操作的结果必须有

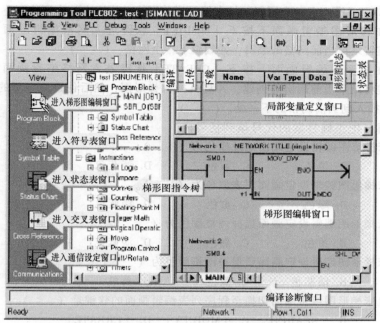

图 3-56 Programming Tool PLC 802 的基本操作界面

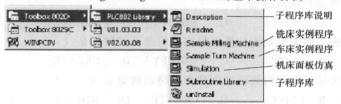

图 3-57 PLC 子程序库的进入方式

_____。输入部分必须至少包括一个_____或_____，而_____可以不包括任何东西。

3. 编辑模式在屏幕右上端显示为"创建模式"或"修改模式"时，按下［MODIFY］软键进入网格编辑画面时，为"_____"；按下［CREATE］软键进入网格编辑画面，为"_____"。

4. ［INSLIN］：插入行，在光标位置插入一个_____。_____或垂直下方的图形元素都将_____平移一行。在功能指令框的中间进行插入行操作，将会在_____方向扩展指令框，使输入条件之间_____一行空间。

5. ［INSCLM］：插入列，在光标位置插入一个_____。光标位置或_____的图形元素都将_____平移一列。如果没有空间平移元素，将会_____一个新列并且图形区域将_____扩展。

二、判断题（正确的打"√"，错误的打"×"）

1. ［——］：绘制水平连线，绘制水平连线或将一个已有的继电器改变为水平连线。（　　）

2. ［-----］：擦除继电器和功能指令，擦除光标位置的继电器和功能指令。（　　）

3. ［↑——］、［——↑］：绘制和擦除垂直连线，绘制光标位置的继电器或水平连线左右两侧的向上垂直连线，或擦除已有的垂直连线。（　　）

4. ［NXTNET］：进入上一个网格。结束编辑当前网格，进入上一个网格。（　　）

5. 如果是在梯形图编辑画面下按下［MODIFY］软键进入网格编辑画面的情况，按下［NXTNET］软键将结束当前网格的编辑，并编辑下一个网格。（　　）

6. 如果是在梯形图编辑画面下按下［CREATE］软键进入网格编辑画面的情况，按下［NXTNET］软键将结束当前网格的创建，并将其插入梯形图，然后创建一个新的初始为空的网格，该网格将被插入到当前网格的下一处。（　　）

三、选择题（把正确答案的代号填到括号内）

1. 数控机床梯形图编辑设定画面地址颜色为（　　）。

A. 绿色　　　　B. 黑色　　　　C. 黄色　　　　D. 淡蓝色

2. 数控机床梯形图编辑设定画面图表颜色为（　　）。

A. 黑色　　　　B. 绿色　　　　C. 黄色　　　　D. 淡蓝色

3. 数控机床梯形图编辑设定画面选择网格颜色为（　　）。

A. 绿色　　　　B. 黄色　　　　C. 黑色　　　　D. 淡蓝色

4. 数控机床梯形图编辑设定画面受保护网格颜色为（　　）。

A. 绿色　　　　B. 淡蓝色　　　　C. 黑色　　　　D. 黄色

5. 将数控机床梯形图编辑画面切换至程序列表编辑画面的软键是（　　）。

A. ［LIST］　　B. ［SEARCH］　C. ［MODIFY］　D. ［CREATE］

6. 能搜索并切换菜单的软键是（　　）。

A. ［SEARCH］　B. ［LIST］　　　C. ［MODIFY］　D. ［CREATE］

7. 将数控机床梯形图编辑画面切换至网格编辑画面的软键是（　　）。

A. ［SEARCH］　B. ［LIST］　　　C. ［MODIFY］　D. ［CREATE］

8. 能在数控机床梯形图编辑画面中创建新网格的软键是（　　）。

A. ［SEARCH］　B. ［LIST］　　　C. ［CREATE］　D. ［MODIFY］

任务三　利用PLC对数控机床的故障进行诊断与维修

📖任务引入

图3-58所示是卧式加工中心回转工作台夹紧/松开的工作过程。回转工作台夹紧时，执行M10。回转工作台夹紧工作流程如图3-59所示。由此可见，回转工作台的夹紧若出现了故障，与其他故障一样，可以通过PMC来检修。

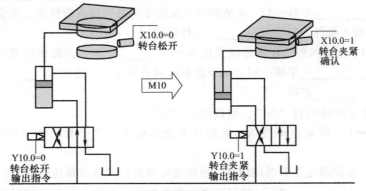

图3-58　回转工作台夹紧/松开

任务目标

1）会应用 PLC 诊断功能诊断数控机床常见的故障。

2）掌握 PMC 诊断画面控制参数的应用。

任务实施

现场教学 把学生带到工厂或实训中心，在机床（也可以是实训工作台）边，由技术人员或教师边讲解边操作，然后由学生进行独立操作。

一、PMC 接口诊断画面

PMC 接口诊断作为 I/O（输入/输出）接口状态诊断，可以反映外围开关实时状态、PMC 的信号输出状态，以及 PMC 和 CNC 之间的信号输入、输出状态。

1. 调出画面

1）按 SYSTEM 键→按［PMC］软键，出现图 3-14 所示画面。

2）按［PMCDGN］软键，出现图 3-60 所示画面。

3）按［STATUS］软键，进入图 3-61 所示 PMC 状态监控画面。

2. 诊断画面地址检索

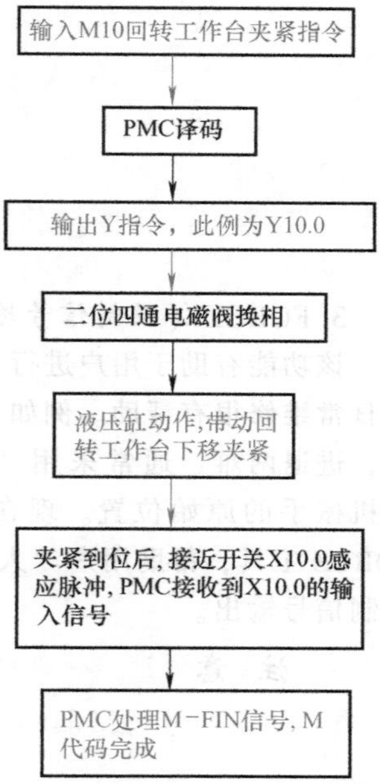

（1）按位检索。诊断信号检索可以通过将被检索地址（字节+位），如 X15.4，输入信息输入栏，按［SEARCH］软键，也可在信息输入栏中输入符号"+X"，光标可以直接指到所检索的位置，如图 3-62 所示。

图 3-60 PMCDGN 界面

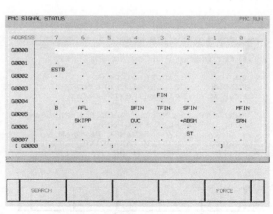

图 3-61 PMC 状态监控画面

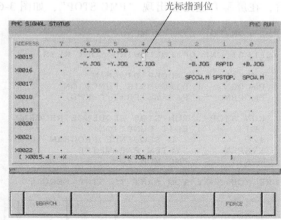

图 3-62 按位检索

（2）按字节检索。将被检索地址所在的字节输入信息栏中，光标直接跳到被检索地址的"行"，如 Y0050，如图 3-63 所示。

注意 信号触点动作状态表示："·"表示信号没有激活（常开触点未接通，常闭触

输入M10回转工作台夹紧指令

↓

PMC译码

↓

输出Y指令，此例为Y10.0

↓

二位四通电磁阀换相

↓

液压缸动作，带动回转工作台下移夹紧

↓

夹紧到位后，接近开关X10.0感应脉冲，PMC接收到X10.0的输入信号

↓

PMC处理M-FIN信号，M代码完成

图 3-59 回转工作台夹紧工作流程图

点未打开），"I"表示信号已经被激活（常开触点已接通，常闭触点已打开）。如图 3-63 所示地址 Y50.1 和 Y50.7，符号 EDIT.L（编辑方式灯）和 M01（选择停止）被激活，触点状态为"I"，该触点接通。注释符号如果前面有"＊"号，表示该地址为"非"信号，也即常闭触点。

3．FORCE（强制信号输出）功能

该功能有助于用户进行 PMC 接口输出试验，对日常维修很有帮助。例如，当换刀机械手卡刀时，进退两难，通常采用"捅阀"的办法，还原机械手的原始位置。现在可以很方便地使用 FORCE 工具，帮助用户"人为地"（甩开 PMC）强制信号输出。

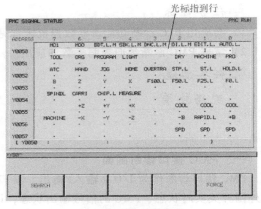

图 3-63　按字节检索

注　意　在进行强制信号输出前，需要注意两个问题：

1）强制信号输出的地址，所驱动的外围设备周边安全、状态良好，不会导致人员和设备损伤。

2）停止 PMC 运行，否则 PMC 在连续扫描，刚刚强制，即被 PMC 复位，由此导致强制无效。

（1）停止 PMC 运行。

1）按 SYSTEM 键→按 ［PMC］软键→按向后翻页键 ▶ ，出现图 3-64 所示菜单。

图 3-64　停止 PMC 运行画面

2）按 ［STOP］软键后出现图 3-65 所示的画面，根据提示按 ［YES］软键。PMC 停止运行后，在屏幕右上角会出现"PMC STOP"，如图 3-66 所示。

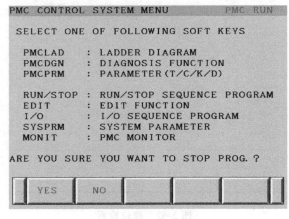

图 3-65　停止 PMC 程序运行确认

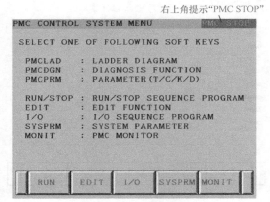

图 3-66　PMC 停止运行完成

（2）进入诊断画面。

1）调出图 3-61 所示 PMC 状态监控画面，按 ［FORCE］软键。检索到需要强制输出的信号画面（见图 3-67），如 Y53.1，F25.L——快速倍率 25%灯。

2）按［ON］软键，信号强制输出，如图 3-68 所示。

3）强制输出完成，信号常开点闭合。如果需要该地址断开时，按［OFF］软键即可恢复图 3-66 所示信号状态。

（3）恢复 PMC 运行。按左边的软键 ◄ ，直到出现图 3-15 所示画面，按［RUN］软键，出现图 3-69 所示画面，按［YES］软键，PMC 恢复运行，如图 3-70 所示。

（4）TRACE（信号跟踪）功能。信号跟踪功能相当于一个"接口示波器"，可以实时采样，根据维修人员选择的信

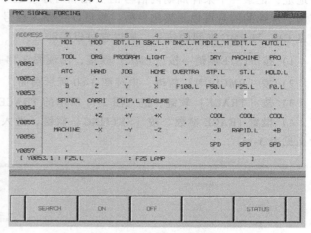

图 3-67　PMC 强制有效操作

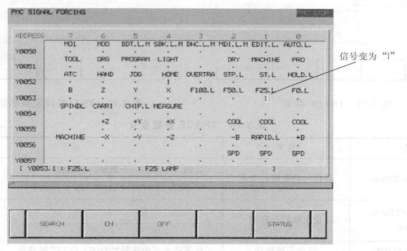

图 3-68　PMC 强制输出完成

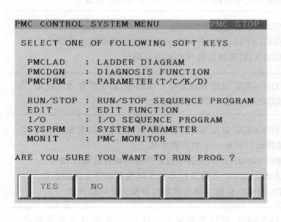

图 3-69　恢复 PMC 程序运行确认

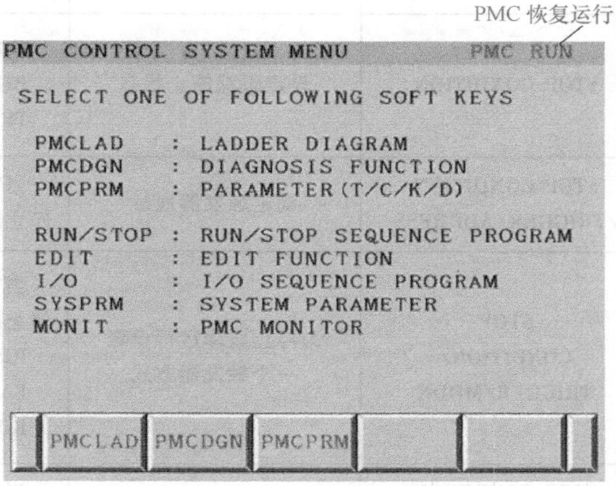

图 3-70　恢复 PMC 程序运行有效

号地址，记录一个采样周期内信号的变化和时序。这一功能对于维修人员观察一组信号时特别有用。跟踪的信号可以是输出信号，也可以是输入信号，可以是 PMC 与机床之间的信号，也可以是 CNC 与 PMC 之间的信号，所以它可以跟踪 X、Y、F、G、R、K 等地址信号的实时状态。

1) 按 SYSTEM 键→按［PMC］软键，出现图 3-14 所示画面。

2) 按［PMCDGN］软键，出现图 3-60 所示画面。

3) 按［TRACE］软键，进入图 3-71 所示的 TRACE 画面。

4) 设置 TRACE 参数。按［SETTING］软键，进入图 3-72 所示的设定画面第 1 页，其参数含义见表 3-16。

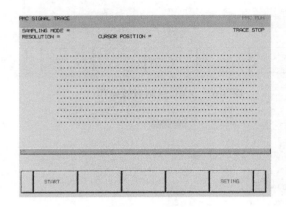

图 3-71　TRACE 画面

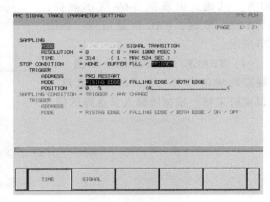

图 3-72　TRACE 设定画面第 1 页

表 3-16　TRACE 参数含义

参数	含义	备注
SAMPLING/MODE	确定一种取样的方式	TIME CYCLE:一个周期内的取样 SIGNAL TRANSITION:基于信号传送取样
SAMPLING/RESOLUTION	设定取样分辨率	
SAMPLING/TIME	设定采样周期	在采样方式中选择"TIME CYCLE"时显示
SAMPLE/FRAME	设定采样次数	在采样方式中选择"SIGNAL TRANSITION"时显示
STOP CONDITION	设定跟踪停止状态	NONE:不自动停止跟踪运行 BUFFER FULL:当取样标志占满内存时自动停止跟踪 TRIGGER:利用触发信号自动停止跟踪
STOP CONDITION/TRIGGER/ADDRESS	设定触发器地址	当"TRIGGER"设定为跟踪停止状态时,此项目变为可设定,为停止跟踪运行设定一个触发器地址
STOP CONDITION/TRIGGER/MODE	为停止跟踪运行设定一个触发器方式	当"TRIGGER"设定为跟踪停止状态时,此项目变为可设定,为停止跟踪运行设定一个触发器方式 RISING EDGE:在触发信号的上升沿自动停止跟踪操作 FALLING EDGE:在触发信号的下降沿自动停止跟踪操作 BOTH EDGE:在触发信号传送时自动停止跟踪操作
STOP CONDITION/TRIGGER/POSITION	设置停止触发事件的位置	当"TRIGGER"设定为跟踪停止状态时,此项目变为可设定。通过使用采样时间(或次数)的比率,设置在整个采样时间内(或者次数)停止触发事件的位置

（续）

参数	含义	备注
SAMPLING CONDITION	设定采样状态	当"SIGNAL TRANSITION"设定为跟踪停止状态时,此项目变为可设定。设定采样状态 TRIGGER :当满足触发状态时执行取样 ANY CHANGE:当采样地址信号发生变化时,执行取样
SAMPLING CONDITION/TRIGGER/ADDRESS	设定地址	当"SIGNAL TRANSITION"设定为采样方式且"TRIGGER"被设定为采样状态,此项目变为可设定。使用触发器采样设定一个地址
SAMPLING CONDITION/TRIGGER/MODE	设定触发器状态方式	当"SIGNAL TRANSITION"设定为采样方式且"TRIGGER"被设定为采样状态,此项目变为可设定。设定触发器状态方式 RISING EDGE:在触发信号的上升沿取样 FALLING EDGE:在触发信号的下降上取样 BOTH EDGE :在一种信号变化中取样 ON:当触发信号 ON 时,执行取样 OFF:当触发信号 OFF 时,执行取样

5）设置被跟踪信号地址。按 MDI 面板上的"PAGE ↓"键，进入图 3-73 所示 TRACE 设定画面第 2 页，设定被跟踪信号地址。

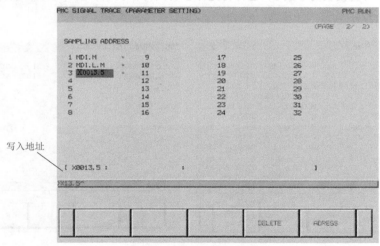

图 3-73　TRACE 设定画面第 2 页

6）进行跟踪操作。按左边的软键 ◄ ，进入图 3-74 所示 TRACE 准备跟踪画面。按 [START] 软键，开始信号跟踪，信号实时状态如图 3-75 所示。

二、PMC 诊断画面控制参数

上面介绍的 FANUC PMC 诊断画面的功能，包括梯形图、接口状态诊断、FORCE、TRACE 等功能可以通过下面的设定画面进行限制。

1）按 SYSTEM 键→按 [PMC] 软键，出现图 3-14 所示画面。

2）按 [PMCPRM] 软键，进入图 3-76 所示画面。

3）按 [SETING] 软键，进入图 3-77 所示画面。按 MDI 面板上的"PAGE ↓"键，进入图

3-78 所示的 PMC 画面控制参数第 2 页。

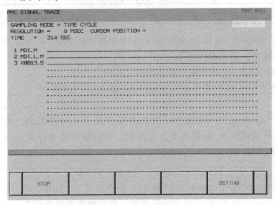

图 3-74 TRACE 准备跟踪画面

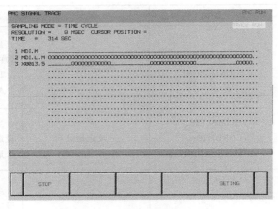

图 3-75 TRACE 实时跟踪画面

图 3-76 ［PMCPRM］软键

4）在 MDI 方式下，设置参数开关 PWE=1。通过移动光标，修改图 3-77 和图 3-78 所示画面中的参数即可，可直接设为 1 或 0，也可将光标移动到待修改项，按［YES］或［NO］软键。其参数含义见表 3-17。

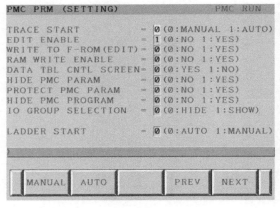

图 3-77 PMC 画面控制参数第 1 页

图 3-78 PMC 画面控制参数第 2 页

表 3-17 PMC 诊断画面控制参数含义

参数		含义
TRACE START	MANUAL(0)	按下[EXEC]软键执行追踪功能
	AUTO (1)	系统上电后自动执行追踪功能
EDIT ENABLE	NO (0)	禁止编辑 PMC 程序（梯形图）
	YES(1)	允许编辑 PMC 程序（梯形图）
WRITE TO F-ROM	NO (0)	编辑 PMC 程序（梯形图）后不会自动写入 Flash ROM
	YES(1)	编辑 PMC 程序（梯形图）后自动写入 Flash ROM

（续）

参数		含义
RAM WRITE ENABLE	NO（0）	禁止强制（FORCE）功能
	YES（1）	允许强制（FORCE）功能
DATA TBL CNTL SCREEN	YES（0）	显示 PMC 数据表管理画面
	NO（1）	不显示 PMC 数据表管理画面
HIDE PMC PARAM	NO（0）	允许显示 PMC 参数（仅当 EDIT ENABLE＝0 时有效）
	YES（1）	禁止显示 PMC 参数（仅当 EDIT ENABLE＝0 时有效）
PROTECT PMC PARAM	NO（0）	允许修改 PMC 参数（仅当 EDIT ENABLE＝0 时有效）
	YES（1）	禁止修改 PMC 参数（仅当 EDIT ENABLE＝0 时有效）
HIDE PMC PROGRAM	NO（0）	允许显示梯形图
	YES（1）	禁止显示梯形图
LADDER START	AUTO（0）	系统上电后自动执行顺序程序
	MANUAL（1）	按［RUN］软键后执行顺序程序
ALLOW PMC STOP	NO（0）	禁止对 PMC 程序进行 RUN/STOP 操作
	YES（1）	允许对 PMC 程序进行 RUN/STOP 操作
PROGRAMMER ENABLE	NO（0）	禁止内置编程功能
	YES（1）	允许内置编程功能

工作经验　控制 PMC 程序的参数，其真正意义在于既可使调试、维修人员灵活使用内置 PMC 编程器的各项功能，又可保护 PMC 程序不易被修改。

PMC-SB 版本提供了内置编程功能，例如编辑、诊断和调试。这些功能可以帮助维修人员编辑和调试梯形图，但是对于不了解梯形图和 PMC 界面相关操作的用户，在执行这些功能时可能会导致安全性问题，如执行信号强制（FORCE）、梯形图修改等操作，会引起机床误动作、梯形图丢失等。因此，合理利用内置编程器的控制参数，对于最终用户的不当操作将起到很好的保护限制作用。

这部分参数提供给机床的开发者，以使他们能够正确地编辑 PMC 程序或开启、关闭某些内置编辑器。同时也可对 ALLOW PMC STOP（停止梯形图）、PROGRAMMER ENABLE（编辑梯形图）、PROTECT PMC PARAM（保护 PMC 参数）、WRITE TO F-ROM（F-ROM 写）等功能进行限制，防止误操作，安全地使用 PMC 其他功能。

技能训练　FANUC 系统中 PMC 的维修

一、M-FIN 信号没有完成

1. 故障分析

该故障是比较常见的，一般发生在执行 M 代码后，没有完成辅助动作或完成了辅助动作但是没有得到确认，因而产生了 M-FIN 报警。M 代码工作过程如图 3-79 所示。

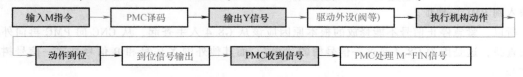

图 3-79　M 代码工作过程

这就是 M 指令输出后，没有得到最终的确认信号。一般确认信号是通过到位开关（大多使用接近开关），将 X 信号送到 PMC 的。

X 信号是从外部设备（开关等）输入到 PMC，Y 信号是从 PMC 输出到外部设备的，而 F 和 G 是 PMC 与 CNC 之间的输入输出。FANUC 0i 系列 M 代码指令是通过 F10~F13 四个字节从 CNC 送到 PMC 的，而最终完成信号 M-FIN 又是通过地址 G5.0 从 PMC 送到 CNC 的。

2. 维修实例

如图 3-58 所示，执行 M10，回转工作台卡紧，但是屏幕上 M10 程序段不能完成，几十秒之后出现 PMC 报警，显示 M-FIN 信号没有完成。回转工作台卡紧的工作过程如下：

1）输入 M10 转台卡紧指令。

2）PMC 译码。

3）输出 Y 指令，此例为 Y10.0。

4）二位四通电磁阀换相。

5）液压缸动作，带动回转工作台下移卡紧。

6）卡紧到位后，接近开关 X10.0 感应脉冲，PMC 接收到 X10.0 的输入信号。

7）PMC 处理 M-FIN 信号，M 代码完成。

故障诊断时，应检查 G5.0 M-FIN 信号是否触发。通过梯形图观察，G5.0 确实没有触发，并通过梯形图找出原因在于 X10.0 没有信号。通过进一步检查，确认 Y10.0 有输出，电磁阀吸合，回转工作台机械动作也到位。使用金属物体感应接近开关 X10.0 后，PMC 有反应，说明开关本身良好。最后，调整开关与挡铁的距离，感应到信号，问题解决。最终原因是接近开关位置偏离，通过调整解决了 M-FIN 报警问题。

二、<紧急停止>报警不能解除

1. 故障分析

紧急停止不能解除是一个常见故障。当故障发生时，显示器下方显示"紧急停止"或"EMERGENCY STOP"，机床操作面板方式开关不能切换，MCC 不吸合伺服及主轴放大器不能工作，系统并不发出具体的报警号，根据机床厂 PMC 报警编辑不同，有时会出现 1000# 以后的 PMC 报警。

出于安全考虑，机床厂将一些重要的安全信号与紧急停止信号串联，包括紧急停止开关。一般的维修人员往往以为仅是紧急停止开关连接不良或超程开关连接不良，但是排除上述两种故障情况后，就再也无法进行下一步的诊断工作。FANUC 数控机床急停的连接方法如图 3-80 所示。

从图 3-80 可以了解到，一般紧急停止信号是由紧急停止开关和各轴超程开关串联的，在这串联回路中还串接着一个 24V 继电器线圈，继电器的触点控制 CNC 系统、驱动放大器回路和其他重要设备。在这 3 个输出控制对象中，最关键的是 CNC 系统，因为这个去 CNC 的信号实际上首先要进入 PMC 进行处理，处理后再由 PMC 通知 CNC，如图 3-81 所示。

紧急停止的 G 地址（从 PMC 侧送给 CNC 的信号）是 G8.4，即 G8 第 4 位，在 PMC 程序地址中信号地址定义为 G8.4，信号符号为 *EMG，前面的"*"表示"非"信号，低电平有效。另外，FANUC 0i 系列紧急输入信号 X 地址被 FANUC 公司定义，X8.4 为紧急信号输入（从机床侧输入到 PMC）地址。

所以，紧急停止信号不能释放的根本原因应该从 G8.4 入手查起，从 CNC 向 PMC 再向外围开关查找，这是因为 G8.4 是这一信号树的"根"，而其他外围 X 信号和 R 信号是这一信号树上的"枝"。

🐾 **工作经验** 真正造成 CNC 紧急停止的信号是 G8.4。结合图 3-80 和图 3-81，我们发现

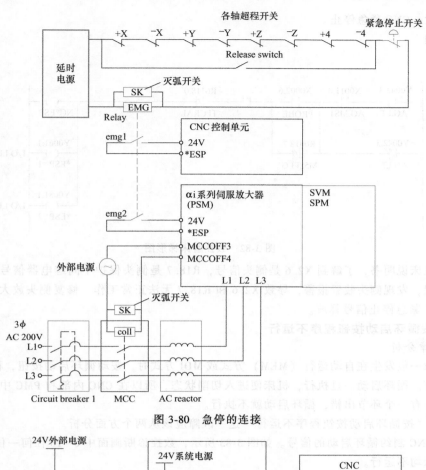

图 3-80 急停的连接

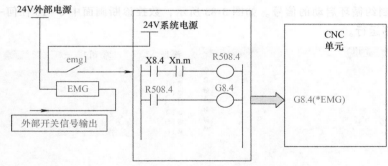

图 3-81 急停控制 CNC

许多现场维修工程师在出现紧急停止故障时只查找图 3-80 中的信号, 而并没有从图 3-81 中的 G8.4 去 "追根寻源"。

如图 3-81 所示, 梯形图在 X8.4 后面又串接了一个 Xn.m 信号, 如刀库门开关等 (进口机床经常这样处理), 那么即便把图 3-80 中的紧急停止开关、超程开关全部检查完毕, 确认良好, 有可能还不能解除 "紧急停止", 因为我们不知道 Xn.m 信号是否良好。

2. 维修实例

摩尔数控坐标磨床, 紧急停止不能释放, 检查所有紧急停止开关, 均良好, 并且没有硬件超程发生。

查看梯形图 (见图 3-82), 发现在 G8.4 之前串接了许多输入信号。其中, X8.4 (∗ESP) 状态良好, 但是 X2.6 断开, R18.7 激活由闭触点变为开触点, 所以 G8.4 断开, 变为低电平,

* ESP 触发，CNC 紧急停止。

[more]

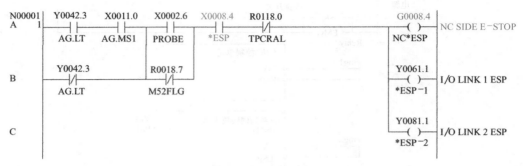

图 3-82　数控磨床梯形图

参照机床说明书，了解到 X2.6 是侧头信号，R18.7 是侧头保护中间继电器信号，进一步检查侧头装置，发现侧头装置报警，导致 X2.6 和 R18.7 无法正常工作。修复侧头放大器后，问题解决，CNC 紧急停止信号释放。

三、按循环启动按钮程序不运行

1. 故障分析

该故障一般发生在自动运行（MEM）方式或 MDI 方式时，按动循环启动按钮，程序不运行，但没有报警。循环启动一旦执行，机床便进入切削状态，所以在 CNC 内部和 PMC 中进行了保护处理，只要有一个环节出错，循环启动就不执行。

所以，"按循环启动按钮程序不运行"这一故障应该从两个方面分析。

（1）CNC 制约循环启动的信号。如图 3-83 所示，数控诊断画面中 0~16 任何一位为"1"的时候，机床均不运行。

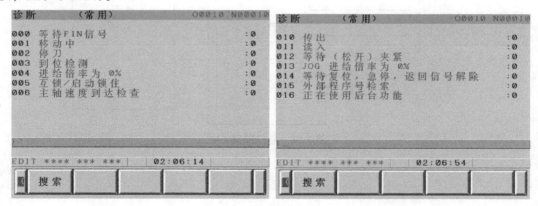

图 3-83　数控诊断画面

（2）PMC 制约循环启动的信号。

1）方式选择信号不正确。进入下面三种方式之一均可进行自动循环加工：

MDI：手动数据输入（MDI）方式。

MEM：自动运行方式。

RMT：远程控制方式。

若在 CRT 画面左下方的 CNC 状态提示信息不是上述三种状态之一，说明方式选择信号错误，利用 PMC 的诊断功能（PMCDGN）可以确认信号的状态，如图 3-84 所示。

	#7	#6	#5	#4	#3	#2	#1	#0
G0043			DNC1			MD4	MD2	MD1

DNC1	MD4	MD2	MD1	方式选择
0	0	0	0	手动数据输入 MDI
0	0	0	1	自动运行方式 MEM
1	0	0	0	远程控制方式 DNC1

图 3-84　确认信号的状态（一）

2）没有输入自动运行启动信号。按下自动运行启动按钮时为"1"，松开此按钮时为"0"，信号从"1"到"0"变化时，启动自动运行。所以，可利用 PMC 的诊断功能（PMCDGN），确认 G7.2 信号的状态，如图 3-85 所示。

	#7	#6	#5	#4	#3	#2	#1	#0
G0007						ST		

图 3-85　确认信号的状态（二）

📖**注 意**　G7.2 启动信号是 PMC 通知 CNC 的，所以在梯形图中，G7.2 之前机床厂会做一些保护或互锁处理。

3）输入了自动运行暂停（进给停止）信号。若没有按下自动运行暂停按钮，此时 G8.5 * SP 为 1 说明没有施加进给暂停信号（* SP 为非信号，为 0 时激活），系统是正常的，程序可以运行。

可以利用 PMC 的诊断功能（PMCDGN），确认信号的状态，如图 3-86 所示。

	#7	#6	#5	#4	#3	#2	#1	#0
G0008			* SP					

图 3-86　确认信号的状态（三）

通过上述分析可知，造成循环启动失效的原因主要是方式选择（G43）、循环启动（G7.2）及进给停止（G8.5）接口信号的影响。

2. 维修实例

某数控车床，采用 FANUC 18iT 系统，按循环启动按钮后程序不运行，无报警，通过 PMC 诊断画面诊断 000~016，未发现异常。该机床梯形图如图 3-87 所示。信号地址见表 3-18。

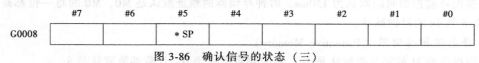

图 3-87　梯形图

表 3-18　信号地址

地址	信号	信号内容	备注
Y0036.7	HMBPLT	零点建立灯（点亮）	
R0110.0	ALLHMD	所有轴回零完成	
X0040.0	ST. PB	循环启动按钮	

（续）

地址	信号	信号内容	备注
F0000.5	STL	循环启动灯（点亮）	
Y0036.0	EDITLT	编辑方式灯	
R0104.0	PRG.MD	程序方式（MDI、MEM、DNC1）	
Y0037.0	DR.LT	机床运行灯亮	DRIVERS ON LIGHT

经进一步诊断，发现 Y37.0　DR.LT 没有导通，通过梯形图继续查找，发现液压系统一压力继电器信号无输出，该信号将 Y37.0 截断。

故障排除：清洗压力继电器相关油路，恢复压力继电器信号，循环启动信号被激活，程序正常运行。

☆任务扩展　SIEMENS 系统数控机床用 PLC（Step 7 的诊断功能）

一、CPU 性能的诊断

在 Step 7 软件中，单击"Simatic 300 Station"→"Hardware"→双击 CPU 模块，可对其启动特性、循环/时钟存储器、保持存储器、中断、日期时间中断、循环中断、诊断/时钟、保护等级等进行调整和诊断。

1. 总体介绍（General）

菜单操作："Interface"→"Properties"→"Adress"，可诊断 MPI 的地址（默认的地址分配：PC=0，PLC=2）。

2. 启动（Startup）

当实际的配置和期望的配置不相同时，可选择是否启动，不启动的可打钩去掉。

3. 循环/时钟存储器（Cycle/Clock Memory）

扫描循环监控的时间默认为 150ms。时钟存储器的地址默认是 M0，M0 的每一位都是时钟脉冲，M0.5 是 1s 的时钟脉冲。

4. 停电保护存储器（Retentive Memory）

中间继电器 M 的字节数默认是 16；定时器数默认是 0；计数器数默认是 8。

5. 诊断/时钟（Diagnostics/Clock）

报告 CPU 停机的原因（Report Cause of Stop），可在前面打上钩，便于诊断 CPU 的故障。

6. 保护（Protection）

1）钥匙开关保护（Keyswitch Setting），默认是这种状态。

2）写保护（Write-Protection）。

3）读/写保护（Write/Read-Protect）。

7. 中断（Interrupts）

OB40：硬件中断，中断级别为 16；OB20：时间延时中断，中断级别为 3。

8. 日期时间中断（Time-of-Day Interrupts）

OB10：日期时间中断组织块，设置起始的日期时间、重复的次数，并要把它激活（Active）。

9. 循环中断（Cyclic Interrupt）

OB35：每隔一定的时间执行一次，默认是 100ms，时间可重新设定，中断级别是 12。

二、与 PLC 的通信诊断

1. 硬件

要诊断系统中的 PLC，硬件通信电缆必须按图 3-88～图 3-90 所示正确连接，连接时不能带电拔插，PC 适配器上的通信速率必须和软件的设置一致。

2. 软件设置（"Options" → "Set PG/PC Interface"）

1）Select 一项：将 PC Adapter 安装到右边框中。

2）在白色框中选择 PC Adapter（MPI）一项。

3）Properties 一项：设置 PC 上的 COM 口和数据传输速率（波特率），该速率必须和 PC 适配器的拨动开关的设置一致。

3. 诊断

单击 "PLC" → "Display Accessible Nodes"，或单击 "Accessible Nodes" 的图标，如果连接成功，会显示连接的 PLC 的 MPI 地址及程序块。

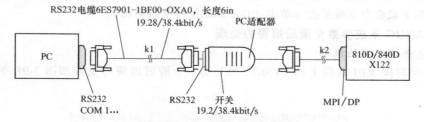

图 3-88 使用 PC 适配器连接 PC 和 S7-300

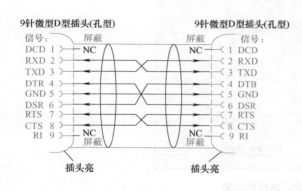

图 3-89 RS232C（PC 和 PC 适
配器的连接）电缆的接线

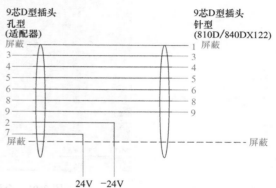

图 3-90 MPI（PC 适配器和 840D/
810D 的连接）电缆的接线

三、PLC 的 CPU 停机的诊断

在 Step 7 中选择 "Simatic 300 Station" → "PLC" → "Diagnosing Hardware" → "Module Information"，可以查看以下的内容：CPU 的一般特性、诊断缓冲区、存储器、扫描循环时间、系统时间、执行数据、通信等。尤其是诊断缓冲区（Diagnostic Buffer），报告了 CPU 停机的原因，由此可诊断 PLC 的停机故障，并进行分析。

1. 诊断输入/输出信号

为了区分故障是由系统的硬件还是软件引起的，或是由外设引起的，可采用下面两种方法：

（1）停止（STOP）状态下强制输出。双击 "VAT_1"，在 "Address" 中输入 "PQBX" 或 "PQWX"，在 "Display Format" 中选择 "Binary"，在 "Modify Value" 中将要强制输出的位设置为 1。进行菜单操作："Monitor" → "PLC" → "Operating Mode" →选择 "Stop" → "Variable" → "Enable Peripheral Output" → "Variable" → "Activate" → "Modify Value" →要强制的位置 1 输出。退出 VAT_1 即可退出强制。

（2）运行（RUN）状态下强制输入/输出。双击 "OB1"，进行菜单操作："Monitor" → "PLC" → "Display Force Values" →输入地址（位）和强制量 → "Variable" → "Force"。退出强制：

"Variable"→"Stop Forcing"。

2. 修改输入/输出地址

当输入/输出点损坏时，必须在硬件和软件上进行处理。

（1）硬件。在损坏点的附近寻找还没有使用的点，或通过使用 Step 7 软件寻找新的点。操作方法："Option" → "Reference Data" → "Assignment（Input，Output...）"。

（2）软件。

1）用新地址替代旧地址。通过交叉参考表找到旧地址所在的程序块，单击鼠标右键，在快捷菜单上选择"Rewriting"→输入新旧地址→"OK"。

2）使用下载命令下载系统（单击"Download"可下载系统）。

四、FANUC 系统参数全清后报警的处理

1. 上电全清出现的报警

上电时同时按 MDI 面板上的 RESET+DEL 键。全清后出现的报警如图 3-91 所示。其含义如下：

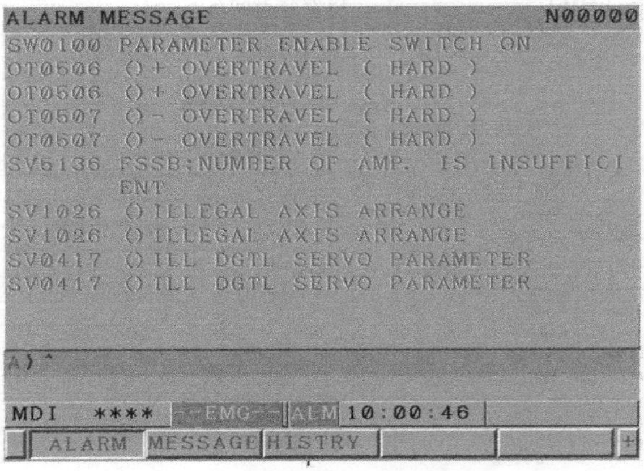

图 3-91 全清后出现的报警

1）100：参数可写入，参数写保护开关打开，PWE=1。

2）506/507：硬超程报警，PMC 中没处理硬件超程信号，设定 3004#5OTH=1，可消除。

3）417：伺服参数设定不正确，检查诊断 352 内容，重设伺服参数。

4）5136 FSSB：放大器数目少。放大器没有通电或光缆没有连接，放大器之间连接不对，FSSB 设定没完成（如要不带电动机调试，把 1023#设为−1，屏蔽电动机，可消除 5136 号报警）。

5）根据需要输入基本功能参数 8130~8135。检查参数 1010 的设置（车床为 2，铣床为 3/4）。

2. 设定

1）进行与轴相关的 CNC 参数初始设定。

2）对于 0i-D 系统，切换语言时无须断电重启，即可生效。

3）如需切换语言，可进行如下操作：［SYSTEM］→［OFS/SET］→右扩展键几次→［LANGUAGE］（语种）→用光标选择语言→［OPRT］（操作）→［APPLY］（确定）。

0i-D 系统中语言切换的参数为 3281，同样也可以通过修改该参数实现语言切换的目的，如图 3-92 所示。

首先连续按［SYSTEM］键三次进入参数设定支援画面，如图 3-93 所示。轴设定参数分为五组：基本、主轴、坐标、进给速度及进给控制。其设定步骤如下：

（1）基本组参数的标准值设定。

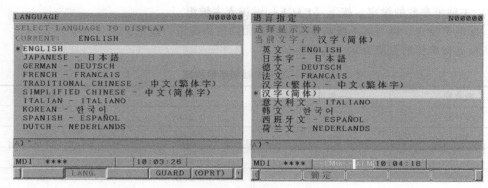

图 3-92 语言切换

按下 PAGE UP/PAGE DOWN 键数次，显示出基本组画面，而后按下［GR 初期］软键，如图 3-94 所示。页面出现"是否设定初始值?"提示，单击［执行］。

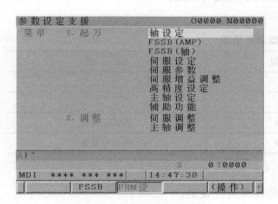

图 3-93 参数设定支援画面

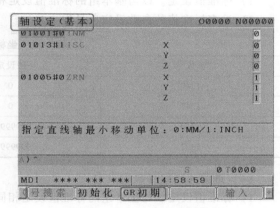

图 3-94 基本组的标准值设定

有的参数是没有标准值的，还需要根据配置进行手工设定，见表 3-19。

表 3-19 基本组参数设定

参数号	一般设定值	说　　明
1001#0	0	
1013#1	0	
1005#1	0	有的设备中不用
1006#0	0	
1006#3	1	车床 X 轴，直径编程和半径编程
1006#5	0	有的设备中不用
1815#1	0	
1815#4	1	
1815#5	1	使用绝对值编码器
1825	3000	
1826	10	
1828	7000	
1829	500	

（2）主轴组参数的设定。按下［PAGE］键进入主轴组。

1）标准值设定。以与基本组的标准值设定相同的步骤进行设定。

2）没有标准值的参数设定，见表3-20。

表3-20　主轴组参数设定

参数号	一般设定值	参数号	一般设定值
3716	0	3735	0
3717	1	3736	1400
3718	80	3741	1400
3720	4096	3772	0
3730	1000	8133#5	1

（3）坐标组参数的设定。

1）标准值设定。以与基本组的标准值设定相同的步骤进行设定。

2）没有标准值的参数设定，见表3-21。

表3-21　坐标组参数设定

参数号	一般设定值	说　明
1240	0	
1241	0	
1320	99999999	调试时设置
1321	99999999	调试时设置

（4）进给速度组参数的设定。

1）标准值设定。与基本组的标准值设定相同的步骤进行设定。

2）没有标准值的参数设定，见表3-22。

表3-22　进给速度组参数设定

参数号	一般设定值	参数号	一般设定值
1410	1000	1424	5000
1420	5000	1425	150
1421	1000	1428	5000
1423	1000	1430	3000

（5）进给控制组参数的设定。

该组无标准参数，需要手工设定，见表3-23。

表3-23　进给控制组参数设定

参数号	一般设定值	参数号	一般设定值
1610#0	0	1623	0
1610#4	0	1624	100
1620	100	1625	0
1622	32		

（6）若轴还是不能移动，则还需要设置其他参数（PMC正确的前提下），见表3-24。

表 3-24　其他参数设定

参数号	一般设定值	参数号	一般设定值
3003#0	1	3004#5	1
3003#2	1	3003#3	1

五、打不开 9000~9999 号宏程序

FANUC 9000~9999 之间的宏程序经常打不开。

1. 原因

将参数 3202.4 NE9 设为 1，如图 3-95 所示。有时这个参数值无法修改，是因为 3210 和 3211 设置了密码，如图 3-96 所示。

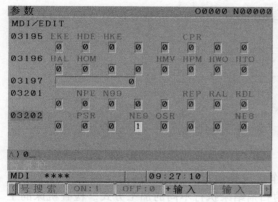

图 3-95　将参数 3202.4 NE9 设为 1

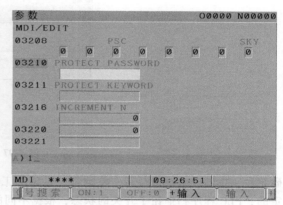

图 3-96　3210 和 3211 设置了密码

2. 解密

如图 3-97 所示，可通过梯形图来解密。

六、故障维修实例

【例 3-1】　故障现象：某配套 SIEMENS 802D 系统的四轴四联动数控铣床，开机后，发现操作面板上"NC. ON"指示灯不亮，但开机过程正常，无报警，手动回参考点时 CRT 显示"坐标轴无使能"，机床无法工作。

分析及处理过程：该机床此前工作一直很稳定，且从表面上看这两个故障没有直接的联系，故首先要排除指示灯不亮的故障。经测量，指示灯引脚两端无电压，而且没有发现线路上有开路或短路现象。查看 PLC 状态表，"NC. ON"指示灯输出信号为"Q1.4＝1"，同时又发现机床自动润滑输出信号为"Q0.5＝1"时，润滑电动机并不工作。经检查，线路没有问题，因此，怀疑 PLC I/O 单元可能已损坏。更换同类机床的 PLC I/O 单元，更换后机床工作正常。由此可见，包括"坐标轴无使能"在内的一系列故障是 PLC I/O 单元损坏引起的。经检测，发现该单元上一段熔丝已烧断，从而导致故障的产生。

【例 3-2】　一台数控内圆磨床自动加工循环不能连续进行。

故障现象：机床自动磨削完一个工件后，主轴砂轮不退回进行修整，使自动循环中止，不能连续磨削工件。手动将主轴退回后，重新启动自动循环，还可以磨削一个工件，但磨削完还是停止循环，不能连续磨削工件。

故障分析与检查：分析机床的工作原理，这台机床对工件的磨削可分为两种方式：一种是单件磨削，磨削完一个工件后主轴砂轮退回，修整后停止加工程序；另一种是连续磨削，磨削完一个工件后，主轴砂轮退回修整，同时自动上、下料装置工作，用新工件换下磨削完的工件，修整

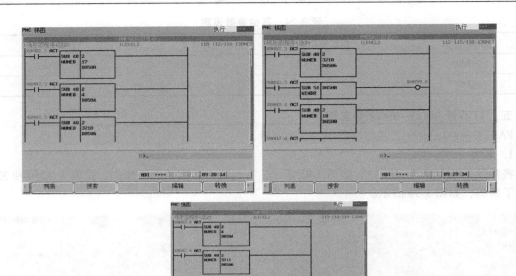

图 3-97　解密

砂轮后，主轴进给再进行新一轮磨削。机床的工作状态是通过机床操作面板上的钮子开关来设定的，PLC 程序扫描钮子开关的状态，根据不同的扫描结果执行不同的加工方式。检查机床的工作状态设定开关的状态，根据不同的扫描结果执行不同的加工方式。检查机床的工作状态设定开关位置，没有问题。检查校对加工程序，也没有发现问题。用编程器监视 PLC 程序的运行状态，发现主轴退回的原因是机床的工作状态既不是连续磨削也不是单件磨削。继续检查，发现反映机床连续工作状态的 PLC 输入 I7.0 为 "0"，根据机床电气原理图，其接法如图 3-98 所示。K28 为工作状态设定开关，是一刀三掷开关，第一位置接入 I7.0，为连续工作方式，第二位置空闲，第三位置为单件加工方式，接入 PLC 输入 I7.1。但无论怎样扳动这只开关，I7.1 始终为 "0"。而将钮子开关拨到第三位置时，PLC 的 I7.1 变成 1，设定为单件循环，启动循环，单件磨削加工正常完成，没有问题。为此怀疑钮子开关有问题，但断电检查开关，没有发现问题，开关是好的，通电检查发现直到 PLC 的接口板，I7.0 的电平变化都是正确的。为了进一步确认故障，将钮子开关的第一位置接到 PLC 的备用 I/O 口 I3.0 上，这时拨动钮子开关，I3.0 的状态变化正常，说明 PLC 接口板上的 I7.0 的输入接口损坏。

　　故障处理：因为没有 PLC 接口板的备件，为了使机床能正常运行，将钮子开关的第一位置连接到 PLC 的备用接口 I3.0 上，如图 3-99 所示，然后修改机床的 PLC 程序，将程序中所有的 I7.0 更改成 I3.0，这时机床恢复正常使用。

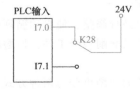

图 3-98　原设定开关连接图

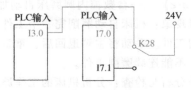

图 3-99　使用 PLC 备用输入点
的设定开关连接图

任务巩固

1. 简述 PMC 诊断画面的调出步骤，并进行实际操作。

2. 应用 FORCE 功能对数控车床不能换刀的问题进行诊断，并简述应用该功能时的注意事项。

3. 应用 TRACE 功能对相关信号进行跟踪。

模块四　主轴驱动系统的装调与维修

主轴伺服驱动如图 4-1 所示。主轴驱动系统用于控制机床主轴的旋转运动，为机床主轴提供驱动功率和所需的切削力，在数控机床上主要关心其是否有足够的功率、宽的恒功率调节范围及速度调节范围，它是一个速度控制系统。

a) 主轴电动机

b) 主轴驱动器

带传动(经过一级降速)

经过一级齿轮的带传动

c) 主轴电动机的连接

图 4-1　主轴伺服驱动

在高速主传动中常用电主轴，如图 4-2 所示。电主轴调速范围宽，特别是高速特性好，可以省去主轴齿轮箱，直接将刀柄插入电主轴转子中。

图 4-2　电主轴

通过学习本模块，学生应能读懂数控机床主传动的电气装配图、电气原理图、电气接线图；能对数控机床主传动电气维修中配线质量进行检查，能解决配线中出现的问题；能对数控机床的参数进行设置，并对主传动常见的故障进行维修。

任务一　变频主轴的装调与维修

🕒 任务引入

有些数控机床主轴调速采用专用变频器，如图 4-3a 所示，部分数控机床（包括数控改造机床）的主轴使用通用变频器进行调速，如图 4-3b 所示。所谓的"通用"包含两方面的含义：一是与通用三相异步电动机配套应用，实现交流异步电动机的变频调速；二是具有多种可选择的功能，通过不同的组合，实现各种不同性质负载的调速。通用变频器控制正弦波的产生是以恒电压频率比（U/f）保持磁通不变的基础，经过 SPWM 调制驱动主电路，产生 U、V、W 三相交流电，驱动普通三相异步电动机，通过调整频率达到改变电动机转速的目的。图 4-3c 所示为其控制结构。

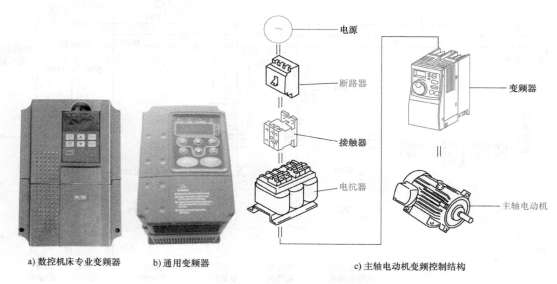

a) 数控机床专业变频器　　　　b) 通用变频器　　　　　c) 主轴电动机变频控制结构

图 4-3　变频调速

任务目标

1) 掌握变频主轴的连接方法。

2) 会对变频主轴进行参数设置与调整。

3) 会对变频主轴进行操作与维修。

任务实施

现场教学　把学生带到机床附近,由教师或工厂技术人员介绍变频器的连接、参数设置等。学生记录下参数后,再进行重新设置。

一、变频主轴的连接

以数控车床的连接为例来介绍,无级调速车床由交流变频调速电动机驱动主轴,经过滑移齿轮实现Ⅰ、Ⅱ、Ⅲ、Ⅳ四档,无级调速具有良好的转矩特性和功率特性,溜板具有快移功能,操作方便灵活。车床主电路如图 4-4 所示。

二、主电路控制

控制电路与主电路结构分别如图 4-5、图 4-6 所示。机床主电动机采用的是 WTS200L1-6,18.5kW 变频调速电动机,主电路控制采用变频调速装置、制动单元及制动电阻等先进技术。要使主轴正转,按 SB4 或 SB5 按钮,中间继电器 KA1 吸合,并通过 KA1 常开触点 16-2 进行自锁。同时,KA1 常开触点 22-28 接通,向变频器 S1 输入正转运行信号。同时,KA1 常开触点 10-12 闭合,接通 KM1 接触器,电动机 M2 与主电动机 M1 同时运转。如需停止,只需按 SB9 或 SB10 按钮,KA4 中间继电器吸合,其常闭触点 27-28 断开,停止输入信号,电动机 M1 停止运转。

如需主轴反转,按起动按钮 SB6(或 SB7),中间继电器 KA2 吸合,通过中间继电器 KA2 常开触点 23-28 闭合,给变频器 S2 输入反向信号。同时,风机接触器由于 KA2 的吸合,10-12 的常开触点闭合,KM1 接触器通电吸合,使其与主电动机一起运转(风机正向运转没有换向)。如需停车,只需按 SB9 或 SB10 按钮,这时主机将和风机同时切断,停止运行。

如需点动,要按下按钮 SB8,中间继电器 KA3 接通,其常开触点 26-28 接通,给变频器输入信号,电动机和风机同时正向运转。放开 SB8,电动机停止运转。

如需改变主轴运转速度,可调节电位器(WS111 2000Ω)选择所需速度,电位器 RP4

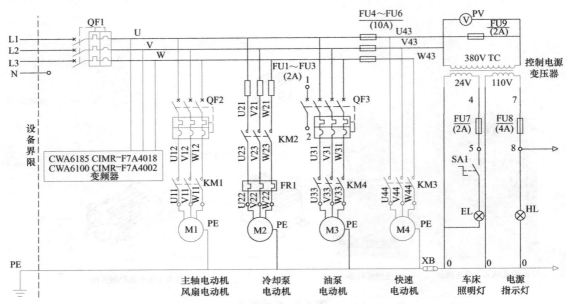

图 4-4　变频无级调速车床主电路

（2kΩ）分别与变频器的 +V（29）、A1（31）、AC（32）的端子相接，以便输入信号改变转速。另外，变频器还与转速表连接，以显示电动机转速。进给箱上装有快移电动机，可纵向、横向快速移动，由接触器 KM3 控制。

　　为了保证对工件的冷却，机床上装有冷却泵，电动机 M2 由接触器 KM2 控制。油泵电动机 M3 由接触器 KM4 控制。电气装置由三相交流电供电，接地良好。电源接入断路器 QF1 上端，交流控制电路为 AC 110V，指示灯为 AC 110V，照明灯为 AC 24V，它们的供给电压均由控制变压器二次绕组提供，一次侧由 380V 电源供给。

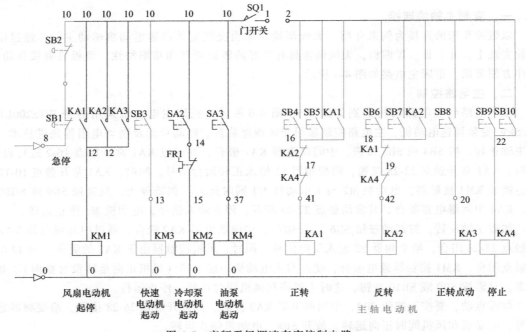

图 4-5　变频无级调速车床控制电路

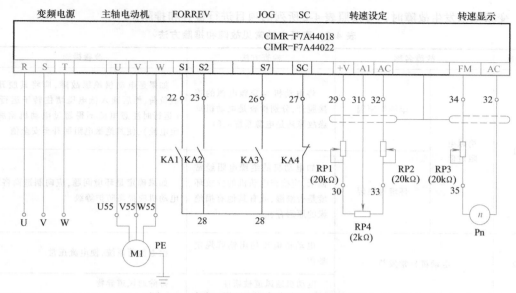

图 4-6　变频无级调速车床主电路结构图

📋 **注　意**　变频主轴连接的注意事项

1）接地。确保传动柜中的所有设备接地良好，使用短和粗的接地线连接到公共接地点或接地母线上，如图 4-7 所示。特别重要的是，连接到变频器的任何控制设备（如一台 PLC）要与其共地，同样也要使用短和粗的导线接地。最好采用扁平导体（如金属网），因其在高频时阻抗较低。

2）散热。安装变频器时，安装板使用无漆镀锌钢板，以确保变频器的散热器和安装板之间有良好的电气连接。

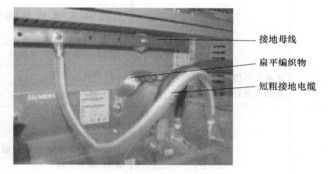

接地母线
扁平编织物
短粗接地电缆

图 4-7　接地

三、变频器参数的设置和调整

变频器参数设置见表 4-1。

表 4-1　变频器参数设置

参　数	设　　　　置
电动机的级数	按照电动机铭牌数据设置
基准频率	按照电动机铭牌数据设置
基准电压	按照电动机铭牌数据设置
开关频率	一般可以设置为 8kHz 或 10kHz，也可以按照机器初始值设定
电动机功率或电流	按照电动机铭牌数据设置
电动机转速或转差率	电动机转速根据电动机铭牌数据设置。电动机转差率计算如下：转差率 SLIP＝（同步转速－基准转速）/同步转速；同步转速＝基准频率×120/级数
最大频率	依据铭牌提供的最大频率或最大转速进行设置，最大频率＝级数×最大转速/120

🔲 **讨论总结**　学生上网查询或从图书馆查资料后，在教师、工厂技术人员的参与下，讨论变频主轴的故障诊断与维修。

变频主轴发生故障时，可按照表 4-2 所列的项目进行检查和排除。

表 4-2 变频主轴常见故障和排除方法

项次	故障名称		检查方法	改善措施
1	绝缘电阻过低	单纯性原因	将电动机与变频电源的连接脱开，分别检查是电动机绝缘故障还是电源系统故障	如果是电动机绝缘故障，应将其脱开机械负荷，然后通入低电压堵住转子运行 1h（运行时注意电流不得超过电动机铭牌规定电流），使其绝缘电阻回升至安全值
		环境性原因	如电动机的绝缘电阻经常偏低，应检查电动机的安放环境是否潮湿，或有其他有损绝缘的原因存在	如果确定是环境问题，应向制造商咨询，电动机应提高防护等级
2	电动机异常发热		电动机电流超出铭牌规定参数	检查负荷系统，使电流正常
			电动机通风道被堵住	排除通风道异物
3	电动机不能起动或运行	绕组匝间短路	用匝间绝缘测试仪测量（2000V）	送厂家维修
		绕组高压击穿	用高压测试仪测量（1800V,1min）	送厂家维修
		电动机两相运行	用万用表测量三相电阻	如断相,则电动机已损坏
		电气连接错误	检查电气连接	确认连接正确
		电源电压过低	用万用表测量三相电压	恢复电压指定值
		负荷或惯量过大	观察变频器电流是否超标或加、减速失效	将变频器容量放大，或加、减速时间放长
		加、减速时间太短		
		变频器容量不够		
		负荷故障		消除机械负荷故障
		变频器参数设置不当		调整变频器参数
4	电动机有异常噪声	机械异常摩擦	可听见明显的机械摩擦声	送厂家维修
		轴承损坏	可听见轴承滚珠运转不顺畅	更换轴承
		电磁噪声	运转时有尖锐啸叫声,停车后消失	提高变频器开关频率
5	电动机振动异常	电动机机械变形，精度失准	测量电动机轴的径向圆跳动和轴向圆跳动	送厂家维修
		电动机底座连接不牢固	复核基准平板的刚度	重新用刚度足够的基板支承
			用扭力扳手确认螺钉是否锁紧	螺钉均匀拧紧
		轴部连接有松脱	检查轴部连接螺纹及配合公差	锁紧螺纹,配合精准

任务扩展 SIEMENS MICROMASTER 420型通用变频器在数控机床上的应用

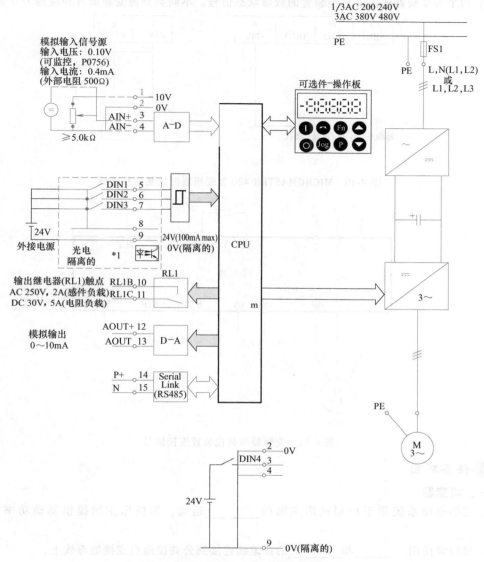

图 4-8 MICROMASTER 420 型变频器接线

变频器接线如图 4-8 所示。电源接线如图 4-9 所示，控制信号接线如图 4-10 所示。DIN1、DIN2 和 DIN3 分别是电动机的起动停止、正/反转和确认控制端，通过常开触点与 24V 端连接，这些常开触点的闭合动作由 CNC控制。CNC 输出 0~10V 的模拟信号，

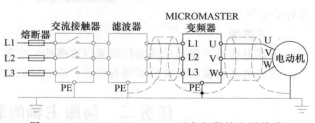

图 4-9 MICROMASTER 420 型变频器的电源接线

接到变频器的模拟信号输入 AIN+和 AIN-端，CNC 输出的模拟信号的大小决定了主轴电动机的转速。变频器与数控装置连接的主要信号如图 4-11 所示。

1) STF、STR 分别为数控装置输出到变频器控制主轴电动机的正、反转信号。

2) SVC 与 0V 为数控装置输出给变频器的速度或频率信号。

3) FLT 为变频器输出给数控装置的故障状态信号。不同类型的变频器有相应的 I/O 信号。

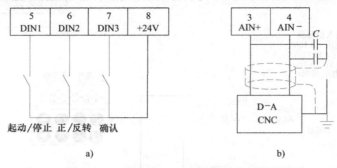

a)   b)

图 4-10　MICROMASTER 420 型变频器的控制信号接线

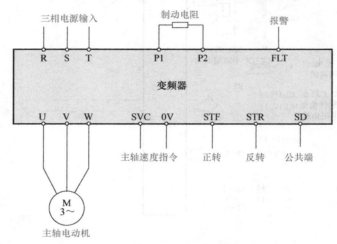

图 4-11　变频器与数控装置连接信号

📖 任务巩固

一、填空题

1. 主轴驱动系统用于控制机床主轴的_____运动，为机床主轴提供驱动功率和所需的_____。

2. 接地常使用_____和_____的接地线连接到公共接地点或接地母线上。

3. 安装变频器时，安装板使用_____，以确保变频器的_____和安装板之间有良好的电气连接。

二、问答题

1. 造成电动机不能起动或运行的原因有哪些？应怎样处理？

2. 造成电动机振动异常的原因有哪些？应怎样处理？

任务二　伺服主轴的装调与维修

🔖 任务引入

伺服系统按执行电动机分类，可以分为步进伺服、直流伺服和交流伺服（见图 4-12）。步进伺服用于进给伺服系统，直流伺服与交流伺服系统既可以用于进给伺服系统，也可以用于主轴伺服系统。交流进给伺服系统采用交流感应异步伺服电动机（一般用于主轴伺服系统）和永磁同步伺服电动机（一般用于进给伺服系统），其优点是结构简单、不需维护，适合于在恶劣环境下工作，且动态响应好、转速高和容量大。因此，现在直流伺服系统有被交流伺服系统取代的趋势。

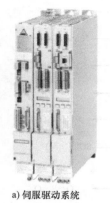 

a) 伺服驱动系统　　　　　　　　　　　　　　　　b) 伺服电动机

图 4-12　交流伺服系统

📚 任务目标

1）掌握交流主轴伺服系统的连接。

2）掌握主轴速度参数的计算方法。

3）会设置主轴伺服系统的参数。

4）会排除主轴伺服系统的故障。

● 任务实施

📖 **教师讲解**　主轴速度参数的计算

FANUC 系统数控机床主轴控制主要有串行接口 AC 主轴控制与模拟接口 AC 主轴控制两种。图 4-13 为串行接口 AC 主轴控制框图。图 4-14 为信号传递图。

主轴速度参数有主轴速度上、下限，以及指令电压为 10V 时对应的主轴速度。为了增大主轴低速时的转矩和提高主轴高速时的转速，要采用换档结构。选择齿轮档的方法有两种：一种为 M 型，CNC 根据 S 值按每档的速度范围（参数设定）选择齿轮档，换档由 PMC 用档位选择信号（GR3O、GR2O、GR1O）实现（M 系列有 3 档），CNC 根据所选的齿轮档输出主轴电动机转速；另一种为 T 型，档位由输入的信号 GR1、GR2（编码信号）确定，有 4 档转速范围，由机床确定使用的档位。CNC 根据输入的档位输出主轴电动机转速。M 型只用于 M 系统；T 型主要用于 T 系统，也可以用于 M 系统。M 型换档又分为 A、B 两种方式。

串行主轴速度指令值为 $0\sim16383$，模拟主轴速度指令电压为 $0\sim10V$。下面介绍以模拟主轴为例，也适用于串行主轴。假定 10V 电压对应主轴电动机的最高转速为 4095r/min。

一、M 型齿轮换档方式 A

A 方式是每档对应的主轴转速上限相同，均为 n_c（即 S 指令指定的）。

有一加工中心，主轴低档的齿轮传动比 $GR1O=11:108$，中档的齿轮传动比 $GR2O=11:36$，高档的齿轮传动比 $GR3O=11:12$。主轴低档时的转速范围是 $0\sim458r/min$，中档的转速范围是 $459\sim1375r/min$。主轴电动机给定电压为 10V 时，对应的主轴电动机转速为 6000r/min。通过计算，各档位主轴电动机最高转速相同，均为 4500r/min，主轴电动机的转速下限为 150r/min。输入 S 代码与输出电压的关系如图 4-15 所示。

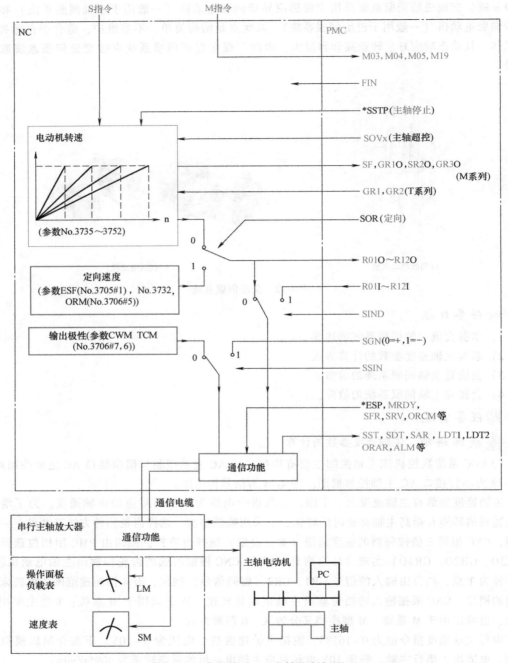

图 4-13　串行接口 AC 主轴控制框图

1）常数 n_{max}：主轴电动机转速上限（参数 No.3736）。

n_{max} = 4095r/min×主轴电动机转速上限值/10V 时的主轴电动机转速

$\quad$ = （4095×4500/6000）r/min = 3071r/min

2）常数 n_{min}：主轴电动机速度下限（参数 No.3735）。

n_{min} = 4095r/min×主轴电动机转速下限值/10V 时的主轴电动机转速

$\quad$ = （4095×150/6000）r/min = 102r/min

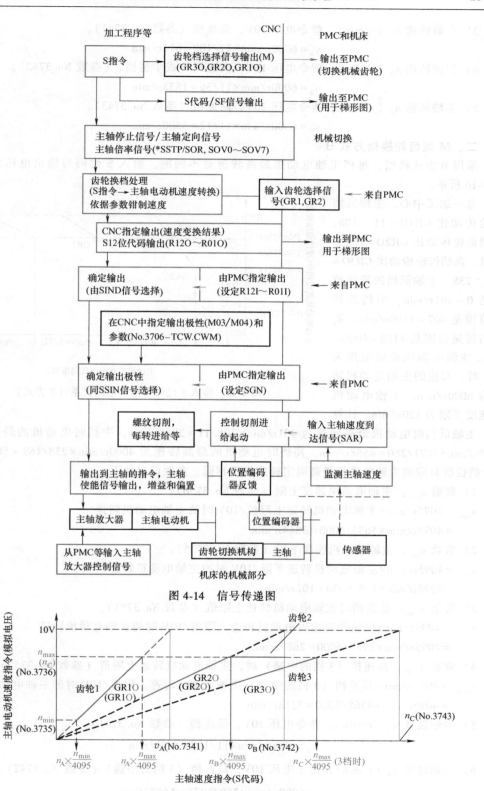

图 4-14 信号传递图

图 4-15 输入 S 代码与输出电压的关系 （A 方式）

3）主轴转速 n_A（r/min），指令电压 10V，低速档（参数 No.3741）。

$$n_A = 6000\text{r/min} \times 11/108 = 611\text{r/min}$$

4）主轴转速 n_B（r/min），指令电压 10V，高速档（或中速档）（参数 No.3742）。

$$n_B = 6000\text{r/min} \times 11/36 = 1833\text{r/min}$$

5）主轴转速 n_C（r/min），指令电压 10V，高速档（参数 No.3743）。

$$n_C = 6000\text{r/min} \times 11/12 = 5500\text{r/min}$$

二、M 型齿轮换档方式 B

采用 B 方式换档，每档主轴电动机最高转速是不同的。输入 S 代码与输出电压的关系如图 4-16 所示。

有一加工中心，主轴低档齿轮传动比 GR1O = 11∶108，中档齿轮传动比 GR2O = 260∶1071，高档齿轮传动比 GR3O = 169∶238。主轴低档的转速范围是 0 ~ 401r/min，中档的转速范围是 402 ~ 1109r/min，高档的转速范围是 1110 ~ 4000r/min。主轴电动机给定电压为 10V 时，对应的主轴电动机转速为 6000r/min，主轴电动机的速度下限为 150r/min。计算

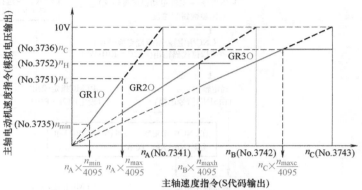

图 4-16　输入 S 代码与输出电压关系（B 方式）

得：主轴低档时电动机最高转速为 401r/min×108/11 = 3937r/min，中档时电动机的最高转速为 1109r/min×1071/260 = 4568r/min，高档时电动机的最高转速为 4000r/min×238/169 = 5633r/min。3 个档位所对应的主轴电动机最高限定速度各不相同。参数设定如下：

1）常数 n_{max}：主轴电动机速度上限（参数 No.3736）。

n_{max} = 4095r/min×主轴电动机转速上限值/10V 时的主轴电动机转速
　　　= 4095r/min×5633/6000 = 3844r/min

2）常数 n_{min}：主轴电动机速度下限（参数 No.3735）。

n_{min} = 4095r/min×主轴电动机转速下限/10V 时的主轴电动机转速
　　　= 4095r/min×150/6000 = 102r/min

3）常数 n_{maxl}：低速档时主轴电动机转速上限值（参数 No.3751）。

n_{maxl} = 4095r/min×低速档时主轴电动机转速上限值/10V 时的主轴电动机转速
　　　= 4095r/min×3937/6000 = 2687r/min

4）常数 n_{maxh}：高速档（3 档的中速）时，主轴电动机转速上限值（参数 No.3752）。

n_{maxh} = 4095r/min×高速档（3 档的中速）主轴电动机转速上限值/10V 时的主轴电动机转速
　　　= 4095r/min×4568/6000 = 3118r/min

5）主轴速度 n_A（r/min），指令电压 10V，低速档（参数 No.3741）。

$$n_A = 6000\text{r/min} \times 11/108 = 611\text{r/min}$$

6）主轴速度 n_B（r/min），指令电压 10V，高速档（3 档的中速）（参数 No.3742）。

$$n_B = 6000\text{r/min} \times 260/1071 = 1457\text{r/min}$$

7）主轴速度 n_C（r/min），指令电压 10V，高速档（参数 No.3743）。

$$n_C = 6000r/min \times 169/238 = 4260r/min$$

三、T 型齿轮换档

仍以模拟输出为例，所述与 M 系列一样，当模拟电压为 10V 时，各档主轴最高转速在参数 No. 3741～No. 3744 中设定。齿轮档选择信号为 2 位编码信号 GR1、GR2，信号与档位的关系见表 4-3。

假定齿轮换档为 2 档，输出电压为 10V 的主轴速度在低速档（G1）时，$v_A = 1000r/min$，高速档时，$n_B = 2000r/min$，并分别设在参数 No. 3741 和 No. 3742 中。模拟电压与主轴转速的线性关系如图 4-17 所示。

表 4-3　齿轮档选择信号与档位关系

GR2	GR1	档位	最高主轴速度参数
0	0	1	No. 3741
0	1	2	No. 3742
1	0	3	No. 3743
1	1	4	No. 3744

当主轴速度 $n = 600r/min$ 时，在 CNC 中输出电压 U_1（G1 档）或 U_2（G2 档）进行计算，然后输出到机床侧。$U_1 = 6V$，$U_2 = 3V$。

模拟输出电压 U 值由下式自动计算：

$$U_1 = 10n/R$$

式中，n 为由 S 值给出的主轴转速；R 为 10V 输出电压时的主轴速度。

该式等效于 G97 方式的主轴转速。

串行输出主轴转速值为

$$D = 4095n/R$$

当为恒表面线速度控制时（G96 方式），主轴模拟输出：

$$U = 10v_C/(2\pi rR)$$

式中，v_C 为由 S 指令指定的表面线速度（m/min）；r 为 X 轴方向的半径值（m）。

主轴串行输出：

$$D = 4095S/(2\pi rR)$$

此外，可用参数 No. 3772 限定所有齿轮档位的主轴速度的上限值。

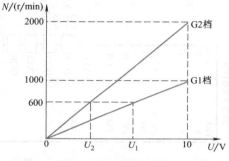

图 4-17　模拟电压与主轴转速的线性关系

现场教学

一、主轴连接

α 系列伺服由电源模块（Power Supply Module，PSM）、主轴放大器模块（Spindle amplifier Module，SPM）和伺服放大器模块（Servo amplifier Module，SVM）三部分组成。如图 4-18 所示。

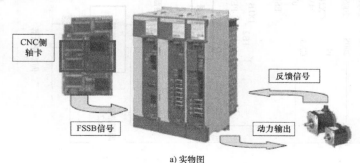

a) 实物图

图 4-18　FANUC 驱动总连接图

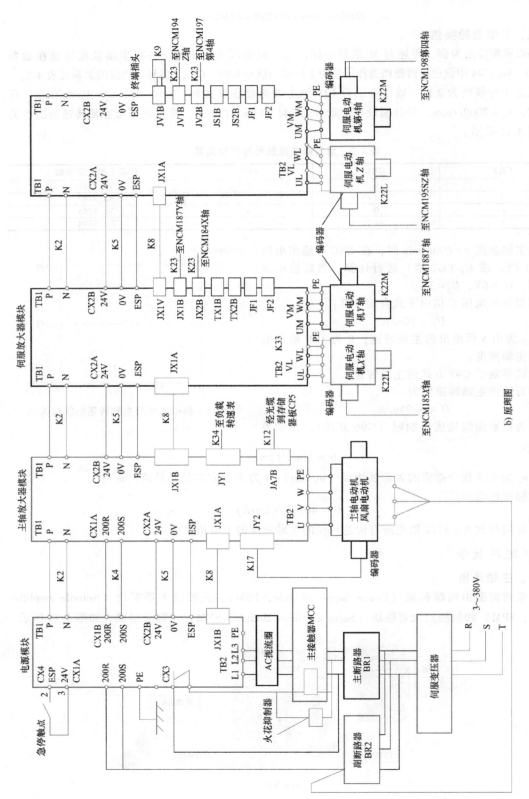

图 4-18 FANUC 驱动总连接图（续）

b) 原理图

FANUC α 系列交流伺服电动机推出以后，主轴和进给伺服系统的结构发生了很大的变化，其主要特点如下：

1) 主轴伺服单元和进给伺服单元由一个电源模块统一供电。由三相电源变压器二次侧输出的线电压为 200V 的电源（R、S、T）经总电源断路器 BK1、主接触器 MCC 和扼流圈 L 加到电源模块上，电源模块的输出端（P、N）为主轴伺服放大器模块和进给伺服放大器模块提供直流 200V 电源。

2) 紧急停机控制开关接到电源模块的 24V 和 ESP 端子后，再由其相应的输出端接到主轴和进给伺服放大器模块，同时控制紧急停机状态。

3) 从 NC 发出的主轴控制信号和返回信号经光缆传送到主轴伺服放大器模块。

4) 控制电源模块的输入电源的主接触器 MCC 安装在模块外部。

1. 模块介绍

（1）PSM（电源模块）。PSM 是为主轴和伺服提供逆变直流电源的模块，三相 200V 输入经 PSM 处理后，向直流母线输送 DC 300V 电压供主轴和伺服放大器用。另外，PSM 模块中有输入保护电路，通过外部急停信号或内部继电器控制 MCC 主接触器，起到输入保护作用。图 4-19 为

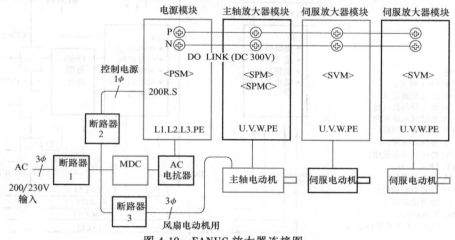

图 4-19 FANUC 放大器连接图

连接图，图 4-20 是其实装图。与 SVM（伺服放大器模块）及 SPM（主轴放大器模块）的连接如图 4-21 及图 4-22 所示。

（2）SPM（主轴放大器模块）。SPM 接收 CNC 数控系统发出的串行主轴指令。该指令格式是 FANUC 公司主轴产品通信协议，所以又被称为 FANUC 数字主轴，与其他公司产品没有兼容性。该主轴放大器经过变频调速控制向 FANUC 主轴电动机输出动力电。该放大器 JY2 和 JY4 接口分别接收主轴速度反馈信号和主轴位置编码器信号，其实装图如图 4-23 所示。

（3）SVM（伺服放大器模块）。SVM 接收通过 FSSB 输入的 CNC 轴控制指令，驱动伺服电动机按照指令运转，同时 JFn 接口接收伺服电动机编码器反馈信号，并将位置信息通过

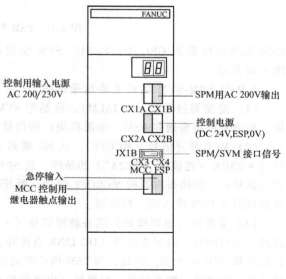

图 4-20 PSM（电源模块）实装图

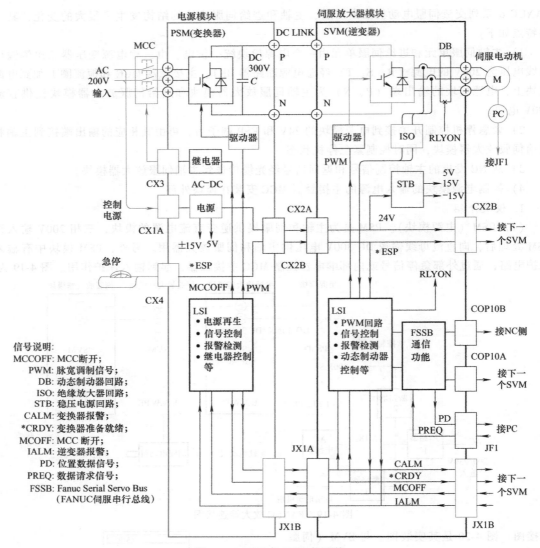

图 4-21　PSM 与 SVM 的连接

FSSB 光缆再传输到 CNC 中。FANUC SVM 模块最多可以驱动 3 台伺服电动机，其实装图如图 4-24 所示。

2. PSM-SPM-SVM 间的主要信号说明

（1）逆变器报警信号（IALM）。这是把 SVM（伺服放大器模块）或 SPM（主轴放大器模块）检测到的报警通知 PSM（电源模块）的信号。逆变器的作用是 DC-AC 变换。

（2）MCC 断开信号（MCOFF）。从 NC 侧到 SVM，根据 * MCON 信号和送到 SPM 的急停信号（* ESPA 至连接器"CX2A"）的条件，当 SPM 或 SVM 停止时，由本信号通知 PSM。PSM 接到本信号后，即接通内部的 MCCOFF 信号，断开输入端的 MCC（电磁开关）。MCC 利用本信号接通或断开 PSM 输入的三相电源。

（3）变换器（电源模块）准备就绪信号（* CRDY）。PSM 的输入接上三相 200V 动力电源，经过一定时间后，内部主电源（DC LINK 直流环，约 300V）起动，PSM 通过本信号，将其准备就绪通知 SPM 和 SVM。但是，当 PSM 内检测到报警，或从 SPM 和 SVM 接收到 IALM 和 MCCOFF 信号时，将立即切断本信号。变换器（电源模块）的作用是将 AC 200V 变换为 DC 300V。

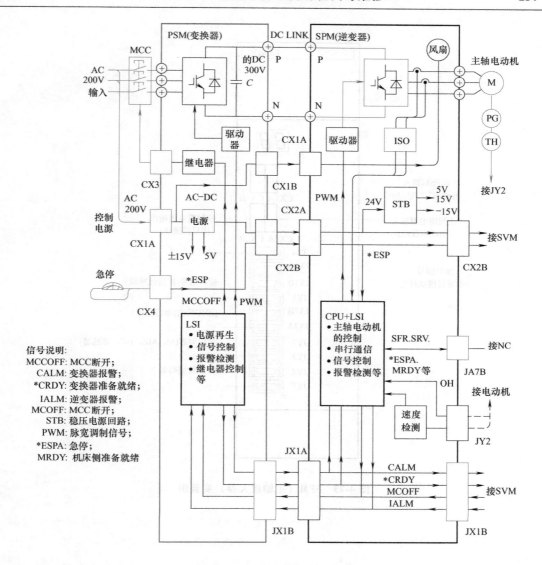

图 4-22 PSM 与 SPM 的连接

（4）变换器报警信号（CALM）。其作用是当 PSM 检测到报警信号后，通知 SPM 和 SVM，停止电动机转动。

3. 驱动部分上电顺序

系统利用 PSM-SPM-SVM 间的部分信号进行保护上电和断电，如图 4-25 所示，其上电过程如下：当控制电源两相 200V 接入，急停信号释放；如果没有 MCC 断开信号 MCOFF（变为 0），外部 MCC 接触器吸合，三相 200V 动力电源接入；变换器就绪信号 * CRDY 发出（ * 表示"非"信号，所以 * CRDY＝0）；如果伺服放大器准备就绪，发出 * DRDY（Digital Servo Ready, * 表示"非"信号，所以 * DRDY＝0）信号；SA（Servo Already，伺服准备好）信号发出，完成一个上电周期。

上电时序图如图 4-26 所示。由于报警而引起的断电过程，时序图中也做了表达。

📖 **注 意** 伺服系统的工作大多是以"软件"的方式完成。图 4-27 所示为 FANUC 0i 系列总线结构，主 CPU 管理整个控制系统，系统软件和伺服软件装载在 F-ROM 中。请注意，此时 F-

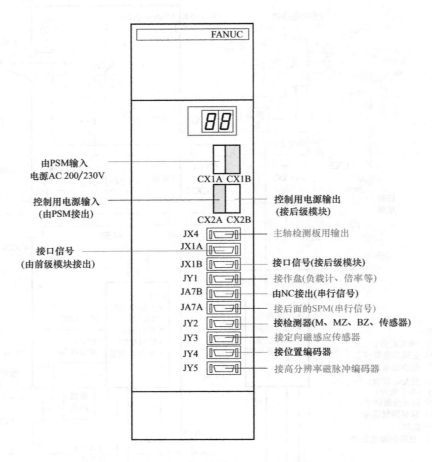

由PSM输入
电源AC 200/230V

控制用电源输入
(由PSM接出)

接口信号
(由前级模块接出)

CX1A CX1B

CX2A CX2B

JX4
JX1A
JX1B
JY1
JA7B
JA7A
JY2
JY3
JY4
JY5

控制用电源输出
(接后级模块)

主轴检测板用输出

接口信号(接后级模块)
接作盘(负载计、倍率等)
由NC接出(串行信号)
接后面的SPM(串行信号)
接检测器(M、MZ、BZ、传感器)
接定向磁感应传感器
接位置编码器
接高分辨率磁脉冲编码器

图 4-23　SPM（主轴放大器）实装图

ROM 中装载的伺服数据是 FANUC 所有电动机型号规格的伺服数据，但是具体到某一台机床的某一个轴时，它需要的伺服数据是唯一的——仅符合这个电动机规格的伺服参数。例如，某机床 X 轴电动机为 αi12/3000，Y 轴和 Z 轴电动机为 αi22/2000，X 轴通道与 Y 轴和 Z 轴通道所需的伺服数据应该是不同的。所以，FANUC 系统加载伺服数据的过程是：①在第一次调试时，确定各伺服通道的电动机规格，将相应的伺服数据写入 S-RAM 中，这个过程被称为"伺服参数初始化"；②之后的每次上电时，由 S-RAM 向 D-RAM（工作存储区）写入相应的伺服数据，工作时进行实时运算。

软件是以 S-RAM 和 D-RAM 为载体，而主轴驱动器内部有自己的运算电路（运算是以 DSP 为核心）和 E^2-ROM，如图 4-28 所示，主轴控制主要由放大器内部完成的。

二、主轴信息画面

CNC 首次启动时，自动地从各连接设备读出并记录 ID 信息。从下一次启动起，对首次记录的信息和当前读出的 ID 信息进行比较，由此就可以监视所连接的设备变更情况（当记录与实际情况不一致时，显示出表示警告的标记（＊））。还可以对存储的 ID 信息进行编辑，由此，就可以显示不具备 ID 信息的设备的 ID 信息（但是，与实际情况不一致时，显示出表示警告的标记（＊））。

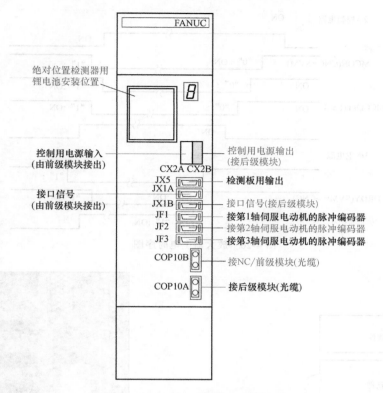

图 4-24 SVM（伺服放大器）实装图

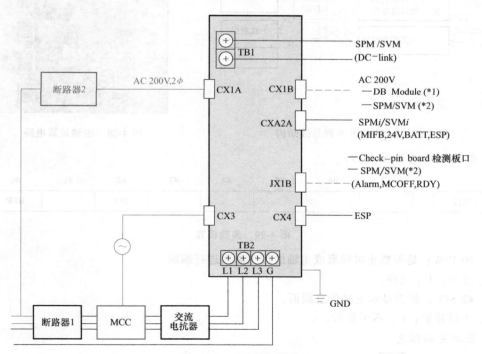

图 4-25 PSM 外围保护

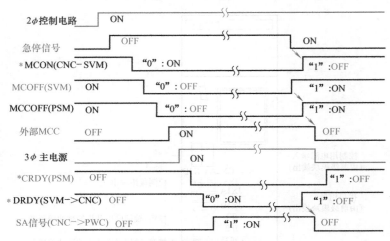

图 4-26　放大器上电时序图

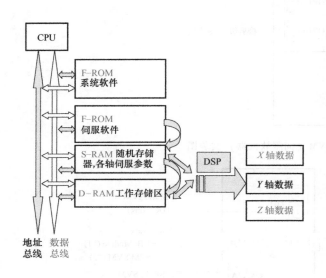

图 4-27　FANUC 0i 系列总线结构

图 4-28　主轴运算电路

1. 参数设置（见图 4-29）

13112	#7	#6	#5	#4	#3	#2	#1	#0
						SPI		IDW

图 4-29　参数设置

1) #0 IDW：是否禁止对伺服或主轴的信息画面进行编辑。

0：禁止；1：允许。

2) #2 SPI：是否显示主轴信息画面。

0：予以显示；1：不予显示。

2. 显示主轴信息

1) 按下功能键 SYSTEM，再按下 [系统] 软键。

2) 按下 [主轴信息] 软键，显示如图 4-30 所示画面。

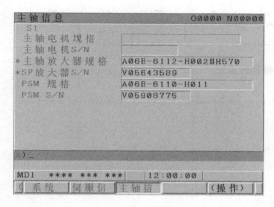

图 4-30　主轴信息

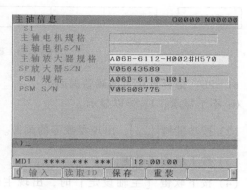

图 4-31　主轴信息画面的编辑

说　明

1）主轴信息被保存在 FLASH-ROM 中。

2）对于画面所显示的 ID 信息与实际 ID 信息不一致的项目，在其左侧显示出"＊"。此功能在即使因为需要修理等正当的理由而进行更换的情况下，也会检测该更换并显示出"＊"标记。要擦除"＊"标记，请参阅后述的编辑说明。按照下列步骤更新已被确定的数据。

① 可进行编辑（参数 IDW（No. 13112#0）= 1）。

② 在编辑画面中，将光标移动到希望擦除"＊"标记的项目。

③ 通过软键［读取 ID］→［输入］→［保存］进行操作。

3. 信息画面的编辑

1）设定参数 IDW（No. 13112#0）= 1。

2）按下机床操作面板上的 MDI 开关。

3）按照"显示主轴信息画面"的步骤显示如图 4-31 所示画面，操作见表 4-4。

4）用光标键 ▮ ▮，移动画面上的光标。

表 4-4　主轴信息画面的编辑操作

方式	按键操作	用处
参照方式:参数 IDW（No. 13112#0）= 0 的情况	翻页键	上下滚动画面
编辑方式:参数 IDW = 1 的情况	［输入］	将所选中的光标位置的 ID 信息改变为输入缓冲区上的字符串
	［取消］	擦除输入缓冲区的字符串
	［读取 ID］	将所选中的光标位置的连接设备的 ID 信息传输到输入缓冲区。只有左侧显示"＊"的项目有效
	［保存］	将在主轴信息画面上改变的 ID 信息保存在 FLASH-ROM 中
	［重装］	取消在主轴信息画面上改变的 ID 信息，由 FLASH-ROM 上重新加载
	翻页键	上下滚动画面
	光标键	上下滚动 ID 信息

注：对于所显示的 ID 信息与实际 ID 信息不一致的项目，在其左侧显示出"＊"。

三、主轴设定调整

1. 显示方法

（1）确认参数的设定（见图 4-32）。

3111	#7	#6	#5	#4	#3	#2	#1	#0
							SPS	

图 4-32　确认参数的设定

#1 SPS：是否显示主轴调整画面。

0：不予显示；1：予以显示。

（2）按功能键 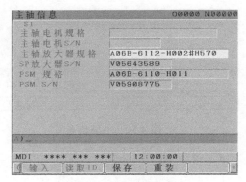，出现参数等的画面。

（3）按下继续菜单键 ▷ 。

（4）按下软键［主轴设定］时，出现主轴设定调整画面，如图 4-33 所示。其调整见表 4-5。

（5）也可以通过软键选择。

1）［SP 设定］：主轴设定画面。

2）［SP 调整］：主轴调整画面。

3）［SP 监测］：主轴监控器画面。

图 4-33　主轴设定调整画面

（6）可以选择通过翻页键 显示的主轴（仅限连接有多个串行主轴的情形）。

表 4-5　主轴设定调整

项目	调整			
	显示	离合器/齿轮信号		说明
		CTH1n	CTH2n	
齿轮选择	1	0	0	显示机床一侧的齿轮选择状态
	2	0	1	
	3	1	0	
	4	1	1	
	选择	主轴		说明
主轴	S11	第 1 主轴		选择主轴的数据
	S21	第 2 主轴		
	S31	第 3 主轴		
	选择	S11	S21	S31
	齿轮比（HIGH）	4056	4056	4056
	齿轮比（MEDIUM HIGH）	4057	4057	4057
	齿轮比（MEDIUM LOW）	4058	4058	4058
	齿轮比（LOW）	4059	4059	4059
参数	主轴最高速度（齿轮 1）	3741	3741	3741
	主轴最高速度（齿轮 2）	3742	3742	3742
	主轴最高速度（齿轮 3）	3743	3743	3743
	主轴最高速度（齿轮 4）	3744	3744	3744
	电动机最高速度	4020	4020	4020
	C 轴最高速度	4021	4021	4021

2. 主轴参数的调整

主轴调整画面如图 4-34 所示，调整方式见表 4-6。

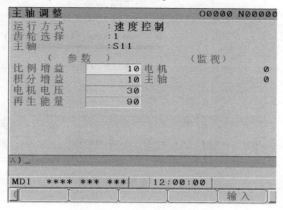

图 4-34 主轴调整画面

表 4-6 主轴调整方式

运行方式	速度控制	主轴定向	同步控制	刚性攻螺纹	主轴恒线速控制	主轴定位控制（T 系列）
参数显示	比例增益 积分增益 电动机电压 再生能量	比例增益 积分增益 位置环增益 电动机电压 定向增益（%） 停止点 参考点偏移	比例增益 积分增益 位置环增益 电动机电压 加减速时间常数（%） 参考点偏移	比例增益 积分增益 位置环增益 电动机电压 回零增益（%） 参考点偏移	比例增益 积分增益 位置环增益 电动机电压 回零增益（%） 参考点偏移	比例增益 积分增益 位置环增益 电动机电压 回零增益（%） 参考点偏移
监控器显示	电动机 主轴	电动机 主轴 位置误差 S	电动机 主轴 位置误差 S1 位置误差 S2 同步偏差	电动机 主轴 位置误差 S 位置误差 Z 同步偏差	电动机 主轴 位置误差 S	电动机 进给速度 位置误差 S

3. 标准参数的自动设定

可以自动设定有关电动机的（每一种型号）标准参数。

1）在紧急停止状态下将电源置于 ON。

2）将参数 LDSP（No. 4019#7）设定为"1"，设定方式如图 4-35 所示。

	#7	#6	#5	#4	#3	#2	#1	#0
4019	LDSP							

图 4-35 自动设定标准参数

#7 LDSP：是否进行串行接口主轴的参数自动设定。

0：不进行自动设定；1：进行自动设定；3：设定电动机型号。

四、主轴监控

主轴监控画面如图 4-36 所示。主轴监控画面主要有如下内容：

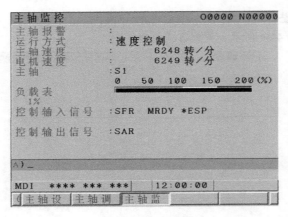

图 4-36　主轴监控画面

1. 主轴报警

以报警号的形式显示报警内容。具体报警内容可根据报警号查询相关手册。如报警号为"1"，表示电动机过热。

2. 控制输入信号

下列信号中，最多显示 10 个处在 ON 的信号：

TLML：转矩限制信号（低）　　　　＊ESP：紧急停止（负逻辑）

TLMH：转矩限制信号（高）　　　　SOCN：软起动/停止

CTH1：齿轮信号 1　　　　　　　　RSL：输出切换请求信号

CTH2：齿轮信号 2　　　　　　　　RCH：动力线状态确认信号

SRV：主轴反转信号　　　　　　　 INDX：定向停止位置变更

SFR：主轴正转信号　　　　　　　 ROTA：定向停止位置旋转方向

ORCM：定向指令　　　　　　　　 NRRO：定向停止位置快捷

MRDY：机床准备就绪信号　　　　 INTG：速度积分控制信号

ARST：报警复位信号　　　　　　 DEFM：差速方式指令

3. 控制输出信号

下列信号中，显示 ON 的输出信号：

ALM：报警信号　　　　　　　　　LDT2：负载检测信号 2

SST：速度零信号　　　　　　　　TLM5：转矩限制中信号

SDT：速度检测信号　　　　　　　ORAR：定向结束信号

SAR：速度到达信号　　　　　　　RCHP：输出切换信号

LDT1：负载检测信号 1　　　　　　RCFN：输出切换结束信号

技能训练

一、数控机床的主轴连接

图 4-37 所示为某加工中心的强电连接。图 4-38 所示为某加工中心的主轴连接。

二、增加第四轴

目前市场上常见的 FANUC 系统有 0 系列、0i-A 系列、0i-B 系列、0i-C 系列、0i-D 系列及 0i-F 系列。0i-A、0i-B，及 0 系列的系统由于年代较为久远，虽然现在还在应用，但基本没有增加第四轴的价值，其他的系列是否可增加第四轴见表 4-7。

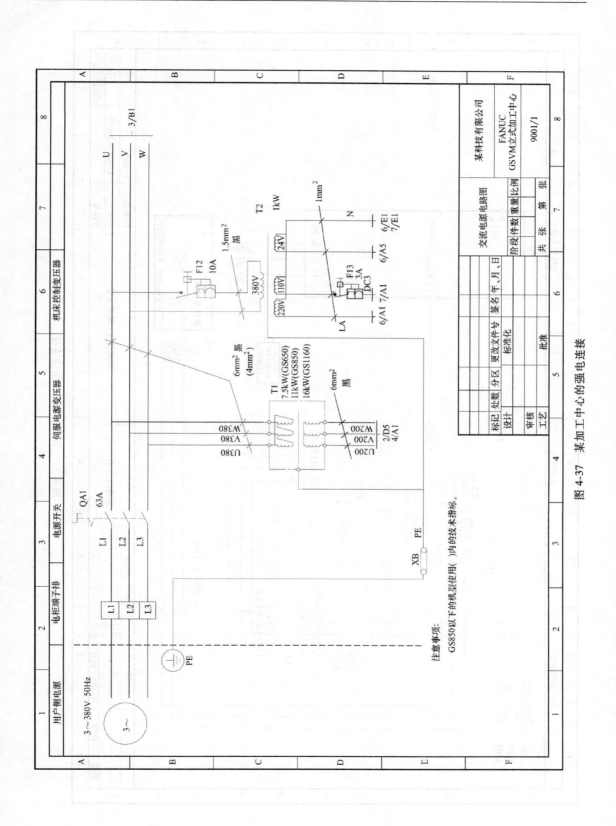

图 4-37 某加工中心的强电连接

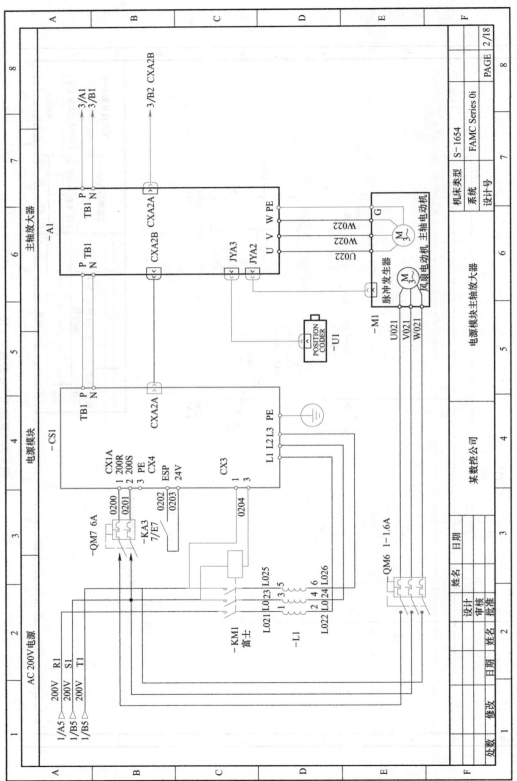

图 4-38　某加工中心的主轴连接

表 4-7　是否可增加第四轴

序号	系统	可否增加	备注
1	0i-MC	可以	
2	0i-MATE-MC	不可以	
3	0i-MD	可以	
4	0i-MATE-MD（C 包）	选项功能	诊断 1148#7 = 1
5	0i-MATE-MD（S 包）	选项功能	诊断 1148#7 = 1，1233#1 = 1
6	0i-MF	可以	

　　某些机床采用的是伺服刀库等功能，已经占用了第四轴，这种情况下增加第四轴比较复杂，一般不在考虑之内。

　　目前常用的驱动是 αi 系列和 βi 系列。αi 系列和 βi 系列电动机基本上是可以通用的。驱动应遵循的基本原则就是第四轴驱动尽量与前三个轴是同一个批次的。例如，前三个轴是 A06B-6114-HXXX，那第四轴选型尽量也使用 A06B-6114-HXXX。当然，FANUC 也提供了一定兼容性。例如，0i-MD 标准驱动是 A06B-6117-HXXX，也可以混用 A06B-6240-HXXX，但是到了最新的 0i-MF 就必须用 A06B-6240-HXXX。所以，还是尽量坚持同一批次的原则。

　　常见 FANUC 系统的参数与 FANUC-0i 系列的参数基本一致，某些系列只有微小差别，见表 4-8。

表 4-8　参数设置

序号	参数	说明	备注
1	1100 = 4	系统控制 4 个进给轴	0i-MC 专有参数
2	8130 = 4	系统控制 4 个进给轴	0i-MC 和 0i-MD 共有参数
3	987 = 4	系统控制 4 个进给轴	0i-MF 专有参数
4	1902#1 = 0	FSSB 自动匹配	
5	1005#1 = 1	无挡块回零	用于绝对值电动机
6	1006#0 = 1	第四轴为旋转轴	
7	1008#0 #2 = 1	旋转轴循环功能	
8	1020	第四轴程序名称	根据第四轴的摆放位置
9	1022	基本坐标系中的坐标轴	
10	1023	伺服轴号	一般填 4
11	1260	旋转一周的移动量	一般填 360
12	1320	正方向软限位	999999
13	1321	负方向软限位	−999999
14	1420	快速移动速度	4000
15	1421	快移倍率 F0 速度	100
16	1423	JOG 进给速度	4000
17	1424	手动快移速度	4000
18	1428	返回参考点的速度	4000
19	1622	切削进给加减速时间常数	32
20	1624	JOG 进给加减速时间常数	100
21	1815#4 #5 = 1	绝对位置设置	先设 APC，再设 APZ

（续）

序号	参数	说明	备　注
22	2000	初始化设定	伺服设定画面快捷设定
23	2020	电动机代码	伺服设定画面快捷设定
24	2001	AMR	伺服设定画面快捷设定
25	1820	指令倍乘比	伺服设定画面快捷设定
26	2084	柔性齿轮分子	伺服设定画面快捷设定
27	2085	柔性齿轮分母	伺服设定画面快捷设定
28	2022	电动机方向	伺服设定画面快捷设定
29	2023	速度脉冲	伺服设定画面快捷设定
30	2024	位置脉冲	伺服设定画面快捷设定
31	1821	参考计数器容量	伺服设定画面快捷设定
32	1825	位置环增益	3000
33	1826	到位宽度	10
34	1828	移动中位置极限偏差值	10000
35	1829	停止时位置极限偏差值	500

由于要增加第四轴的数控机床为成品，很多信号不需要处理，只设定 PMC 的内部信号即可，见表 4-9。

表 4-9　设定 PMC 的内部信号

序号	信号	内容
1	G18.2	4 轴手轮选择信号
2	G100.3	4 轴正方向选择信号
3	G102.3	4 轴负方向选择信号
4	G126.3	4 轴伺服关断信号
5	G130.3	4 轴互锁信号
6	F102.3	4 轴移动中信号

另外，还需要处理第四轴松开检测信号、四轴夹紧检测信号和四轴电磁阀控制信号等。

三、故障维修

1. 704 号报警（主轴速度波动检测报警）的处理

因负载引起主轴速度变化异常时出此报警。处理方式如图 4-39 所示。

2. 749 号报警（串行主轴通信错误）的处理

主板和串行主轴间电缆连接不良的原因可能有以下几点：

1）存储器或主轴模块不良。

2）主板和主轴放大器模块间电缆断线或松开。

3）主轴放大器模块不良。

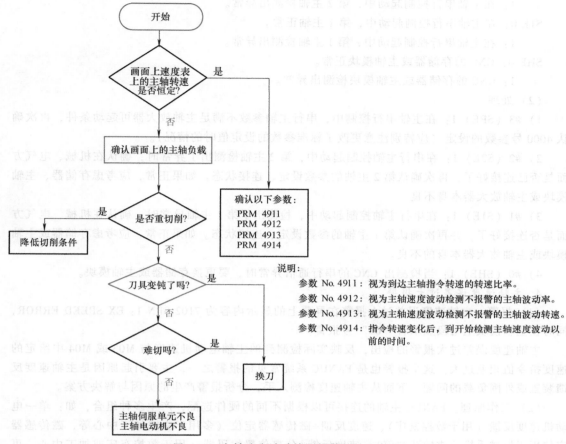

图 4-39 主轴速度波动检测报警的处理方法

3. 750 号报警（主轴串行链起动不良）的处理

在使用串行主轴的系统中，通电时主轴放大器没有达到正常的起动状态时，发生此报警。此报警不是在系统（含主轴控制单元）已起动后发生的，肯定是在电源接通时，系统起动之前发生的。

（1）原因。

1）串行主轴电缆（JA7A-JA7B）接触不良，或主轴放大器的电源关断。

2）主轴放大器显示器的显示不是 SU-01 或 AL-24 的报警状态，CNC 电源已接通时，主要是在串行主轴运转期间，CNC 电源关断时发生此报警。关闭主轴放大器的电源后，再起动。

3）上述 1）、2）状态时使用了第 2 主轴，并按如下方式设定了参数：3701 号参数的第 4 位为 [1] 时，连接了两个串行主轴。

故障内容的详细检查如下：用诊断号 0409，确认故障的详细内容，如图 4-40 所示。

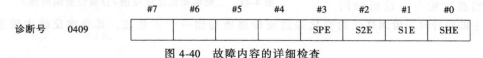

诊断号 0409	#7	#6	#5	#4	#3	#2	#1	#0
					SPE	S2E	S1E	SHE

图 4-40 故障内容的详细检查

SPE 0：在主轴串行控制中，串行主轴参数满足主轴放大器的起动条件。

　　1：在主轴串行控制中，串行主轴参数不满足主轴放大器的起动条件。

S2E 0：在主轴串行控制起动中，第 2 主轴正常。

　　　　1：在主轴串行控制起动中，第 2 主轴检测出异常。

S1E 0：在主轴串行控制起动中，第 1 主轴正常。

　　　　1：在主轴串行控制起动中，第 1 主轴检测出异常。

SHE 0：CNC 的存储器或主轴模块正常。

　　　　1：CNC 的存储器或主轴模块检测出异常。

（2）处理。

1）#3（SPE）1：在主轴串行控制中，串行主轴参数不满足主轴放大器可起动条件，再次确认 4000 号参数的设定（应特别注意更改了标准参数的设定值时的情况）。

2）#2（S2E）1：在串行主轴控制起动中，第 2 主轴检测出了异常时，确认在机械、电气方面是否已连接好了，再次确认第 2 主轴的参数设定、连接状态。如果正常，应考虑存储器、主轴模块或主轴放大器本身不良。

3）#1（S1E）1：在串行主轴控制起动中，检测出了第 1 主轴异常时，确认在机械、电气方面是否连接好了，并再次确认第 1 主轴的参数设定、连接状态。如果正常，应考虑存储器或主轴模块或主轴放大器本身的不良。

4）#0（SHE）1：当检测出 CNC 的串行通信异常时，要更换存储器或主轴模块。

4. 主轴速度误差过大报警

（1）报警。主轴速度误差过大报警在屏幕上的显示内容为 7102 SPN 1：EX SPEED ERROR，同时在主轴模块上七段显示管"02"号报警。

主轴速度误差过大报警的检出，反映实际检测到的主轴电动机速度与 M03 或 M04 中给定的速度指令值相差过大。这个报警也是 FANUC 系统常见的报警之一，主要引起原因是主轴速度反馈装置或外围负载的问题。下面从主轴速度检测入手，分析报警产生的原因与解决方案。

（2）工作原理。FANUC 主轴的连接可以根据不同的硬件选配，产生多种组合，如：单一电动机速度反馈（用于数控铣床）、速度反馈+磁传感器定位（多用于立式加工中心等，磁传感器定位用于机械手换刀或镗孔准停）、速度反馈+分离位置编码器（用于数控车床或加工中心，可进行车削螺纹或刚性攻螺纹）、采用内置高分辨磁编码器等（用于内装式主轴或 Cs 轴控制等）。图 4-41 所示是主轴电动机速度反馈+分离位置编码器的结构，这也是目前比较常见的结构。

此种结构需要注意主轴电动机速度反馈和机械主轴位置编码器反馈是两路不同的通道，电动机速度反馈通过 JY2 进入主轴模块，位置编码器反馈通过 JY4 输入到主轴模块。

FANUC 速度反馈的结构如图 4-41 所示，它是由一个小模数的测速齿轮与一个磁传感器组成。测速齿轮与电动机轴同

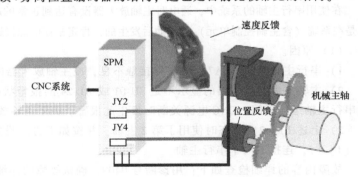

图 4-41　主轴电动机速度反馈+分离位置编码器

轴，当主轴旋转时，齿面高低的变化通过磁传感器输出一个正弦波，其频率反映主轴速度的快慢。

磁传感器输出正弦波信号的质量，决定了速度反馈质量的好坏。在查找主轴速度报警时，应该重点检查这一环节。

（3）故障原因。通过日常维修统计记录可知，引起主轴速度反馈不良的主要原因如下：

1）磁传感器老化、退磁。

2）反馈电缆屏蔽处理不良，受外部信号干扰，产生杂波。

3）主轴后轴承磨损，小模数齿轮跳动量超过允许值。

4）主轴模块接口电路损坏。

5）主轴机械部分故障，机械负载过重。

（4）维修实例。卧式加工中心，FANUC 18i M 系统，程序在 G00 方式可以运行，当执行到 G01 时机床进给轴不移动，但在 JOG、REF、手轮方式下均可移动机床。

机床坐标轴可以移动，说明伺服放大器、电动机、反馈等硬件应该没有问题。对于铣床或加工中心来说，系统提供了一个制约功能，当主轴速度没有达到指令转速时，限制 G01 方式下进给。但是 G00 运行、JOG、REF 以及手轮方式不受此限制。故障现象比较符合上述情况，即由于主轴速度没有到达指令转速而限制机床在 G01 方式下运行。

将 3708 b0 设为 0（3708 号参数的含义为是否检测主轴速度到达信号）。一般为实现安全互锁，将 3708 设为 1（即检测主轴速度到达信号）。现将它设为 0，再执行程序，程序完全可以运行，包括含有 G01 的程序段。但是此时机床并没有修好，仍然存在隐患。只是可以判断，速度反馈信号不正常，速度反馈值与 S 指令值误差较大。

根据维修经验，结合前面所介绍的速度反馈结构，打开主轴后盖，检查速度反馈装置。

由于器件原因，以及现场条件差异，磁传感器使用一个较长的周期后，电气特性会有所改变，例如外界强磁场、强电场的干扰，会导致磁传感器参数降低。这时就需要适当地调整磁传感器与测速齿轮的间隙，通常是减小它们之间的间隙。标准间隙量应该在 0.5mm 左右，但是如果磁开关参数降低，数值还可减少。如图 4-42 所示，松开 M4×20 螺钉，调整间隙，直到主轴放大器能够正常接收到速度反馈信号。调整后，问题解决。

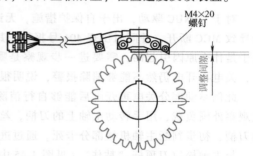

图 4-42　调整间隙

🗂 **注意**　当机床采用图 4-41 所示结构时，电动机速度反馈从电动机尾部的磁传感器输出，模拟反馈信号进入主轴放大器端子 JY2，机械主轴反馈脉冲从位置编码器输出，脉冲信号进入主轴放大器端子 JY4。此时，CRT 显示器或 LCD 所显示的主轴转速，应该是位置编码器输出的机械主轴的转速，也就是从 JY4 读到的信息，所以容易产生一种假象，主轴实际转速显示良好。为什么怀疑速度反馈呢？实际上主轴电动机的速度反馈由于种种原因没有显示。

【例 4-1】　某数控车床，采用 FANUC 0TD 控制系统，FANUC α 系列串行主轴，M03 指令发出后出现主轴速度误差过大报警，主轴模块上的七段显示管"02"号报警，机床无法工作。

现场工程技术人员先后更换了主轴模块、反馈电缆，最终判断是主轴电动机速度反馈问题，但是更换磁传感器备件后，原故障依旧没有解决。后经专业技术人员检查发现电气系统及器件良好，但是主轴尾部轴向圆跳动为 0.3mm 以上（正常情况应该在 0.01～0.02mm），导致齿面与传感器之间的间隙波动太大，无法有效调整和固定磁传感器的位置，引发速度误差报警，具体检查方法参见图 4-43。

进一步诊断，发现主轴电动机后轴承座径向尺寸被磨大，已经无法固定轴承外圈，只得订购后轴承座备件，以备更换。

后了解到，造成这一问题出现是由于钳工更换主轴 V 带后张

图 4-43　检查方法

力调得过大，导致后轴承座损坏。

【例 4-2】 机床规格为 φ160 卧式镗铣床，采用 GE-FANUC 16i M 控制系统，使用 FANUC α 系列串行主轴，加工过程中主轴声音异常，翻到主轴监控画面发现主轴过载（见图 4-44），之后显示器出现 401 号报警，同时主轴模块出现"02"号报警，关电再开电后 401 号报警自行消除，主轴模块"02"号报警消除，但是重新起动主轴仍出现上述报警。

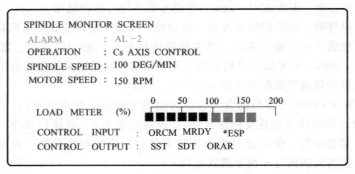

图 4-44　主轴监控画面

对于 FANUC 驱动，出于自保护措施，无论是主轴还是伺服，凡是驱动部分的任何异常，均会导致 MCC 断开，并同时出现 401 号报警。其实，401 号报警仅说明驱动用动力电源已经断开，至于是什么原因引起的，需要进一步观察是哪个驱动模块出现了问题。如果在 401 号报警发生后，关电再开电仍然不能够消除报警，说明很有可能是硬件出了问题。

此例驱动部分关电再开电后能够自行消除报警，说明在电气方面硬件没有太大问题。应重点观察外围负载，用手转动主轴上的刀柄，丝毫不动，借助工具在正常力矩的范围下仍然不能转动刀柄，初步判断主轴机械部分卡死。通过进一步诊断，发现松拉刀用的气液转换缸不能松开到位，与主轴松拉刀顶杆"粘住"（见图 4-45 中的 7 与 8），导致主轴力矩过大。

解除机械故障后，机床运行正常。

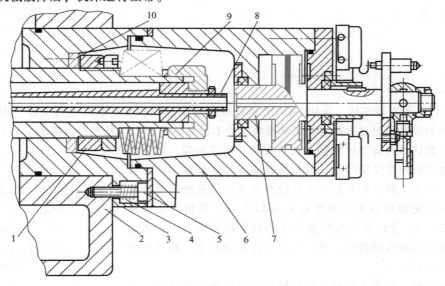

图 4-45　主轴结构简图

1—螺母　2—箱体　3—连接座　4—弹簧　5—螺钉　6—液压缸

7—活塞杆　8—拉杆　9—套环　10—垫圈

5. FANUC 温度高的处理

（1）检查。

1）打开诊断画面。

① 按下软键 [SYSTEM]。

② 按下软键 [诊断]，进入诊断画面。

2）按几次软键 [PAGEDOWN↓] 可以查看相关状态。

① 查看伺服电动机是否过热（见图 4-46）。

	#7	#6	#5	#4	#3	#2	#1	#0
诊断号 201	ALD	PCR		EXP				

ALD	EXP	状态
0	—	电动机过热
1	—	放大器过热

图 4-46 查看伺服电动机是否过热

② 查看伺服电动机和编码器温度（见图 4-47）。

诊断号 308	伺服电动机温度(℃)

[数据类型] 字节轴型
[数据单位] ℃
[数据范围] 0～255
　　　　　　显示伺服电动机的绕组温度。在达到140℃的阶段，发生电动机过热的报警。

诊断号 309	脉冲编码器温度(℃)

[数据类型] 2字轴型
[数据单位] ℃
[数据范围] 0～255
　　　　　　显示脉冲编码器内印制电路板的温度。在达到100℃(脉冲编码器内环境温度大约为85℃)的阶段，发生电动机过热的报警。

图 4-47 查看伺服电动机和编码器温度

📖 **说 明**

温度信息误差为±5℃（50～160℃）或±10℃（160～180℃）；发生过热报警的温度，最大出现5℃的误差。

③ 查看主轴电动机温度（见图 4-48）。

📖 **说 明** 温度信息的误差为±5℃（50～160℃）或±10℃（160～180℃）；所显示的温度及发生过热的温度的最大误差为5℃（≤160℃）或±10℃（160～180℃）。

3）机床负载显示（见图 4-49）。在立式加工中心中，Z 轴的负载比较大，有的可能在整个机床负载的 50% 以上。若 Z 轴负载长期超过 80%，对 Z 轴电动机寿命会有很大影响。可以给 Z 轴电动机单独增加一个散热风扇。

a. 将显示操作监控画面的参数 OPM（No.3111#5）设定为1。

b. 按下功能键 [POS]，选择位置显示画面。

c. 按继续菜单键 [▷]，显示出软键 [监控]。

| 诊断号 | 403 | | | | 主轴电动机温度 | | | | |

[数据类型] 字节主轴型
[数据单位] ℃
[数据范围] 0~255

显示主轴电动机的绕组温度。该信息将成为主轴的过热报警的大致标准。(发生过热的温度随电动机型号不同而不同。)

		#7	#6	#5	#4	#3	#2	#1	#0
诊断号	408	SSA		SCA	CME	CER	SNE	FRE	CRE

#0 CRE: 发生了CRC错误(警告)。
#1 FRE: 发生了成帧误差(警告)。
#2 SNE: 发送方或接收方不正确。
#3 CER: 接收发生了异常。
#4 CME: 在自动扫描中没有回信。
#5 SCA: 在主轴放大器一侧发生了通信报警。
#7 SSA: 在主轴放大器一侧发生了系统报警。
(这些都是发生报警(SP0749)的原因，但是产生这些状态的主要原因在于噪声，断线或电源的突然中断。)

| 诊断号 | 410 | | 主轴的负载表显示[%] | | |

[数据类型] 字主轴型
[数据单位] %

图 4-48 查看主轴电动机

d. 按下软键 [监控]，显示出操作监控画面。

🔲 **注 意** 负载表的图形最多可以显示 200% 的载荷；速度表的图形可显示将主轴的最高转速设为 100% 时的当前的转速比率。

（2）处理。FANUC 风扇是易耗品，在伺服驱动器、数控系统和主轴电动机里都有风扇，如图 4-50~图 4-52 所示。在空闲保养时，应根据电气柜的情况，及时更换。

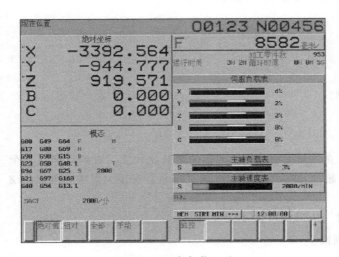

图 4-49 机床负载显示

图 4-50 电源风扇

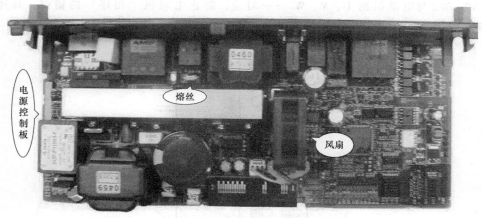

图 4-51 电源驱动器内部风扇

图 4-52 主轴电动机后盖风扇

🏠 **任务扩展** 611A 系列主轴驱动

一、611A 系列主轴驱动的结构

611A 系列主轴驱动为 SIEMENS 公司在 650 系列基础上改进的交流主轴驱动产品,总体上说,除外形、结构、软件版本等与 650 系列驱动相比存在一定的区别外,驱动器的工作原理、操作方法、参数意义、调整方法、步骤等均与 650 系列驱动相同。

611A 系列驱动器与 650 系列驱动器相比,最大的区别是采用了模块化结构,伺服驱动与主轴驱动共用电源模块,模块与模块、伺服驱动器与主轴驱动器间通过驱动器总线连接,因此,既大大减小了驱动器的体积,降低了制造成本,同时又大大简化了系统的结构,驱动器的安装、调试、维修都比 650 系列更方便。

在 611A 系列驱动装置中,主轴驱动模块可以安装多个。每一主轴驱动模块均有独立的液晶显示器与操作键,用于显示驱动器工作状态与设定驱动器的内部数据。

主轴驱动模块可以与 SIEMENS IPH6、IPH4、IPH2、1PH7 等系列的主轴电动机配套,构成交流主轴驱动系统。

二、611A 系列主轴驱动的连接

611A 系列主轴驱动模块与外部连接的控制信号连接端子均位于驱动器的正面,如图 4-53 所示,主轴电动机电枢连接端位于驱动器的下部。安装、调试、维修时需要注意,必须保证驱动器的 U2、V2、W2 与电动机的 U、V、W 一一对应，防止电动机"相序"的错误。具体连接见表 4-10。

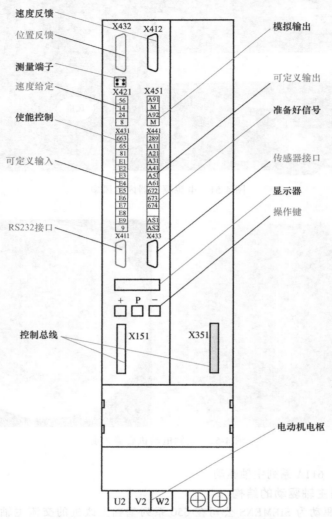

图 4-53　611A 系列主轴驱动模块连接端布置图

表 4-10　611A 系列主轴驱动的连接

端子	引脚号	用处	备注
速度给定连接端子 X421	56/14	用于连接速度给定信号，一般为-10~10V 模拟量输入	该连接端子一般与来自 CNC 的"速度给定模拟量"输出及"速度控制使能"信号连接
	24/8	用于连接辅助速度给定信号，一般为-10~10V 模拟量输入	
驱动"使能"与可定义输入连接端 X431	9/663	驱动器"脉冲使能"信号输入，当 9/663 间的触点闭合时，驱动模块控制回路开始工作	
	9/65	用于连接驱动器的"速度控制使能"触点输入信号，当 9/65 间的触点闭合时，速度控制回路开始工作	

（续）

端子	引脚号	用处	备注
驱动"使能"与可定义输入连接端 X431	9/81	用于连接驱动器的"急停"触点输入信号，当 9/81 间的触点开路时，主轴电动机紧急停止	
	E1～E9	可以通过参数定义的输入控制信号，信号意义决定于参数的设定	
模拟量输出连接端 X451	A91/M	可以定义的模拟量输出连接端 1，输出为 -10V～10V 模拟量	
	A92/M	可以定义的模拟量输出连接端 2，输出为 -10V～10V 模拟量	
驱动器触点输入/输出连接端 X441	AS1/AS2	AS1/AS2 为主轴驱动模块启动禁止信号输出端，AS1/AS2 一般与强电柜连接。当 AS1/AS2 断开时，表明驱动器内部的逆变主电路无法接通，主电动机无"励磁"。在部分机床上，该输出端可以用于外部安全电路作为主轴的启动"互锁"控制，触点具有 AC 250V/3A、DC 50V/2A 的驱动能力	
	674/673	驱动器"准备好"信号触点输出，"常闭"触点，驱动能力为 DC 30V/1A	
	672/673	驱动器"准备好"信号触点输出，"常开"触点，驱动能力为 DC 30V/1A	
	A11～A61	可以通过参数定义的输出信号，信号意义决定于参数的设定，驱动能力为 DC 30V/1A	
测速反馈信号接口 X412	见表 4-11		该接口一般与来自主轴电动机的"速度反馈"编码器直接连接，采用可"插头"连接
位置反馈信号接口 X432			该接口一般与来自主轴的位置反馈编码器连接（输入信号），也可以是电机内装编码器的输出信号或者是主轴传感器的输入，其连接决定与驱动器以及参数的设定
RS232 接口 X411			该接口为 RS232 标准接口，可以连接主轴驱动器调整用计算机
传感器的输入接口 X433			该接口为传感器的输入接口，可以连接主轴位置传感器

表 4-11　测速反馈信号的连接

脚号	信号代号	信号含义	备　注
1	P	提供给编码器的 5V 电源	连接电动机编码器的 10 脚
2	M	提供给编码器的 0V 电源	连接电动机编码器的 7 脚
3	A	编码器的 A 相输出	连接电动机编码器的 1 脚
4	*A	编码器的 *A 相输出	连接电动机编码器的 2 脚

（续）

脚号	信号代号	信号含义	备　注
5	Screen	屏蔽线	连接电动机编码器的 17 脚
6	B	编码器的 B 相输出	连接电动机编码器的 11 脚
7	*B	编码器的 *B 相输出	连接电动机编码器的 12 脚
8	Screen	屏蔽线	
9	5V	5V 电源	连接电动机编码器的 16 脚
10	R	编码器的 R 相输出	连接电动机编码器的 3 脚
11	0V	0V 电源	连接电动机编码器的 15 脚
12	*R	编码器的 *R 相输出	连接电动机编码器的 13 脚
13	+T	温度传感器输出	连接电动机编码器的 8 脚
14	-T	温度传感器输出	连接电动机编码器的 9 脚

任务巩固

一、填空题（将正确答案填写在横线上）

1. FANUC 系统数控机床主轴控制主要有＿＿＿＿＿＿主轴控制与＿＿＿＿＿＿主轴控制两种。

2. 主轴速度参数有主轴速度＿＿＿＿、＿＿＿＿，以及指令电压＿＿＿＿时对应的主轴速度。

3. 为了增大主轴低速时的转矩和提高主轴高速时的转速，要采用＿＿＿＿结构。

4. 选择齿轮档的方法有两种：一种为＿＿＿＿型，另一种为＿＿＿＿型。

5. 无论是串行主轴控制还是模拟主轴控制，计算结果都以＿＿＿＿位代码信号（0～4095）的形式输出到 PMC，输出信号为＿＿＿＿＿＿。

二、判断题（正确的打"√"，错误的打"×"）

1. 由 PMC 控制主轴电动机，无法使用主轴转速倍率及主轴最高速限位，所以，多用 CNC 控制主轴电动机速度。（　　　）

2. 704 号报警为主轴驱动过热报警。（　　　）

任务三　主轴准停装置的装调与维修

任务引入

主轴准停（Spindle Specified Position Stop）功能又称为主轴定位功能，即当主轴停止时，控制其停于固定的位置，这是加工中心上自动换刀必须具备的功能。当加工阶梯孔或精镗孔后退刀时，为防止刀具与小阶梯孔碰撞或拉毛已精加工的孔表面，必须先让刀，后再退刀，而要让刀，刀具必须具有准停功能，如图 4-54 所示。主轴准停可分为机械准停与电气准停，它们的控制过程是一样的（见图 4-55）。

任务目标

1）掌握主轴准停的种类。

2）会对传感器主轴准停和编码器主轴准停进行连接与参数设置。

3）了解数控准停的原理。

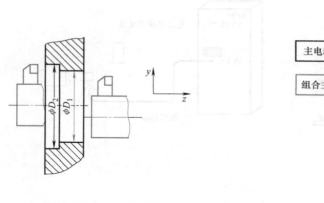

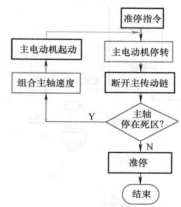

图 4-54　主轴准停镗背孔示意图　　　　图 4-55　主轴准停控制

● **任务实施**　在有条件的情况下，把学生带到数控机床边，让工厂技术人员或教师对照实物介绍。若没有条件，可采用动画或录像教学。

一、机械准停

图 4-56 所示是 V 形槽轮定位盘准停机构示意图。当执行准停指令时，首先发出降速信号，主轴箱自动改变传动路线，使主轴以设定的低速运转。延时数秒后，接通无触点开关，当定位盘上的感应片（接近体）对准无触点开关时，发出准停信号，立即使主轴电动机停转并断开主轴传动链。此时，主轴电动机与主传动件依惯性继续空转。再经短暂延时，接通压力油，定位液压缸动作，活塞带动定位滚子压紧定位盘的外表面。当主轴带动定位盘慢速旋转至 V 形槽对准定位滚子时，滚子进入槽内，使主轴准确停止。同时，限位开关 LS2 信号有效，表明主轴准停动作完成。这里，LS1 为准停释放信号。采用这种准停方式时，必须要有一定的逻辑互锁，即当 LS2 信号有效后，才能进行换刀等动作；而只有当 LS1 信号有效后，才能起动主轴电动机，正常运转。

二、电气准停控制

目前，国内外中高档数控系统均采用电气准停控制。电气准停有如下三种方式：

1. 磁传感器主轴准停

磁传感器主轴准停控制由主轴驱动自身完成。当执行 M19 时，数控系统只需发出准停信号 ORT，主轴驱动完成准停后会向数控系统回答完成信号 ORE，然后数控系统再进行下面的工作。其基本结构如图 4-57 所示。

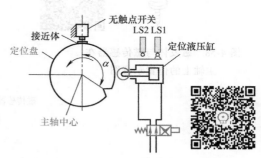

图 4-56　V 形槽轮定位盘准停机构示意图

由于采用了磁传感器，应避免将产生磁场的元器件如电磁线圈、电磁阀等与磁发体和磁传感器安装在一起。另外，磁发体（通常安装在主轴旋转部件上）与磁传感器（固定不动）的安装是有严格要求的，应按说明书要求的精度安装。

采用磁传感器准停时，接收到数控系统发来的准停信号 ORT，主轴立即加速或减速至某一准停速度（可在主轴驱动装置中设定）。主轴到达准停速度且准停位置到达时（即磁发体与磁传感器对准），主轴即减速至某一爬行速度（可在主轴驱动装置中设定）。当磁传感器信号出现时，主轴驱动立即进入磁传感器作为反馈元件的闭环控制，目标位置即为准停位置。准停完成后，主

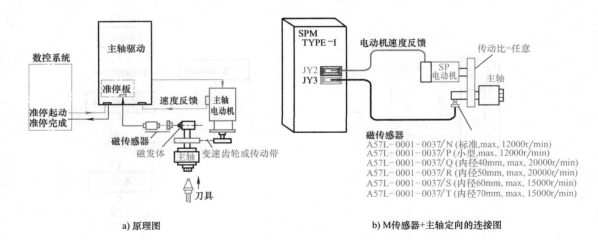

a) 原理图   b) M传感器+主轴定向的连接图

图 4-57　磁传感器准停控制系统基本结构

轴驱动装置输出准停完成信号 ORE 给数控系统，从而可进行自动换刀（ATC）或其他动作。磁发体与磁传感器在主轴上的位置示意如图 4-58 所示，准停控制时序如图 4-59 所示。在主轴上的安装位置如图 4-60 所示。磁发体安装在主轴后端，磁传感器安装在主轴箱上，其安装位置决定了主轴的准停点。磁发体和磁传感器之间的间隙为（1.5±0.5）mm。

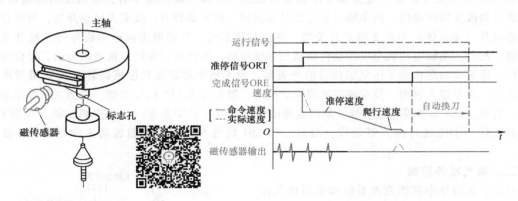

图 4-58　磁发体与磁传感器在
主轴上的位置示意图

图 4-59　磁传感器准停时序图

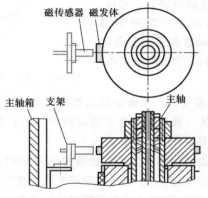

图 4-60　磁性传感器主轴准停装置

注 意　电动机内部 M 传感器（曾称脉冲发生器），有 A、B 相两种信号，一般用来检测主轴电动机的回转速度（转数），如图 4-61 所示。这种连接的特点：仅有速度反馈，主轴既不能实现位置控制，也不能做简单定向，可用于数控铣床，但是不能实现 G76、G87 镗孔循环。

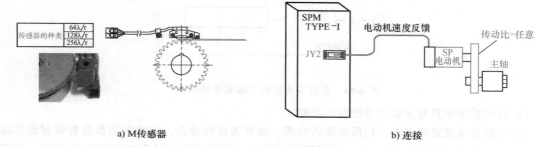

a) M传感器　　　　　　　　　　　　　　　b) 连接

图 4-61　M 传感器的连接

2. 编码器型主轴准停

这种准停控制也是完全由主轴驱动完成的，CNC 只需发出准停信号 ORT 即可，主轴驱动完成准停后回答准停完成信号 ORE。

图 4-62 所示为编码器主轴准停控制结构。可采用主轴电动机内置安装的编码器信号（来自主轴驱动装置），也可在主轴上直接安装另一个编码器。采用前一种方式要注意传动链对主轴准停精度的影响。主轴驱动装置内部可自动转换，使主轴驱动处于速度控制或位置控制状态。采用编码器准停，准停角度可由外部开关量随意设定。这一点与磁传感器准停不同，磁传感器准停的角度无法随意指定，要想调整准停位置，只有调整磁发体与磁传感器的相对位置。编码器准停控制时序图如图 4-63 所示，其步骤与磁传感器类似。

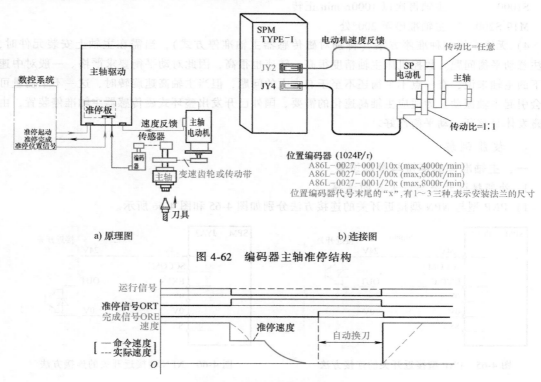

a) 原理图　　　　　　　　　　　　　　　b) 连接图

图 4-62　编码器主轴准停结构

图 4-63　编码器准停控制时序图

3. 数控系统控制准停

这种准停控制方式是由数控系统完成的，其结构示意图如图4-64所示。采用这种准停控制方式需注意如下问题：

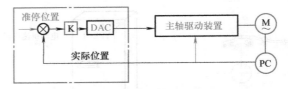

图 4-64　数控系统控制主轴准停的结构

1）数控系统须具有主轴闭环控制的功能。

2）主轴驱动装置应有进入伺服状态的功能。通常为避免冲击，主轴驱动都具有软起动等功能。但这对主轴位置闭环控制会产生不利影响。此时，位置增益过低则准停精度和刚度（克服外界扰动的能力）不能满足要求，而过高则会产生严重的定位振荡现象。因此，必须使主轴驱动进入伺服状态，此时，特性与进给伺服装置相近，才可进行位置控制。

3）通常为方便起见，均采用电动机轴端编码器将信号反馈给数控系统，这时主轴传动链精度可能会对准停精度产生影响。

采用数控系统控制主轴准停的角度由数控系统内部设定，因此，准停角度可更方便地设定。准停设置步骤可参考如下实例：

M03 S1000	主轴以1000r/min正转
M19	主轴准停于默认位置
M19 S100	主轴准停转至100°处
S1000	主轴再次以1000r/min正转
M19 S200	主轴准停至200°处

4）无论采用何种准停方案（特别对磁传感器主轴准停方式），当需在主轴上安装元件时，应注意动平衡问题。数控机床主轴精度很高，转速也很高，因此对动平衡要求严格。一般对中速以下的主轴来说，有一点不平衡还不至于有太大的问题，但当主轴高速旋转时，这一不平衡量可能会引起主轴振动。为适应主轴高速化的需要，国外已开发出整环式磁传感器主轴准停装置，由于磁发体是整环，动平衡性好。

技能训练

一、主轴准停的连接与参数设置

1. 外部接近开关与放大器的连接

1）PNP型与NPN型接近开关的连接方法分别如图4-65和图4-66所示。

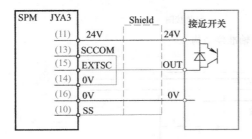

图 4-65　PNP型接近开关的连接方法

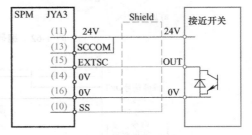

图 4-66　NPN型接近开关的连接方法

2）两线NPN型接近开关的连接方法如图4-67所示。

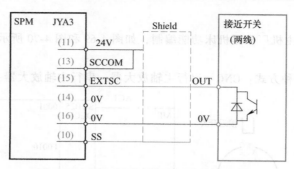

图 4-67 两线 NPN 型接近开关的连接方法

2. 主轴准停控制参数的设定（见表 4-12）

表 4-12 主轴准停控制参数的设定

参数号	设定值	备 注
4000#0	0/1	主轴和电动机的旋转方向相同/相反
4002#3,2,1,0	0,0,0,1	使用电动机的传感器做位置反馈
4004#2	1	使用外部一转信号
4004#3	根据表 4-13 设定	外部开关信号类型
4010#2,1,0	0,0,1	设定电动机传感器类型
4015#0	1	准停有效
4011#2,1,0	初始化自动设定	电动机传感器齿数
4056~4059	根据具体配置	电动机和主轴的齿轮传动比（增益计算用）
4171~4174	根据具体配置	电动机和主轴的齿轮传动比（位置脉冲计算用）

3. 外部开关类型参数的设定（对于 αi/βi 放大器）

外部开关类型参数的设定（对于 αi/βi 放大器）见表 4-13。外部开关检测方式如图 4-68 所示。在实际调试中，由于只有 0/1 两种设定情况，可以分别设定 0/1 试验一下（尽量使用凸起结构，如果使用凹槽结构，则开口不能太大）。

表 4-13 外部开关类型参数的设定

开 关	检测方式		开关类型	SCCOM 接法（13 脚）	设定值
二线				24V（11 脚）	0
三线	凸起	常开	NPN	0V（14 脚）	0
			PNP	24V（11 脚）	1
		常闭	NPN	0V（14 脚）	1
			PNP	24V（11 脚）	0
	凹槽	常开	NPN	0V（14 脚）	0
			PNP	24V（11 脚）	1
		常闭	NPN	0V（14 脚）	1
			PNP	24V（11 脚）	0

📖 **注 意** 对于主轴电动机和主轴速度不是 1:1 的情况，一定要正确设定齿轮传动比（参数 4056~4059 和 4171~4174），否则会准停不准。

4. 梯形图的编制

梯形图由数控机床主机厂根据机床功能编制，如图4-69和图4-70所示。

5. PMC地址输入

PMC地址输入有两种方式：CNC→串行主轴放大器；串行主轴放大器→CNC。

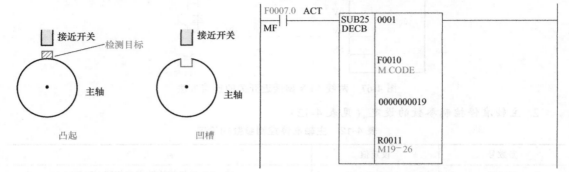

图4-68　外部开关检测方式

图4-69　自动换刀功能梯形图

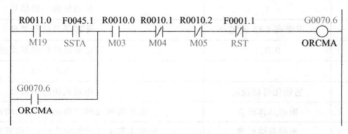

图4-70　主轴功能梯形图

6. 位置编码器准停参数的设定（见表4-14）

表4-14　位置编码器准停参数的设定

参数号	设定值	备　注
4000#0	0/1	主轴和电动机的旋转方向相同/相反
4001#4	0/1	主轴和编码器的旋转方向相同/相反
4002#3,2,1,0	0,0,1,0	使用主轴位置编码器做位置反馈
4003#7,6,5,4	0,0,0,0	主轴的齿轮齿数
4010#2,1,0	取决于电动机	设定电动机传感器类型
4011#2,1,0	初始化自动设定	电动机传感器齿数
4015#0	1	准停有效
4056~4059	根据具体配置	电动机和主轴的齿轮传动比(增益计算用)

7. 主轴电动机内置传感器参数的设定（见表4-15）

表4-15　主轴电动机内置传感器参数的设定

参数号	设定值	备　注
4000#0	0	主轴和电动机的旋转方向相同
4002#3,2,1,0	0,0,0,1	使用主轴位置编码器做位置反馈
4003#7,6,5,4	0,0,0,0	主轴的齿轮齿数
4010#2,1,0	0,0,1	设定电动机传感器类型
4011#2,1,0	初始化自动设定	电动机传感器齿数
4015#	1	准停有效
4056~4059	100 或 1000	电动机和主轴的齿轮传动比

二、主轴准停装置维护与故障诊断

1. 主轴准停装置维护

主轴准停装置的维护主要包括以下几个方面：

1）经常检查插件和电缆有无损坏，使它们保持接触良好。

2）保持磁传感器上的固定螺栓和连接器上的螺钉紧固。

3）保持编码器上连接套的螺钉紧固，保证编码器连接套与主轴连接部分的合理间隙。

4）保证传感器的合理安装位置。

2. 主轴准停装置故障诊断

主轴发生准停错误时一般无报警，只有在换刀过程中发生中断时才会被发现。发生主轴准停方面的故障应根据机床的具体结构进行分析处理，先检查电气部分，确认正常后再考虑机械部分。机械部分结构简单，最主要的是连接。主轴准停装置常见故障见表4-16。

表 4-16 主轴准停装置常见故障

序号	故障现象	故障原因	排除方法
1	主轴不准停	传感器或编码器损坏	更换传感器或编码器
		传感器或编码器连接套上的紧定螺钉松动	紧固传感器或编码器的紧定螺钉
		插接件和电缆损坏或接触不良	更换或使之接触良好
2	主轴准停位置不准	重装后传感器或编码器位置不准	调整元器件位置或对机床参数进行调整
		编码器与主轴的连接部分间隙过大使旋转不同步	调整间隙到指定值

3. 检修实例

主轴准停位置不准的故障排除。

故障现象：某加工中心采用编码器型主轴准停控制，主轴准停位置不准，引发换刀过程中断。

故障分析：开始时，故障出现次数不多，重新开机又能工作。经检查，主轴准停后发生位置偏移，且主轴在准停后如用手碰一下（和工作中在换刀时当刀具插入主轴时的情况相近）会产生向相反方向的漂移。检查电气部分，无任何报警，所以从故障的现象和可能发生的部位来看，电气部分发生故障的可能性比较小。检查机械连接部分，当检查到编码器的连接时发现编码器上连接套的紧定螺钉松动，造成连接套与主轴的连接部分间隙过大，导致旋转不同步。

故障排除：将紧定螺钉按要求固定好，故障排除。

⚙ **任务扩展** BZ 传感器在主轴准停上的应用

BZ 传感器是装在机床主轴上

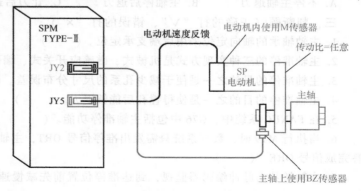

图 4-71 BZ 传感器在主轴准停上的应用

的传感器，除了与 M 传感器一样的 A、B 相之外，内部还有 Z 相（1 转信号）的 3 种信号。它除了可检测主轴的速度、位置以外，还可检测主轴的固定位置，如图 4-71 所示。另外，当使用内装主轴电动机时，主轴准停传感器还可当作其传感器使用。

SPM 通过用内部电路接收由 BZi 传感器和 CZi 传感器发出的信号，因此，可进行 C 轴控制和 Cs 轮廓控制。其中，BZi 传感器为 36 万/转分辨率，而 CZi 传感器可达 360 万/转分辨率，加上主轴的 HRV（高响应矢量）控制，可以实现异步电动机的高精度定位。

任务巩固

一、填空题（将正确答案填写在横线上）

1. 数控机床主轴准停装置有_____、_____两类。

2. 数控机床主轴电气准停有_____、_____和_____三种形式。

3. 采用磁传感器准停止时，接收到数控系统发来的准停信号 ORT，主轴立即加速或减速至某一_____。主轴到达_____且_____时，主轴即减速至某一_____。当磁传感器信号出现时，主轴驱动立即进入磁传感器作为反馈元件的闭环控制，目标位置即为_____。

4. 加工中心在换刀时，必须实现_____。

5. 采用数控系统主轴准停方式，其数控系统必须是_____。

二、选择题（请将正确答案的代号填在空格中）

1. 主轴准停是指主轴能实现（　　　　）。

A. 准确的周向定位　　　B. 准确的轴向定位　　　C. 精确的时间控制

2. 数控机床的准停功能主要用于（　　　　）。

A. 换刀和加工中　　　B. 退刀　　　C. 换刀和退刀

3. 主轴准停装置常采用（　　　）方式。

A. 机械　　　B. 液压　　　C. 电气　　　D. 气压

4. 主轴准停功能分为机械准停和电气准停，二者相比，机械准停（　　　）

A. 结构复杂　　　B. 准停时间更短　　　C. 可靠性增加　　　D. 控制逻辑简化

5. 数控机床主轴部件自变速、准停和换刀等影响机床（　　　）。

A. 加工精度　　　B. 自动化程度　　　C. 加工效率

6. 高精度孔加工完成后退刀时应采用（　　　）。

A. 不停主轴退刀　　　B. 主轴停后退刀　　　C. 让刀后退刀

三、判断题（正确的打"√"，错误的打"×"）

1. 主轴轴承的轴向定位采用后端支承定位。（　　　）

2. 主轴准停的三种实现方式是机械式、磁感应开关式、编码器方式。（　　　）

3. 主轴准停的目的之一是便于减少孔系的尺寸分布误差。（　　　）

4. 主轴准停的目的之一是使得镗孔后能够退刀。（　　　）

5. 在 FANUC 系统中，G76 中包括主轴准停功能。（　　　）

6. 当执行 M19 时，数控系统只需发出准停信号 ORT，主轴驱动完成准停后会向数控系统回答完成信号 ORE。（　　　）

7. 主轴转数由脉冲编码器监视，到达准停位置前先减慢速度，最后通过触点开关使主轴准停。（　　　）

模块五　进给驱动系统的装调与维修

进给驱动系统是用于数控机床工作台坐标或刀架坐标的控制系统，如图5-1所示。它可控制机床各坐标轴的切削进给运动，并提供切削过程所需的力矩，选用时主要考虑其力矩大小、调速范围大小、调节精度高低、动态响应的快速性。进给驱动系统一般包括速度控制环和位置控制环。

a) 进给电动机及其驱动

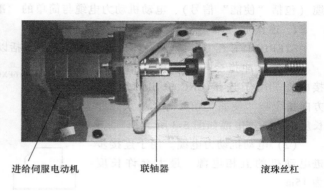

b) 进给电动机的连接

进给伺服电动机　　联轴器　　滚珠丝杠

图 5-1　进给驱动系统

通过学习本模块，学生应能读懂数控机床进给传动电气装配图、电气原理图、电气接线图；能对数控机床的进给传动进行一般功能的调试；掌握数控机床进给传动电气维修中配线质量的检查方法，能解决配线中出现的问题；能解决数控机床维修中与电气故障相关的机械故障；会进行步进电动机的联调和故障分析；能进行交流伺服电动机的联调和故障分析；能对回参考点故障进行分析及解除；掌握数控机床进给传动常用参数的含义和正确设置。

任务一　步进驱动的装调与维修

🅛 任务引入

步进驱动系统结构简单、控制容易、维修方便，如图5-2所示。随着计算机技术的发展，除功率驱动电路之外，其他部分均可由软件实现，从而进一步简化结构。因此，这类系统目前仍有相当的市场。目前，步进电动机仅用于小容量、低速、精度要求不高的场合，如经济型数控机床，打印机、绘图机等计算机的外部设备。

STEPDRIVE C/C+系列步进驱动器是 SIEMENS 公司为配合经济型数控车床、铣床等产品而开发的开环步进驱动器。它可以与该公司生产的采用步进驱

a) 步进电动机

b) 驱动器

图 5-2　步进驱动系统

动器的802S系列（包括802S/802Se/802S Baseline）CNC配套，以组成经济型数控系统。

任务目标

1）会对步进驱动进行连接与调试。

2）会排除步进驱动的常见故障。

任务实施

技能训练

一、STEPDRIVE C/C+步进驱动器的连接

STEPDRIVE C 与 STEPDRIVE C+步进驱动器的连接十分简单，只需要连接电源、脉冲指令电缆（包括"使能"信号）、电动机动力电缆与简单的"准备好"信号即可。

1. 连接电缆准备

STEPDRIVE C/C+系列驱动器的连接电缆主要包括以下部分：

（1）脉冲指令与"使能"信号连接电缆。用于连接CNC输出的脉冲、方向指令与"使能"信号等，最大允许长度为50m。电缆如图5-3所示。

（2）电动机动力电缆。用于连接步进电动机的五相电源，最大允许长度为15m。

2. 电源的连接

STEPDRIVE C/C+步进驱动器要求的额定输入电源为单相 AC 85V、50Hz，允许电压波动范围为±10%。必须使用

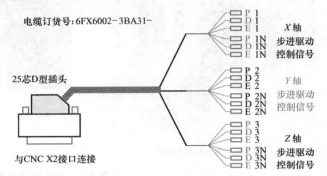

图5-3　脉冲指令与"使能"信号连接电缆

驱动电源变压器。在驱动器中，电源的连接端为图5-4中所示的 L、N、PE 端。

3. 指令与"使能"信号的连接

步进驱动器的指令脉冲（+PULS/-PULS）、方向（+DIR/-DIR）与"使能"（+ENA/-ENA）信号从控制端连接器输入（见图5-4），以上信号一般为直接来自CNC的输出信号。以与802S CNC的连接为例，连接方法见表5-1。

表5-1　STEPDRIVE C/C+指令与"使能"信号连接表

信号名称	线号	连接驱动器	802S CNC侧(连接器/引脚号)	备注
+PULS1	P1	第1轴	X2/1	X轴
-PULS1	P1N	第1轴	X2/14	X轴
+DIR1	D1	第1轴	X2/2	X轴
-DIR1	D1N	第1轴	X2/15	X轴
+ENA1	E1	第1轴	X2/3	X轴
-ENA1	E1N	第1轴	X2/16	X轴
+PULS2	P2	第2轴	X2/4	Y轴
-PULS2	P2N	第2轴	X2/17	Y轴
+DIR2	D2	第2轴	X2/5	Y轴
-DIR2	D2N	第2轴	X2/18	Y轴
+ENA2	E2	第2轴	X2/6	Y轴

（续）

信号名称	线　号	连接驱动器	802S CNC 侧（连接器/引脚号）	备　注
−ENA2	E2N	第 2 轴	X2/19	Y 轴
+PULS3	P3	第 3 轴	X2/7	Z 轴
−PULS3	P3N	第 3 轴	X2/20	Z 轴
+DIR3	D3	第 3 轴	X2/8	Z 轴
−DIR3	D3N	第 3 轴	X2/21	Z 轴
+ENA3	E3	第 3 轴	X2/9	Z 轴
−ENA3	E3N	第 3 轴	X2/22	Z 轴
+PULS4	P4	第 4 轴	X2/10	备用
−PULS4	P4N	第 4 轴	X2/23	备用
+DIR4	D4	第 4 轴	X2/11	备用
−DIR4	D4N	第 4 轴	X2/24	备用
+ENA4	E4	第 4 轴	X2/12	备用
−ENA4	E4N	第 4 轴	X2/25	备用
M		0V	X2/13	

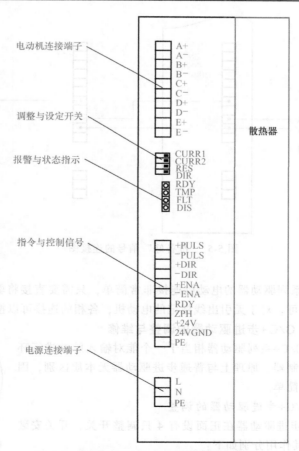

图 5-4　STEPDRIVE C/C+步进驱动器外形图

提 示 表中各信号的作用如下：

1）+PULS/-PULS：指令脉冲输出，上升沿生效，每一脉冲输出控制电动机运动一步（0.36°）。输出脉冲的频率决定了电动机的转速（即工作台或刀架运动速度），输出脉冲数决定了电动机运动的角度（即工作台或刀架运动距离）。

2）+DIR/-DIR：电动机旋转方向选择。"0"为顺时针方向，"1"为逆时针方向。电动机的实际转向还与驱动器的设定有关，可以通过设定开关进行调整。

3）+ENA/-ENA：驱动器"使能"控制信号。"0"为驱动器禁止，"1"为驱动器"使能"。驱动器禁止时，电动机无保持力矩。

以上所有信号在 CNC 内部均有短路与过载保护措施。

4. "准备好"信号的连接

STEPDRIVE C/C+系列驱动器的"准备好"信号输出通常使用24V电源，信号电源需要外部电源提供。对应端子的作用与意义如下：

1）24V/24V GND：驱动器的"准备好"信号外部电源输入。

2）RDY：驱动器的"准备好"信号输出。当使用多轴驱动时，根据 SIEMENS 系统的习惯使用方法，此信号一般情况下串联使用，即将第1轴的 RDY 输出作为第2轴的"+24V"输入，再把第2轴的 RDY 输出作为第3轴的"+24V"输入，依此类推，并将最后的轴输出的 RDY 信号（见图5-5）作为 PLC 的输入信号。

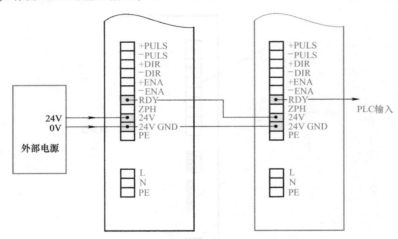

图5-5 "准备好"信号的连接图

5. 电动机的连接

STEPDRIVE C/C+系列驱动器的电动机连接非常简单，只需要直接将驱动器上的 A+~E-与电动机的对应端连接即可。对于无引出线标记的电动机，各相的连接可以按照图5-6所示进行。

二、STEPDRIVE C/C+步进驱动器的调整与维修

由于 STEPDRIVE C/C+系列驱动器相当于一个能对输入脉冲进行环形分配与功率放大的控制器，原理上与普通步进驱动器无本质区别，因此，在调整与维修上较简单。

1. STEPDRIVE C/C+步进驱动器的调整

STEPDRIVE C/C+步进驱动器在正面设有4只调整开关，开关安装位置可以参见图5-4，其作用分别如下：

（1）调整开关 CURR1/CURR2：用于驱动器输出相电流的设定，通

图5-6 SIEMENS BYG
步进电动机引出线

过设定，使得驱动器与各种规格的电动机相匹配。开关位置与输出相电流的对应关系见表 5-2。

表 5-2　STEPDRIVE C/C+输出相电流的调整

CURR1	CURR2	输出相电流	适用驱动器	适用电动机转矩
OFF	OFF	1.35A	STEPDRIVE C	3.5N·m
ON	OFF	1.90A	STEPDRIVE C	6N·m
OFF	ON	2.00A	STEPDRIVE C	9N·m
ON	ON	2.55A	STEPDRIVE C	12N·m
OFF	ON	3.60A	STEPDRIVE C+	18N·m
ON	ON	5.00A	STEPDRIVE C+	25N·m

（2）调整开关 RES：通常无定义。

（3）调整开关 DIR：用于改变电动机的转向，当电动机转向与要求不一致时，只需要将此开关在 ON 与 OFF 间进行转换，即可改变电动机的旋转方向。DIR 开关的调整，必须在切断驱动器电源的前提下进行。

2. STEPDRIVE C/C+步进驱动器的状态指示

STEPDRIVE C/C+步进驱动器在正面设有 4 只状态指示灯（发光二极管），指示灯安装位置可以参见图 5-4。各指示灯的含义见表 5-3。

表 5-3　STEPDRIVE C/C+的状态指示

指示灯代号	指示灯颜色	代表的意义	故障排除措施
RDY	绿	驱动器准备好	
DIS	黄	驱动器无报警,但无"使能"信号输入	1. 检查来自 CNC 的"使能"信号（+ENA/-ENA）的输入连接 2. 检查 CNC 的工作状态
FLT	红	驱动器存在报警,可能的原因有： ①驱动器输入电压过低 ②驱动器输入电压过高 ③电动机相间存在短路 ④电动机绕组对地短路 ⑤电动机过电流或过载	1. 检查驱动器输入电源的输入连接 2. 检查输入电源的电压值 3. 检查电动机与驱动器间的连接 4. 检查电动机的负载情况
TMP	红	驱动器过热	1. 检查电柜温升 2. 检查电动机的负载情况

驱动器的正常工作过程如下：

1）接通驱动器的输入电源，驱动器指示灯 DIS 亮，驱动等待"使能"信号输入。

2）CNC 输出"使能"信号，驱动器指示灯 DIS 灭，RDY 亮，步进电动机通电，并且产生保持力矩。

3）驱动器接收来自 CNC 的指令脉冲，按照要求旋转。

4）当驱动器出现故障时，报警指示灯 FLT 或 TMP 亮，应按表 5-3 分析、检查原因并排除故障。

5）当电动机转向不正确时，应切断驱动器电源，通过 DIR 开关变换电动机转向。

⚙ **任务扩展**　步进电动机驱动故障分析

步进电动机驱动系统的主要缺点是高频特性差，在使用中常出现的故障是失步和步进电动机驱动电源的功率管损坏。分析步进驱动系统的故障一般从步进电动机矩频特性和步距角两个方面入手。步进电动机驱动常见故障见表 5-4。

表 5-4 步进电动机驱动常见故障

故障现象	故障可能原因
电动机过热。有些系统会报警,显示电动机过热。用手摸电动机,会明显感觉温度不正常,甚至烫手	1. 工作环境过于恶劣,环境温度过高 2. 参数设置不当 3. 电压过高
电动机起动后堵转	1. 指令频率太高 2. 负载转矩太大 3. 加速时间太短 4. 负载惯量太大 5. 电源电压降低
电动机运转不均匀,有抖动	1. 指令脉冲不均匀 2. 指令脉冲太窄 3. 指令脉冲电平不正确 4. 指令脉冲电平与驱动器不匹配 5. 脉冲信号存在噪声 6. 脉冲频率与机械发生共振
电动机运转不规则,正、反转摇摆	指令脉冲频率与电动机发生共振
电动机定位不准	1. 加、减速时间太短 2. 存在干扰噪声 3. 系统屏蔽不良
电动机不运转	1. 驱动器无直流供电电压 2. 驱动器熔丝熔断 3. 驱动器报警(过电压、欠电压、过电流、过热) 4. 驱动器与电动机连线断开 5. 驱动器"使能"信号被封锁 6. 接口信号线接触不良 7. 指令脉冲太窄,频率过高,脉冲电平太低
在工作正常的状况下,发生突然停车	1. 驱动电源故障 2. 电动机故障 3. 杂物卡住
工作噪声特别大,在加工或运行过程中,电动机还有进二退一现象	1. 电动机相序接线错误 2. 电动机运行在低频区或共振区 3. 纯惯性负载,正反转频繁 4. 电动机故障
闷车,在切削过程中,某进给轴突然停止	1. 驱动器故障 2. 电动机故障 3. 外部故障,电压不稳,负载过大或切削条件恶劣

（续）

故障现象	故障可能原因
电动机一开始就不转	1. 驱动器：驱动器与电动机连线断开；熔丝熔断；当动力线断线时，两相步进电动机是不能转动的，三相五线制电动机仍可转动，但力矩不足；驱动器报警（过电压、欠电压、过电流、过热）；驱动器"使能"信号被封锁；驱动器电路故障；接口信号线接触不良；系统参数设置不当 2. 步进电动机：电动机卡死；长期在潮湿场所存放，造成电动机部分生锈；电动机故障；指令脉冲太窄，频率过高，脉冲电平太低 3. 外部故障：安装不正确；轴承、丝杠等故障
电动机尖叫后不转	1. 输入脉冲频率太高，引起堵转 2. 输入脉冲的突跳频率太高 3. 输入脉冲的升速曲线不够理想，引起堵转
步进电动机失步或多步	1. 负载过大，超过电动机的承载能力 2. 负载忽大忽小 3. 负载的转动惯量过大，起动时失步，停车时过冲 4. 传动间隙大小不均 5. 由传动间隙问题产生的零件弹性变形 6. 电动机工作在振荡失步区 7. 干扰 8. 电动机故障
驱动器或步进电动机发出尖叫声，然后电动机停止转动	1. 输入脉冲频率太高，引起堵转 2. 输入脉冲的升速增益线不够理想，引起堵转
数控机床运转不均匀、有抖动，反映在加工中是加工的工件有振纹，表面粗糙度值高	1. 指令脉冲不均匀 2. 指令脉冲电平不正确 3. 指令脉冲与驱动器不匹配 4. 脉冲信号存在噪声 5. 指令脉冲太窄 6. 脉冲频率与机械发生共振
电动机定位不准，反映在加工中的故障就是加工工件尺寸有问题	1. 加减速时间太短 2. 指令信号存在干扰噪声 3. 系统屏蔽不良

🔋 任务巩固

一、填空题 （将正确答案填写在横线上）

1. STEPDRIVE C/C+步进驱动器的连接中，脉冲指令与"使能"信号连接电缆的最大允许长度为____ m；电动机动力电缆的最大允许长度为____ m。

2. STEPDRIVE C/C+步进驱动器要求的额定输入电源为单相 AC ____ V、____ Hz，允许电压波动范围为____。必须使用____。

3. 在 STEPDRIVE C/C+步进驱动器中，24V/24VGND 表示____，RDY 表示____。

二、问答题

1. 在 STEPDRIVE C/C+步进驱动器中，"DIS"亮表示什么？怎样处理？

2. 在 STEPDRIVE C/C+步进驱动器中，"FLT" 亮表示什么？怎样处理？

任务二　交流进给驱动的装调与维修

任务引入

传统的伺服控制将速度环和电流环控制集成在 "伺服单元" 上（如 FANUC 6 系统、FANUC 10/11/12 系列等），但是 FANUC αi 系列伺服已经将 3 个控制环节通过软件的方式 "融入" CNC 系统中。在 FANUC 0D 系统中有单独的数字伺服软件 Servo ROM，在 FANUC 0i 系列中，伺服软件装在系统 F-ROM 中，文件名为 DG SEKV0，支撑它的硬件就是数字信号处理器（DSP）。FANUC 0i 伺服系统的结构如图 5-7 所示。

CNC 至伺服采用总线结构连接，并被称为 FSSB（FANUC Serial Servo Bus，FANUC 串行伺服总线）。反馈装置采用高分辨率编码器，分辨率可达 100 万/转。各伺服轴挂在 FSSB 上，实现总线控制结构。FANUC αi 系列伺服控制器采用 HRV～HRV4 高响应矢量控制技术，大大提高了伺服控制的刚性和跟踪精度，适宜高精度轮廓加工。

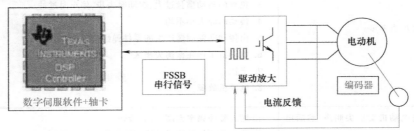

图 5-7　FANUC 0i 伺服系统的结构

任务目标

1) 能对伺服系统进行参数设定。

2) 会对伺服系统进行连接。

3) 会对伺服系统的故障进行维修。

任务实施

现场教学

一、数字伺服参数的初始设定

1. 调出方法

1) 在紧急停止状态下将电源置于 "ON"。

2) 设定用于显示伺服设定画面和伺服调整画面的参数 3111，如图 5-8 所示。输入类型为设定输入；数据类型：位路径型。其中，#0 位 SVS 表示是否显示伺服设定画面和伺服调整画面：0 表示不予显示；1 表示予以显示。

	#7	#6	#5	#4	#3	#2	#1	#0
3111								SVS

图 5-8　设定参数 3111

3) 暂时将电源置于 "OFF"，然后再将其置于 "ON"。

4) 按下功能键 [SYSTEM]、功能菜单键 [▷]、软键 [SV 设定]，显示图 5-9 所示伺服参数的设定画面。

　　5）利用光标翻页键，输入初始设定所需的数据。

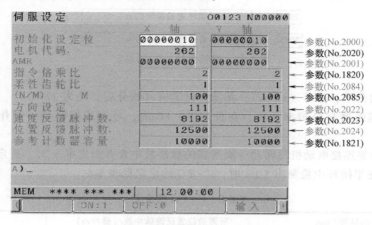

图 5-9　伺服参数的设定画面

　　6）设定完毕后将电源置于"OFF"，然后再将其置于"ON"。

2. 设定方法

（1）初始化设定。初始化设定如图 5-10 所示，其内容见表 5-5。

2000	#7	#6	#5	#4	#3	#2	#1	#0
							DGPR	PLC0

图 5-10　初始化设定

表 5-5　初始化设定内容

参数	位数	内容	设定	说　　明
2000	0	PLC0	0	原样使用参数（No. 2023、No. 2024）的值
			1	使参数（No. 2023、No. 2024）的值再增大 10 倍
	1	DGPR	0	进行数字伺服参数的初始化设定
			1	不进行数字伺服参数的初始化设定

　　（2）电动机代码。根据电动机型号、图号（A06B—××××—B×××的中间 4 位数字）的不同，输入不同的伺服电动机代码。如电动机型号为 αiS 2/5000，电动机图号为 0212，则输入电动机代码 262。

　　（3）任意 AMR 功能。设定"00000000"，设定方法如图 5-11 所示。

2001	#7	#6	#5	#4	#3	#2	#1	#0	
	AMR7	AMR6	AMR5	AMR4	AMR3	AMR2	AMR1	AMR0	轴形

图 5-11　设定 AMR 功能

　　（4）指令倍乘比。指定方式如图 5-12 所示。

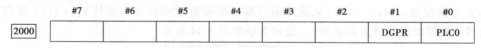

图 5-12　设定指令倍乘比

　　1）CMR 由 1/2 变为 1/27 时，设定值 = 1/CMR+100。

　　2）CMR 由 1 变为 48 时，设定值 = 2CMR。

　　（5）暂时将电源置于"OFF"，然后再将其置于"ON"。

　　（6）进给齿轮（F·FG）n/m 的设定。设定方法如图 5-13 所示，αi 脉冲编码器和半闭环的设定。n、$m \leqslant 32767$，$\dfrac{n}{m} = \dfrac{\text{电动机每转一周所需的位置反馈脉冲数}}{1000000}$。

2084	柔性进给齿轮的 n
2085	柔性进给齿轮的 m

图 5-13　进给齿轮 n/m 的设定

说明：

1）F·FG 的分子、分母（n、m），其最大设定值（约分后）均为 32767。

2）αi 脉冲编码器与分辨率无关，在设定 F·FG 时，电动机每转动一圈作为 100 万脉冲处理。

3）齿轮齿条等连接电动机每转动一圈所需的脉冲数中含有圆周率 π 时，假定 π = 355/113。

【例 5-1】　在半闭环中检测出 1μm 时，F·FG 的设定见表 5-6。

表 5-6　F·FG 的设定

滚珠丝杠的导程/ mm	所需的位置反馈脉冲数/（脉冲/r）	F·FG
10	10000	1/100
20	20000	2/100 或 1/50
30	30000	3/100

（7）方向设定。111：正向（从脉冲编码器一侧看沿顺时针方向旋转）；−111：反向（从脉冲编码器一侧看沿逆时针方向旋转）。设定方法如图 5-14 所示。

2022	电动机旋转方向

图 5-14　方向设定

（8）速度反馈脉冲数、位置反馈脉冲数。一般设定指令单位：1/0.1μm；初始化设定位：bit0 = 0；速度反馈脉冲数：8192。位置反馈脉冲数的设定如图 5-15 所示。

2024	位置反馈脉冲数

图 5-15　位置反馈脉冲数的设定

1）半闭环的情形。设定 12500。

2）全闭环的情形。在位置反馈脉冲数中设定电动机转动一圈时从外置检测器反馈的脉冲数（位置反馈脉冲数的计算与柔性进给齿轮无关）。

【例 5-2】　在使用导程为 10mm 的滚珠丝杠（直接连接）、具有 1 脉冲 0.5μm 的分辨率的外置检测器的情形下，电动机每转动一圈，来自外置检测器的反馈脉冲数为 10/0.0005 = 20000。因此，位置反馈脉冲数为 20000。

3）位置反馈脉冲数的设定大于 32767 时。FS0i-C 中，需要根据指令单位改变初始化设定位的 bit0（高分辨率位），但是，FS0i-D 中指令单位与初始设定位的 #0 之间不存在相互依存关系。即使如 FS0i-C 一样地改变初始化设定位的 bit0 也没有问题，也可以使用位置反馈脉冲变换系数。

位置反馈脉冲变换系数能使设定更加简单。使用位置反馈脉冲变换系数，以两个参数的乘积设定位置反馈脉冲数。设定方式如图 5-16 所示。

2185	位置反馈脉冲变换系数

图 5-16　位置反馈脉冲变换系数的设定

【例 5-3】　使用最小分辨率为 0.1μm 的光栅尺，电动机每转动一圈的移动距离为 16mm 的情形。

由于 N_s = 电动机每转动一圈的移动距离/检测器的最小分辨率 = 16mm/0.0001mm = 160000（>32767）= 10000×16，进行如下设定：

A（参数 No. 2024）= 10000

B（参数 No. 2185）= 16

对于电动机的检测器为 αi 脉冲编码器的情形（速度反馈脉冲数 = 8192），应尽可能为变换系数选择 2 的乘方值（2，4，8，…）。这样，软件内部所使用的位置增益值将更加准确。

（9）参考计数器的设定。

1）半闭环的情形。参考计数器容量等于电动机每转动一圈所需的位置反馈脉冲数或其整数分之一。旋转轴上电动机和工作台的旋转比不是整数时，需要设定参考计数器的容量，以使参考计数器等于 0 的点（栅格零点）相对于工作台总是出现在相同位置。

【例 5-4】　检测单位 = 1μm、滚珠丝杠的导程 = 20mm、减速比 = 1/17 的系统。

① 以分数设定参考计数器容量的方法。电动机每转动一圈所需的位置反馈脉冲数 = 20000/17，设定分子 = 20000，分母 = 17。设定方法如图 5-17 所示。分母的参数在伺服设定画面上不予显示，需要在参数画面中进行设定。

1821	每个轴的参考计数器容量（分子）（0~999999999）

2179	每个轴的参考计数器容量（分母）（0~32767）

图 5-17　设定方法

② 改变检测单位的方法。电动机每转动一圈所需的位置反馈脉冲数 = 20000/17，使表 5-7 中的参数都增大为原值的 17 倍，将检测单位改变为（1/17）μm。

表 5-7　参数改变

参数	变更方法
F·FG	可在伺服设定画面上变更
指令倍乘比	可在伺服设定画面上变更
参考计数器	可在伺服设定画面上变更
到位宽度	No. 1826，No. 1827
移动时位置偏差极限值	No. 1828
停止时位置偏差极限值	No. 1829
反间隙量	No. 1851，No. 1852

因为检测单位由 1μm 改变为（1/17）μm，故需要将用检测单位设定的参数全都增大为原值的 17 倍。

2）全闭环的情形。参考计数器容量等于 Z 相（参考点）的间隔/检测单位或者其整数分之一。

二、FSSB 数据的显示和设定画面

将 CNC 和多个伺服放大器之间用一根光纤电缆连接起来的高速串行伺服总线（Fanuc Serial Servo Bus，FSSB），可以传输设定画面输入轴和放大器的关系等数据，并能进行轴设定的自动计算的传输。若参数 DFS（No. 14476#0）= 0，则自动设定参数（No. 1023，1905，1936~1937，14340~14349，14376~14391），若参数 DFS（No. 14476#0）= 1，则自动设定参数（No. 1023，1905，1910~1919，1936~1937）。

1. 显示步骤

(1) 按下功能键 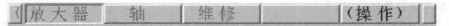。

(2) 按继续菜单键 ▷ 数次, 显示软键 [FSSB]。

(3) 按下软键 [FSSB], 切换到放大器设定画面 (或者以前所选的 FSSB 设定画面), 显示图 5-18 所示软键。

图 5-18　软键

1) 放大器设定画面。放大器设定画面上, 将各从控装置的信息分为放大器和外置检测器接口单元予以显示, 如图 5-19 所示。可通过翻页键 ⊞ 切换画面。显示信息见表 5-8。

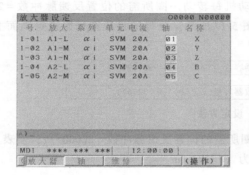
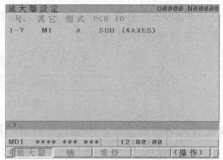

图 5-19　放大器设定画面

表 5-8　显示信息

信息	内容	说　明
号	从控装置号	由 FSSB 连接的从控装置, 从最靠近 CNC 的一侧开始编号, 每个 FSSB 线路最多显示 10 个从控装置 (对放大器最多显示 8 个, 对外置检测器接口单元最多显示 2 个)。放大器设定画面中的从控装置号中, 表示 FSSB1 行的 1 后面带有 "-" (连字符), 而后连接的从控装置的编号从靠近 CNC 的一侧按照顺序显示
放大	放大器类型	在表示放大器开头字符的 "A" 后面的数字表示从靠近 CNC 一侧数起第几台放大器的, 其后的字母表示放大器中第几轴 (L: 第 1 轴; M: 第 2 轴; N: 第 3 轴)
轴	控制轴号	若参数 DFS (No. 14476#0) = 0, 则显示在参数 (No. 14340~14349) 中所设定的值上加 1 的轴号; 若参数 DFS (No. 14476#0) = 1, 则显示在参数 (No. 1910~1919) 中所设定的值上加 1 的轴号。所设定的值处在数据范围外时, 显示 "0"
名称	控制轴名称	显示对应于控制轴号的参数 (No. 1020) 的轴名称。控制轴号为 "0" 时, 显示 "-"
系列	伺服放大器系列	
单元	伺服放大器单元的种类	
电流	最大电流值	
其他		在表示外置检测器接口单元的开头字母 "M" 之后, 显示从靠近 CNC 一侧数起的表示第几台外置检测器接口单元的数字
形式	外置检测器接口单元的形式	以字母显示
PCB ID		以 4 位 16 进制数显示外置检测器接口单元的 ID。此外, 若是外置检测器模块 (8 轴), "SDU (8AXES)" 显示在外置检测器接口单元的 ID 之后; 若是外置检测器模块 (4 轴), "SDU (4AXES)" 显示在外置检测器接口单元的 ID 之后

2）轴设定画面。在轴设定画面上显示轴信息。轴设定画面上的显示项目见表5-9。

表5-9　显示项目

信息		内　容	说　明
轴设定画面	轴	控制轴号	按照NC的控制轴顺序显示
	名称	控制轴名称	
	放大器	连接在每个轴上的放大器类型	
	M1	外置检测器接口单元1	显示保持在S-RAM上的用于外置检测器接口单元1、2的连接器号
	M2	外置检测器接口单元2	
	轴专有	伺服HRV3控制轴上以一个DSP进行控制的轴数有限制时，显示可由保持在S-RAM上的一个DSP进行控制可能的轴数。"0"表示没有限制	
	C_s	C_s轮廓控制轴	显示保持在S-RAM上的值。在C_s轮廓控制轴上显示主轴号
	双电	显示保持在S-RAM上的值	对于进行串联控制时的主控轴和从控轴，显示奇数和偶数连续的编号
放大器维护画面	轴	控制轴号	
	名称	控制轴名称	
	放大器	连接在每个轴上的放大器类型	
	系列	连接在每个轴上的伺服放大器类型	
	单元	连接在每个轴上的伺服放大器单元的种类	
	轴	连接在每个轴上的伺服放大器的最大轴数	
	电流	连接在每个轴上的放大器的最大电流值	
	版本	连接在每个轴上的放大器的单元版本	
	测试	连接在每个轴上的放大器的测试口	
	维护号	连接在每个轴上的放大器的改造图号	

3）放大器维护画面。在放大器维护画面上显示伺服放大器的维护信息。放大器维护画面有如图5-20所示的两个画面，可通过翻页键 进行切换。显示项目见表5-9。

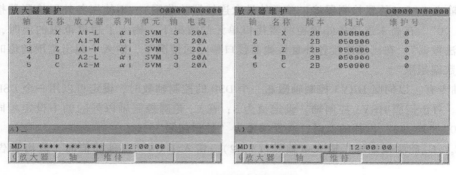

图5-20　放大器维护画面

2. 设定

在FSSB设定画面（放大器维护画面除外）上，按下软键［（操作）］时，显示如图5-21所示软键。输入数据时，设定为MDI方式或者紧急停止状态，使光标移动到输入项目位置，输入后按下软键［输入］（或者按下MDI面板的 键）。输入后按下软键［设定］时，若设定值有误，则发出报警；在设定值正确的情况下，若参数DFS（No.14476#0）＝0，则在参数（No.1023，1905，1936～1937，14340～14349，14376～14391）中进行设定；若参数DFS（No.14476#0）＝1，则在参数（No. 1023，1905，1910~1919，1936~1937）中进行设定。在输入错误值时，若希望返回到参数中所设定的值，可按下软键［读入］。此外，通电时读出设定在参数中的值，并予以显示。

图 5-21　软键

💭**注意**　① 对于在 FSSB 设定画面输入并进行设定的参数，请勿在参数画面上通过直接 MDI 输入来进行设定，或者通过 G10 输入进行设定。务必在 FSSB 设定画面上进行设定。

② 按下软键［设定］而有报警发出的情况下，可重新输入，或者按下软键［读入］来解除报警。按下 RESET（复位）键无法解除报警。

（1）放大器设定画面如图 5-22 所示。轴表示控制轴号，可输入 1~最大控制轴数。当输入了范围外的值时，会发出警告"格式错误"。输入后按下软键［设定］并在参数中进行设定，输入重复的控制轴号或输入了"0"时，会发出警告"数据超限"，该设定无效。

（2）轴设定画面如图 5-23 所示。轴设定画面上可以设定如下项目：

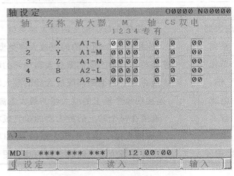

图 5-22　放大器设定画面　　　　　　　　　　图 5-23　轴设定画面

1）M1、M2：用于外置检测器接口单元 1、2 的连接器号。对于使用各外置检测器接口单元的轴，可输入 1~8（外置检测器接口单元的最大连接器数范围）。不使用各外置检测器接口单元时，输入"0"。在尚未连接各外置检测器接口单元的情况下，输入了超出范围的值时，会发出警告"非法数据"。在已经连接各外置检测器接口单元的情况下，输入了超出范围的值时，会出现警告"数据超限"。

2）轴专有：以伺服 HRV3 控制轴限制一个 DSP 的控制轴数时，设定可以用一个 DSP 进行控制的轴数。对于伺服 HRV3 控制轴，设定值为 3；在 C_s 轮廓控制轴以外的轴中设定相同值。当输入了"0""1""3"以外的值时，会发出警告"数据超限"。

3）C_s：C_s 轮廓控制轴，输入主轴号（1，2）。输入了 0~2 以外的值时，发出警告"数据超限"。

4）双电（EGB（T 系列）有效时为 M/S）：对进行串联控制和 EGB（T 系列）的轴，在 1 到控制轴数的范围内输入奇数、偶数连续的号码。当输入了超出范围的值时，会发出警告"数据超限"。

三、伺服调整画面

1. 参数的设定

设定显示伺服调整画面的参数如图 5-8 所示。输入类型：设定输入；数据类型：位路径型。
#0 SVS 表示是否显示伺服设定画面和伺服调整画面。0：不予显示；1：予以显示。

2. 显示伺服调整画面

1) 按下功能键 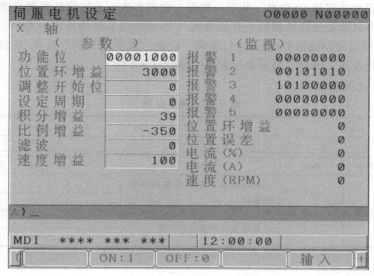、功能菜单键 ▷、软键 [SV 设定]。

2) 按下软键 [SV 调整]，选择伺服调整画面（见图 5-24）。说明见表 5-10。

图 5-24 伺服调整画面

表 5-10 伺服调整画面的说明

项目	说明	项目	说明
功能位	参数（No. 2003）	报警 2	诊断号 201
位置环增益	参数（No. 1825），实际环路增益	报警 3	诊断号 202
调整开始位	0	报警 4	诊断号 203
设定周期	0	报警 5	诊断号 204
积分增益	参数（No. 2043）	位置误差	实际位置误差值（诊断号 300）
比例增益	参数（No. 2044）	电流（A）	以 A（峰值）表示实际电流
滤波	参数（No. 2067）	电流（%）	以相对于电动机额定值的百分比表示电流值
速度增益	设定值 = $\dfrac{(\text{参数 No. 2021}) + 256}{256} \times 100$	速度（RPM）	表示电动机实际转速
报警 1	诊断号 200（报警 1~5 信息见表 5-11）		

表 5-11 报警 1~5 信息

报警号	信息							
	#7	#6	#5	#4	#3	#2	#1	#0
报警 1	OVL	LVA	OVC	HCA	HVA	DCA	FBA	OFA
报警 2	ALD			EXP				
报警 3		CSA	BLA	PHA	RCA	RZA	CKA	SPH
报警 4	DTE	CRC	STB	PRM				
报警 5		OFS	MCC	LDM	PMS	FAN	DAL	ABF

四、αi 伺服信息画面

在 αi 伺服系统中，获取由各连接设备输出的 ID 信息，输出到 CNC 画面上。具有 ID 信息的设备主要有伺服电动机、脉冲编码器、伺服放大器模块和电源模块等。CNC 首次启动时，自动地从各连接设备读出并记录 ID 信息。从下一次起，会对首次记录的信息和当前读出的 ID 信息进行比较，由此就可以监视所连接的设备变更情况（当记录与实际情况不一致时，显示表示警告的标记（＊））。可以对存储的 ID 信息进行编辑，由此，就可以显示不具备 ID 信息的设备的 ID 信息（当与实际情况不一致时，显示表示警告的标记（＊））。

1. 参数设置（见表 5-12）

表 5-12　参数设置

13112	#7	#6	#5	#4	#3	#2	#1	#0
							SVI	IDW

输入类型	参数输入	参数	说明	设　置	
参数输入	位路径型	IDW	对伺服或主轴的信息画面进行编辑	0	禁止
				1	不禁止
		SVI	是否显示伺服信息画面	0	予以显示
				1	不予显示

2. 显示伺服信息画面

1）按下功能键 ⌧，按下软键［系统］。

2）按下软键［伺服］时，出现图 5-25 所示画面。伺服信息被保存在 FLASH-ROM 中。对于画面所显示的 ID 信息与实际 ID 信息不一致的项目，在其左侧显示"＊"。此功能在即使因为需要修理等正当的理由而进行更换的情况下，也会检测该更换并显示"＊"标记。擦除"＊"标记的步骤如下：

① 可进行编辑（参数 IDW（No. 13112#0）= 1）。

② 在编辑画面，将光标移动到希望擦除"＊"标记的项目。

③ 通过软键［读取 ID］→［输入］→［保存］进行操作。

3. 编辑伺服信息画面

1）设定参数 IDW（No. 13112#0）= 1。

2）按下机床操作面板上的 MDI 开关。

3）按照"显示伺服信息画面"的步骤显示如图 5-26 所示画面。

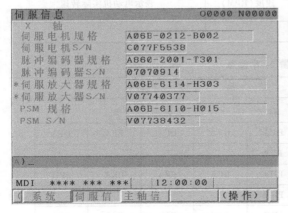

图 5-25　显示伺服信息画面

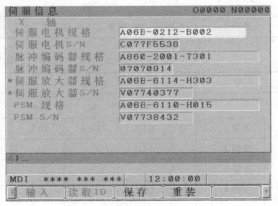

图 5-26　编辑伺服信息画面

4）通过光标键 <u>   </u> <u>   </u>，移动画面上的光标。按键操作见表 5-13。

表 5-13　按键操作

按键操作		用　　途
翻页键		上下滚动画面
软键	［输入］	将所选中的光标位置的 ID 信息改变为输入缓冲区内的字符串
	［取消］	擦除输入缓冲区的字符串
	［读取 ID］	将所选中的光标位置的连接设备的 ID 信息传输到输入缓冲区。只有左侧显示"＊"的项目有效
	［保存］	将在伺服信息画面上改变的 ID 信息保存在 FLASH-ROM 中
	［重装］	取消在伺服信息画面上改变的 ID 信息,由 FLASH-ROM 上重新加载
光标键		上下滚动 ID 信息

💾 **注 意**　对进给轴参数进行操作时，注意操作后要进行恢复。

🔲 **技能训练**

一、伺服驱动的连接与控制

1. 伺服驱动的连接

（1）α 系列独立型（SVU）数字伺服驱动器的连接。α 系列交流数字伺服驱动器有采用公用电源模块的 SVM 型和电源与驱动器一体化的 SVU 型两大类产品。

SVU 型的外形与 C 系列交流伺服驱动器相同，各驱动器可以独立安装，有单轴型（A06B-6089-H1××）、双轴型（A06B-6089-H2××）两种基本结构。图 5-27 所示为常用的单轴型驱动器外观。α 系列交流数字伺服驱动的总体连接如图 5-28 所示。图中各连接端子的作用见表 5-14。

表 5-14　α 系列独立型（SVU）数字伺服驱动器各连接端子的作用

连接端	连接脚	作　　用
主回路连接端 T1	1/2/3/4	用于驱动器的三相电源进线,输入电压为三相 AC 200V,其中 1 为接地线
	9/10/11 (20/21/22)	用于连接交流伺服电动机的电枢。对于双轴驱动器,分别以 L、M 加以区分
	13/14	用于连接驱动器 AC 200V 控制电源
	15/16	用于连接来自伺服变压器与再生放电单元的过热触点输入
	17/18/19	用于连接外部再生放电单元
	24/25	用于连接风机(中小规格驱动器一般不使用)
控制信号连接器 JV1B		JV1B 用于连接 PWM 控制信号、电流检测信号、控制单元"准备好"信号等。JV1B 通常与 CNC 轴控制板的 M184、M187、M194、M197 连接器相连。以 X 轴为例,JV1B 与 M184 的连接关系如图 5-29 所示。图中各信号的含义与 S 系列数字伺服相同
编码器位置反馈连接	见表 5-15	在数字伺服中,伺服电动机的编码器信号直接与 CNC 的 α 系列数字伺服轴控制板的 M185、M188、M195、M198 等连接器相连,无须经过驱动器。α 系列数字伺服使用的串行编码器,信号的详细连接可参见图 5-30
主接触器控制输出连接器 CX3		CX3 可以用于驱动器主回路进线 AC 200V 电源的主接触器的控制,在一系列驱动器上,通常驱动器的控制电源(T1-13/14 端)应事先加入,当驱动器正常后,通过 CX3 的输出控制主回路接触器接通

(续)

连接端	连接脚	作　用
急停信号输入 连接器 CX4		CX4 可以用于驱动器的急停控制,当急停生效时,主回路进线 AC 200V 电源的主接触器断开,切断主回路电源
控制信号连接器 JS1B		当驱动器与 FS20/21/16B/18B 等系统配套时,由于接口规格的不同(B 型接口),驱动器与 CNC 间的 PWM 控制信号、电流检测信号、控制单元"准备好"信号等,需要通过 JS1B 连接。在 FS0C 中不使用本接口
编码器位置反馈 连接器 JF1		当驱动器与 FS20/21/16B/18B 等系统配套时,此连接器用于连接电动机内置式编码器。在 FS0C 中不使用本接口
绝对编码器电 源连接器 JA4		当驱动器与 FS20/21/16B/18B 等系统配套时,此连接器用于连接绝对编码器电源。在 FS0C 中,使用绝对编码器,需要通过"中间单元"进行,因此不使用本接口

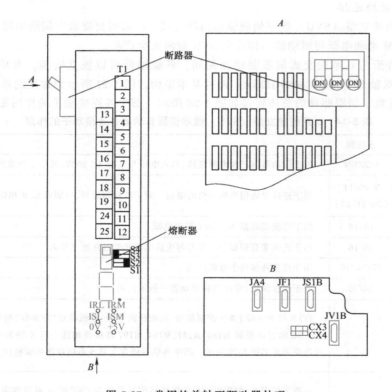

图 5-27　常用的单轴型驱动器外观

　　需要注意:当使用 α 系列数字伺服驱动器时,FS0 的轴控制板规格也需要随之改变,对应的轴控制板连接器编号也有所不同。

　　对于双轴型驱动器,在主接线端子上,相应增加电动机电枢连接端 20/21/22;在控制信号上,应增加控制信号连接器 JV2B、JS2B、编码器位置反馈连接器 JF2 等,用于连接第 2 轴。各连接器的要求及信号与单轴型驱动器相同。

表 5-15 编码器位置反馈信号的含义

信 号	含 义
SD/＊SD/REQ/＊REQ	串行编码器的位置检测输入信号
0V/5V	编码器电源
0V/+6V	绝对编码器电源（仅在使用绝对编码器时使用）

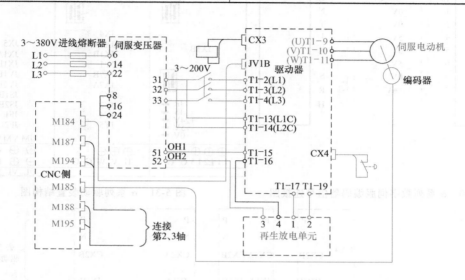

图 5-28 α 系列交流数字伺服驱动总体连接图

（2）α 系列公用电源型（SVM）数字伺服驱动的连接。α 系列公用电源型驱动装置采用的是模块化结构，伺服驱动与主轴驱动共用电源模块，模块与模块、驱动器与 CNC 间通过 I/O LINK 总线连接。图 5-31 为带有一个电源模块、一个主轴驱动模块与一个双轴伺服驱动模块的 α 系列驱动装置结构示意图。当系统需要增加驱动模块时，可以依次向右并联增加，同时扩大电源模块的容量。

在 α 系列驱动装置中，模块应按照规定的次序排列，由左向右依次为电源模块（PSM）、主轴驱动模块（SPM）、伺服驱动模块（SVM）。其中，电源模块通常固定为 1 个，容量可以根据需要选择，主轴与伺服驱动模块可以安装多个。各组成模块共用直流母线，但有独立的七段数码管与指示灯显示工作状态。

图 5-29 α 系列驱动器 JV1B 与 M184 的连接关系

图 5-31 所示的 α 系列驱动装置，常用的总体连接如图 5-32 所示。当驱动器发生故障或者对驱动器进行维修、更换后，必须按照连接要求，检查驱动器的连接。图 5-31 和图 5-32 中各连接端的连接信号及要求见表 5-16。

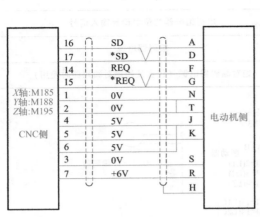

图 5-30　α 系列数字伺服编码器信号连接图

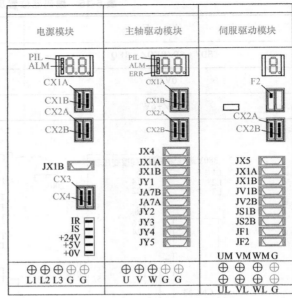

图 5-31　α 系列驱动装置结构图

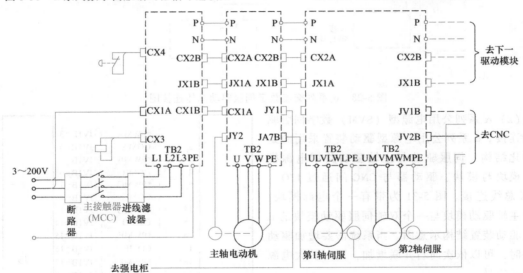

图 5-32　SVM 驱动装置的总体连接图

表 5-16　α 系列公用电源型（SVM）数字伺服驱动器各连接端的要求

连接端	连接脚	要　求
电源模块（PSM）	TB2-L1/L2/L3/PE	驱动器电源进线。电源电压的要求：三相/AC 200/230(1-15%)V ~ AC 200/230(1+10%)V。在采用高电压驱动 α 系列时，可以直接与三相/AC(380~460)V 的电网连接，而不需要采用主轴变压器进行降压处理。但是在这种情况下，进线滤波器是必需的；同时，必须根据不同的电源模块规格，利用规定的连接线可靠接地
	TB1-P/N	驱动器直流母线。所有的驱动器组成模块都必须通过规定的连接母线进行并联连接
	CX1A(1/2)	驱动器 200V 控制电源输入
	CX1B(1/2)	提供给下一驱动模块的 200V 控制电源输出。维修时必须注意，电源模块的控制电源必须从 CX1A 输入，从 CX1B 输出。切不可从 CX1B 输入，否则可能会损坏驱动器内部熔断器

（续）

连接端	连接脚	要　　求
电源模块 （PSM）	CX4（2/3）	外部急停信号触点输入
	CX2B（1/2/3）	驱动器内部急停信号连接端。它与下一驱动模块的 CX2A 互相连接
	CX3（1/3）	用于接通驱动器电源输入回路主接触器 MCC 的触点输出，触点输出驱动能力为 AC 250W 2A
	JX1B	驱动器内部控制信号连接总线。它与下一驱动模块的 JX1A 相连，内部信号连接如图 5-33 所示
伺服驱动 模块（SVM）	TB2-U/V/W/PE	连接伺服电动机电枢。第 1 轴、第 2 轴用 L、M 区别
	CX2A/CX2B （1/2/3）	驱动器内部急停信号连接端。CX2A 与上单元（一般为电源模块或主轴模块）的 CX2B 互相连接；CX2B 与下一驱动模块的 CX2A 互相连接
	JX1A/JX1B	驱动器内部控制信号连接总线。JX1A 与上单元（一般为电源模块或主轴模块）的 JX1B 互相连接；JX1B 与下一驱动模块的 JX1A 互相连接，信号连接如图 5-33 所示
	JX5	驱动器检测板连接器，供维修用
	控制信号连接 JV1B/JV2B	用于连接第 1 轴与第 2 轴的 PWM 控制信号、电流检测信号、控制单元"准备好"信号等。JV1B/JV2B 通常与 CNC 轴控制板的 M184、M187、M194、M197 连接器相连
	编码器位置 反馈连接	在 SVM 数字伺服中，伺服电动机的编码器信号直接与 CNC 的 α 系列数字伺服轴控制板的 M185、M188、M195、M198 等连接器相连，无须经过驱动器
	控制信号连接 JS1B/JS2B	当驱动器与 FS20/21/16B/18B 等系统配套时，由于接口规格的不同（B 型接口），驱动器与 CNC 间的 PWM 控制信号、电流检测信号、控制单元"准备好"信号等，需要通过 JS1B/JS2B 连接。在 FS0C 中不使用本接口
	编码器位置反馈 连接 JF1/JF2	当驱动器与 FS20/21/16B/18B 等系统配套时，此连接器用于连接电动机内置式编码器。在 FS0C 中不使用本接口

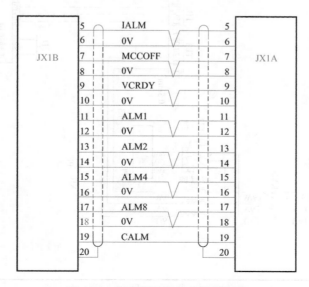

图 5-33　驱动器控制信号总线连接

（3）具体机床的连接。具体机床的连接如图 5-34 所示。

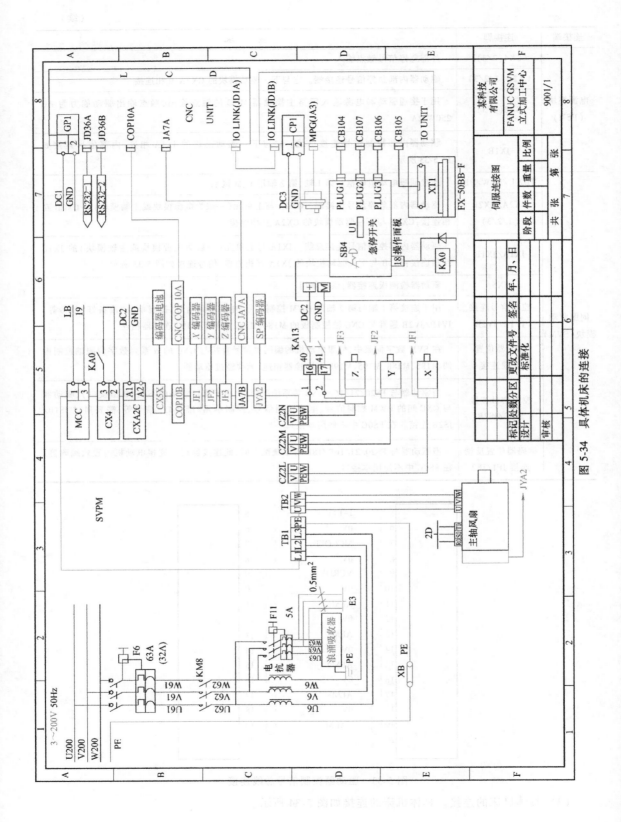

图 5-34　具体机床的连接

二、FANUC 交流进给伺服系统的故障与排除

1. 数字伺服波形诊断画面

1) 设定参数 3112#0 = 1（伺服波形功能使用完之后，一定要还原为 0），关机再开。

📄 **注　意**　FANUC 0i 系列加工轨迹/实体显示功能与伺服波形显示功能不能同时使用，当开通伺服波形显示功能后，加工轨迹不再显示。

2) 按 SYSTEM 键，再按右翻页 ▶ 键，直到出现图 5-35 所示子菜单。

图 5-35　子菜单

3) 按〔W. DGNS〕软键，出现图 5-36 所示画面。可按照右面参数含义提示信息输入需要的值，其中，N 代表第几轴，例如设置参数表明第一通道显示第 2 轴（Y 轴）的移动指令波形，第二通道显示第 2 轴的位置偏差。共有 3 页相关参数，按照提示逐一填写参数。

4) 按〔W. GRPH〕软键，出现伺服波形画面准备，移动被检测的轴（例如第 2 轴）。如图 5-37 所示，按〔开始〕软键，到达设定采样时间（此例为 3000ms）后，显示该轴移动波形，该功能用于检查"指令位移"与"实际位移（反馈脉冲）"的差，非常直观。

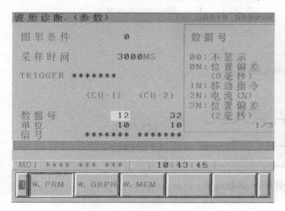

图 5-36　伺服波形参数设定画面

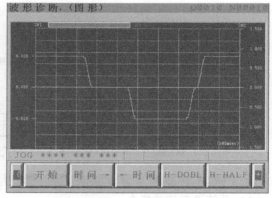

图 5-37　伺服波形显示画面

2. 全闭环改为半闭环

在日常的数控机床维修时，将控制方式从全闭环改为半闭环，是判断光栅尺故障最有效的手段，修改过程如下：

1) 设置参数 1815# b1(OPTx) = 0，使用内置编码器作为位置反馈（半闭环方式）。

2) 在伺服画面修改 N/M 参数，根据丝杠螺距等计算 N/M。对于 10mm 螺距的直连丝杠，N/M = 1/100。

3) 将位置脉冲数改为 12500（对于最小检测单位 = 0.001）。

4) 正确计算参考计数器容量，对于 10mm 螺距的直连丝杠，参考计数器容量设为 10000。

🐾 **工作经验**　在修改之前应将原全闭环伺服参数记录下来，以便正确恢复。

3. 误差过大与伺服报警（410#/411#报警）

410#报警是伺服轴停止时误差计数器读出的实际误差值大于 1829 中的极限值，如图 5-38a 所示；411#报警是伺服轴在运动过程中，误差计数器读出的实际误差值大于 1828 中的极限值，如图 5-38b 所示。

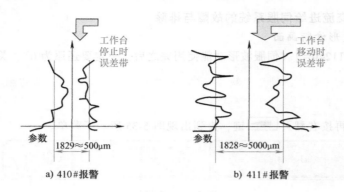

a) 410#报警　　　　　　　　b) 411#报警

图 5-38　410#/411#报警

（1）工作原理。误差计数器的读数过程如图 5-39 所示，伺服环的工作过程是一个"动态平衡"的过程。

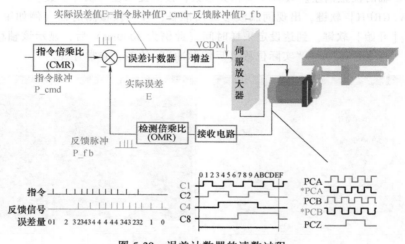

图 5-39　误差计数器的读数过程

1）系统没有移动指令。

情况 1：机床比较稳定，伺服轴没有任何移动。

指令脉冲 = 0→反馈脉冲数 = 0→误差值 = 0→VCMD = 0→电动机静止。

情况 2：机床受外界影响（如振动、重力等），伺服轴移动。

指令脉冲 = 0→反馈脉冲数 ≠ 0→误差值 ≠ 0→VCMD ≠ 0→电动机调整→直到指令脉冲 = 0→反馈脉冲数 = 0→误差值 = 0→VCMD = 0 →电动机静止。

2）系统有移动指令。

①　初始状态到机床待起动。

指令脉冲 = 10000→反馈脉冲数 = 0→误差值 = 10000→VCMD 输出指令电压→电动机起动。

②　电动机运行。

指令脉冲 = 10000→反馈脉冲数 = 6888→误差值 = 3112→VCMD 输出指令电压→电动机继续转动。

③　定位完成。

指令脉冲数 = 0→反馈脉冲数 = 0→误差值 = 0→VCMD = 0→电动机停止。

（2）故障原因。当伺服使能接通时，或者轴定位完成时，都要进行上述调整。当上述调整失败后，就会出现 410#报警——停止时的误差过大。

当伺服轴执行插补指令时，指令值随时分配脉冲，反馈值随时读入脉冲，误差计数器随时计算实际误差值。当指令值、反馈值其中之一不能够正常工作时，均会导致误差计数器数值过大，即产生 411#报警——移动中误差过大。导致故障的原因如下：

1）编码器损坏。

2）光栅尺脏或损坏。

3）光栅尺放大器故障。

4）反馈电缆损坏，断线、破皮等。

5）伺服放大器故障，包括驱动晶体管击穿、驱动电路故障、动力电缆断线或虚接等。

6）伺服电动机损坏，包括电动机进油、进水，电动机匝间短路等。

7）机械过载，包括导轨严重缺油，导轨损伤、丝杠损坏、丝杠两端轴承损坏，联轴器松动或损坏。

（3）维修实例。

【例 5-5】　牧野 Professional-3 型立式加工中心（全闭环），低速运行时无报警，但是无论在哪种方式（包括 JOG 方式、自动方式、回参考点方式）下高速移动 X 轴时，都出现 411#报警。

1）将参数设置为 1815# b2（OPTx）= 0（半闭环控制）。

2）进入伺服参数画面，参见图 5-9。

3）将"初始化设定位"改为 00000000。

4）将"位置反馈脉冲数"改为 12500。

5）计算 N/M 值。

6）关电再开电，参数修改完成。

之后先用手轮移动 X 轴，当确认半闭环运行正常后，用 JOG 方式从慢速到高速进行试验，结果 X 轴运行正常。由此得出半闭环运行正常的结论。全闭环高速运行时 411#报警，充分证明全闭环测量系统故障。

后打开光栅尺护罩，发现尺面上有油膜，清除尺面油污，重新安装光栅尺并恢复原参数，包括设置 1815# b2 = 1，恢复修改过的伺服参数 N/M 等，机床修复。

【例 5-6】　某数控车床采用 FANUC 0i TB 数控系统（半闭环控制），Z 轴移动时产生 411#报警。

首先通过伺服诊断画面（见图 5-23）观察 Z 轴移动时的误差值。

通过观察，发现 Z 轴低速移动时"位置偏差"数值可随着轴的移动而变化，而 Z 轴高速移动时，"位置偏差"数值尚未来得及调整完就出现 411#报警。这种现象是比较典型的指令与反馈不协调，有可能是反馈丢失脉冲，也有可能是负载过重而引起的误差过大。

由于是半闭环控制，反馈装置就是电动机后面的脉冲编码器。该机床使用 FANUC 0i-TB 数控系统，并且 X 和 Z 轴均配置 αi 系列数字伺服电动机，所以编码器互换性好。

1）首先更换两个轴的脉冲编码器。但是更换以后故障依旧，初步排除编码器问题。

2）通过查线、测量，确认反馈电缆及连接也无问题。

3）将电动机与机床脱离，将电动机从联轴器中卸下，通电使电动机旋转，无报警。排除了数控系统和伺服电动机有问题的可能。

4）机修时用手扳丝杠，发现丝杠很沉，明显超过正常值，说明进给轴传动链机械故障。通过钳工检修，修复 Z 轴机械问题，重新安装 Z 轴电动机，机床工作正常。

【例 5-7】　某立式数控铣床采用 FANUC 0i-MC 数控系统（半闭环），Y 轴松开急停开关后数秒随即产生 410#报警。

1）首先观察伺服运转（SV-TURN）画面。发现松开急停开关后"位置偏差"数值快速加大，并出现报警，此时机床窜动一下并停止。

2）先按下紧急停止开关，用手或借助工具使电动机转动。此时，伺服 TURN 画面中的"位置偏差"也跟着变化，基本排除脉冲编码器及反馈环节的问题。

3）通过仔细观察发现，通电时间不长，电动机温升可达 60~70℃。通过绝缘电阻表测量，发现电动机线圈对地短路，更换电动机后，机床工作正常。

⚙ **任务扩展**　SIEMENS 611 U/Ue 系列数字式交流伺服驱动系统的装调

一、611U/Ue 数字式交流伺服驱动系统的基本组成

SIEMENS 611U/Ue 用于进给驱动的伺服驱动模块有单轴与双轴两种结构型式，带有 PROFI-BUS-DP 总线接口。驱动器内部带有 FEPROM（Flash EPROM，非易失可擦写存储器），用于存储系统软件与用户数据。驱动器的调整、动态优化可以在 Windows 环境下，通过 Simo ComU 软件自动进行。驱动器由整流电抗器（或伺服变压器）、电源模块（NE module）、功率模块（Power module）、611 控制模块等组成。电源模块自成单元，功率模块、611 控制模块、PROFIBUS-DP 总线接口模块组成轴驱动单元。各驱动器单元间共用 611 直流母线与控制总线，并通过 PROFI-BUSDP 总线，与 SIEMENS 802D/810D/840D 系统相连接，组成数控机床的伺服驱动系统。其中，电源模块与进给模块如图 5-40 所示，控制模块如图 5-41 所示。

二、611U/Ue 数字式交流伺服驱动器参数的优化

驱动器速度环动态特性优化的操作步骤如下：

1）利用"驱动器调试电缆"，将调试计算机与 611UE 的 X471 接口连接。

2）如果需要对带制动的电动机进行优化，应设定对应的 NC 通用参数，如对于 802D，MD14512［18］的第 2 位为"1"（优化完毕后恢复"1"）。

3）接通驱动器的使能信号（电源模块端子 T48、T63 和 T64 与 T9 接通），并将坐标轴移动到工作台的中间位置，因为驱动器优化时，电动机将自动旋转大约两转。

4）运行工具软件 Simo ComU。

5）选择联机方式。

6）选择"PC"控制方式，并选择"OK"确认。

7）选择控制器子目录（Controller）。

8）选择"None of these"。

9）选择自动速度控制器优化"Execute automatic speed controller setting"。

10）进入优化后，选择"Execute steps 1~4"（1~4 步），自动执行如下优化过程：

① 分析机械特性一（电动机正转，带制动电动机的制动器应松开）。

② 分析机械特性二（电动机反转，带制动电动机的制动器应松开）。

③ 电流环测试（电动机静止，带制动电动机的制动器应夹紧）。

④ 参数优化计算。

当执行完毕后，Simo ComU 会出现提示"电流环优化，垂直轴的电动机制动器一定要夹紧，以防止坐标轴下滑"。

三、611U/Ue 数字式交流伺服驱动器的初始化

驱动器初始化设定的操作步骤如下（以 802D 系统为例）：

1）利用"驱动器调试电缆"，将调试计算机与 611UE 的 X471 接口连接。

2）接通驱动器电源，此时 611UE 的状态显示为"A1106"，表示驱动器没有安装正确的数据；同时驱动器上 R/F 红灯、总线接口模块上的红灯亮。

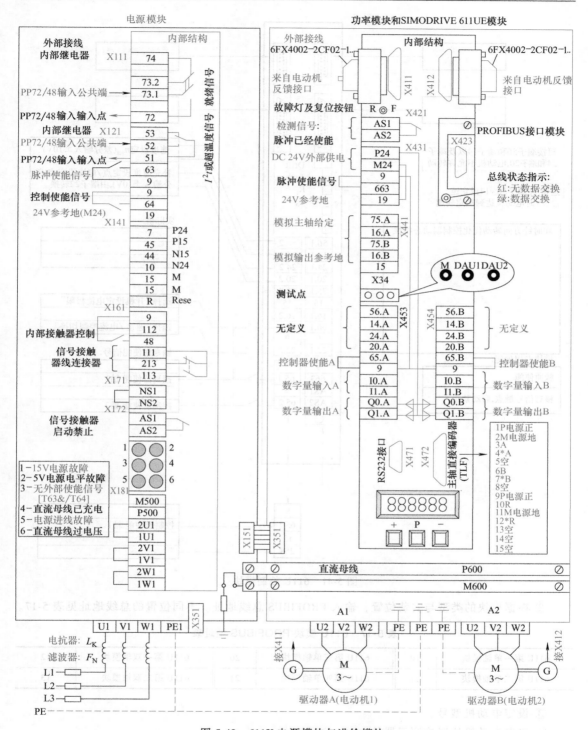

图 5-40　611U 电源模块与进给模块

3）从 Windows 的"开始"菜单中找到驱动器调试软件 Simo ComU，并运行。

4）选择驱动器与计算机的联机方式。

5）进入联机画面后，计算机自动进入参数设定画面，在软件的提示下进行以下参数设定：

① 命名轴：例如 XK7136-X。

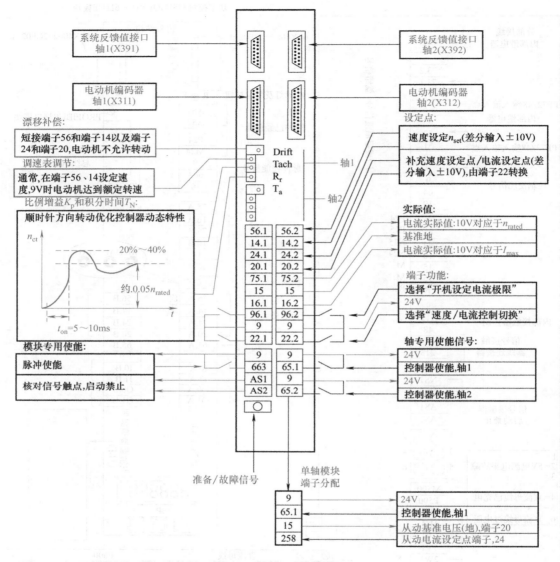

图 5-41 611U 控制模块

② 根据模块的类型与安装位置，输入 PROFIBUS 总线地址。不同位置的总线地址见表 5-17。

表 5-17 611U 模块 PROFIBUS 地址表

611U 第一单轴模块	10	611U 第三单轴模块	20	611U 第一双轴模块	12
611U 第二单轴模块	11	611U 第四单轴模块	21	611U 第二双轴模块	13

③ 设定电动机型号。

④ 设定电动机位置检测元器件。

⑤ 设定直接位置测量系统。

⑥ 存储参数。

6) 此时，611UE 的 R/F 红灯灭；状态显示为 "A0831"，表示总线数据已经进行通信；总线接口模块上的绿灯亮。

7）完成以上调试后，若电源模块的端子 48、63、64 分别与端子 9 接通，电源模块的黄灯亮，表示电源模块已使能，驱动器进入正常工作状态。

任务巩固

一、判断题（正确的打“√”，错误的打“×”）

1. α 系列独立型（SVU）数字伺服驱动主回路连接端 T1 的 1/2/3/4 脚是用于驱动器的三相电源进线，输入电压为三相 AC 220V，其中 1 为接地线。（ ）

2. α 系列独立型（SVU）数字伺服驱动主回路连接端 T1 的 9/10/11（20/21/22）脚是用于连接交流伺服电动机的电枢。对于双轴驱动器，分别以 L、M 加以区分。（ ）

3. α 系列独立型（SVU）数字伺服驱动主回路连接端 T1 的 13/14 脚是用于连接驱动器 AC 200V 控制电源。（ ）

4. α 系列独立型（SVU）数字伺服驱动主回路连接端 T1 的 15/16 脚是用于连接来自伺服变压器与再生放电单元的过热触点输入。（ ）

5. α 系列独立型（SVU）数字伺服驱动主回路连接端 T1 的 14/15/16 脚是用于连接外部再生放电单元。（ ）

6. α 系列独立型（SVU）数字伺服驱动主回路连接端 T1 的 22/23 脚是用于连接风机（中小规格驱动器一般不使用）。（ ）

7. 编码器位置反馈信号 SD/SD/REQ/REQ 含义为串行编码器的位置检测输入信号。（ ）

8. 编码器位置反馈信号 0V/10V 含义为编码器电源。（ ）

9. 编码器位置反馈信号 0V/6V 含义为绝对编码器电源（仅在使用绝对编码器时使用）。（ ）

10. αi 脉冲编码器与分辨率有关，在设定 F · FG 时，电动机每转动一圈作为 100 万脉冲处理。（ ）

二、选择题（请将正确答案的代号填在空格中）

1. 参数 3111#0 位 SVS 表示（ ）

A. 是否显示伺服设定画面、伺服调整画面　　B. 是否显示主轴画面

C. 是否只显示伺服设定画面　　D. 是否只显示伺服调整画面

2. 参数 3112#0 = 1 能显示（ ）

A. 程序仿真轨迹　　B. 程序仿真图形

C. 伺服调整画面　　D. 伺服波形诊断画面

3. 参数 3112#0 = 1 应用结束后，应使参数 No. 3112#0 设定为（ ）

A. 1　　B. 2　　C. 3　　D. 0

4. 若参数 DFS（No. 14476#0）= 0，则自动设定参数是（ ）

A. No. 2023　　B. No. 1023　　C. No. 1024　　D. No. 1223

5. 若参数 DFS（No. 14476#0）= 1，则自动设定参数是（ ）

A. No. 1920　　B. No. 1930　　C. No. 1910　　D. No. 1940

6. 若参数 IDW（No. 13112#0）= 1，则说明对伺服或主轴的信息画面的编辑（ ）

A. 禁止　　B. 不禁止　　C. 无关　　D. 与其他参数配合

三、简答题

1. 在数控机床维修时，怎样把全闭环的数控机床改为半闭环？

2. 将如下程序输入数控机床后，*X*、*Y* 轴不运动，请说明原因，并进行修改。若要不修改该程序，而使 *X*、*Y* 轴运动，应对数控机床怎样处理（注意不要撞刀）？

程序：

```
O0010
N0010   G54  G90  G21  G17  G49  T01;
N0020   M06;
N0030   M03  S800;
N0040   G43  G00  Z30.0  H01;
N0050   X-30.0  Y-30.0;
N0060   G42  G01  X-30.0  Y0  D01  F11.0  M08;
N0070   Z-33.0;
N0080   X400.0, C8.0;
N0090   Y150.0, R8.0;
N0100   G03  X700.0  Y450.0  R300.0, R8.0;
N0100   G01  X400.0, R8.0;
N0120   Y600.0, C8.0;
N0130   X0, C-8.0;
N0140   Y-30.0  M09;
N0150   G40  G01  X-30.0  Y-30.0;
N0160   G49  Z300.0;
N0170   G28  X-30.0  Y-50.0  M05;
N0180   M30;
```

任务三　数控机床有关参考点的安装与调整

📖 任务引入

许多数控机床（全功能型或高档型）都设有机床参考点（见图5-42），该点至机床原点在其进给坐标轴方向上的距离在机床出厂时已确定，使用时可通过"返回参考点操作"方式进行确认。它与机床原点相对应。它是机床制造商在机床上借助行程开关设置的一个物理位置，与机床原点的相对位置是固定的，机床出厂之前由机床制造商精密测量确定。

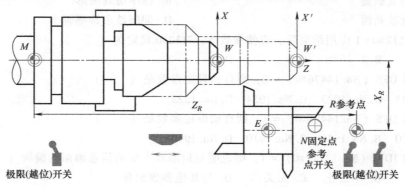

图5-42　机床原点与机床参考点

M：机床原点　W：工件原点　W'：工件偏移原点　E：刀具相关点

📒 任务目标

1）掌握各种方式返回参考点的参数设置与调整。

2）会对返回参考点时出现的故障进行诊断与维修。

● **任务实施**

■ **现场教学**

FANUC 0i 系列数控系统可以通过三种方式实现回参考点：增量方式回参考点、绝对方式回参考点、距离编码回参考点。

一、增量方式回参考点

所谓增量方式回参考点，就是采用增量式编码器，工作台快速移动，经减速挡块减速后低速寻找栅格零点作为机床参考点。

1. FANUC 系统实现回参考点的条件

1）回参考点（ZRN）方式有效——对应 PMC 地址 G43.7=1，同时 G43.0（MD1）和 G43.2（MD4）同时 =1。

2）轴选择（+/-Jx）有效——对应 PMC 地址 G100~G102=1。

3）减速开关触发（＊DECx）——对应 PMC 地址 X9.0~X9.3 或 G196.0~3 从 1 到 0 再到 1。

4）栅格零点被读入，找到参考点。

5）参考点建立，CNC 向 PMC 发出完成信号、ZP4 内部地址 F094、ZRF1 内部地址 F120。

其动作过程和时序图如图 5-43 所示。

FANUC 数控系统除了与一般数控系统一样，在返回参考点时需要寻找真正的物理栅格（栅格零点）——编码器的一转信号（见图 5-44），或光栅尺的栅格信号（见图 5-45），还要在物理栅格的基础上再加上一定的偏移量——栅格偏移量（1850#参数中设定的量），形成最终的参考点。也即图 5-43 中的 "GRID" 信号，"GRID" 信号可以理解为是在所找到的物理栅格基础上再加上 "栅格偏移量" 后生成的点。

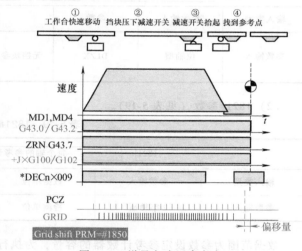

图 5-43　增量方式回参考点

FANUC 公司使用电气栅格 "GRID" 的目的就是可以通过调整 1850#参数，在一定范围内（小于参考计数器容量设置范围）灵活地微调参考点的精确位置。

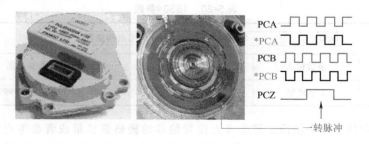

图 5-44　栅格零点

2. 参数设置

（1）1005#参数（见表 5-18）。

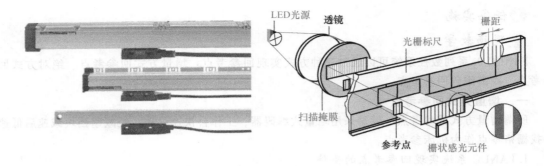

图 5-45　增加距离

表 5-18　1005#参数

	#7	#6	#5	#4	#3	#2	#1	#0
1005							DLZx	

输入类型	参数输入	参数	说明	设置	
参数输入	位轴型	DLZX	无挡块参考点设定功能	0	无效
				1	有效

（2）1821#参数（见表 5-19）。

表 5-19　1821#参数

1821	每个轴的参考计数器容量		
输入类型	参数输入	数据单位	数据范围
参数输入	2 字轴型	检测单位	0～999999999

数据范围为参数设定参考计数器的容量，为执行栅格方式的返回参考点的栅格间隔。设定值在 0 以下时，将其视为 10000。在使用附有绝对地址参照标记的光栅尺时，设定标记 1 的间隔。在设定完此参数后，需要暂时切断电源。

（3）1850#参数（见表 5-20）。

表 5-20　1850#参数

1850	每个轴的栅格偏移量/参考点偏移量		
输入类型	参数输入	数据单位	数据范围
参数输入	2 字轴型	检测单位	－99999999～99999999

数据范围是参数为每个轴设定使参考点位置偏移的栅格偏移量或者参考点偏移量。可以设定的栅格量为参考计数器容量以下的值。参数 SFDX（No.1008#4）为"0"时，成为栅格偏移量，为"1"时，成为参考点偏移量。若是无挡块参考点设定，仅可使用栅格偏移，不能使用参考点偏移。

（4）1815#参数（见表 5-21）。

表 5-21 1815#参数

		#7	#6	#5	#4	#3	#2	#1	#0
1815				APCX	APZX			OPTX	

输入类型	参数输入	参数	说明	设置		备 注
参数输入	位轴型	OPTX	位置检测器	0	不使用外置脉冲编码器	使用带有参照标记的光栅尺或者带有绝对地址原点的光栅尺（全闭环系统）时，将参数值设定为"1"
				1	使用外置脉冲编码器	
		APZX	对应关系	0	尚未建立	
				1	已经结束	
		APCX	位置检测器	0	非绝对位置检测器	
				1	绝对位置检测器	

APZX：位置检测，使用绝对位置检测器时，机械位置与绝对位置检测器之间的位置对应关系。使用绝对位置检测器时，在进行第 1 次调节时或更换绝对位置检测器时，务必将其设定为"0"，再次通电后，通过执行手动返回参考点等操作进行绝对位置检测器的原点设定。由此，完成机械位置与绝对位置检测器之间的位置对应，此参数即被自动设定为"1"。

（5）外置脉冲编码器与光栅尺的设置。通常，将电动机每转动一圈的反馈脉冲数作为参考计数器容量予以设定。

光栅尺上多处具有参照标记的情况下，有时将该距离以整数相除的值作为参考计数器容量予以设定，如图 5-46 所示。

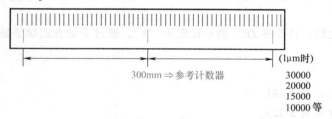

300mm ⇒ 参考计数器

(1μm时)
30000
20000
15000
10000 等

图 5-46 多处参照标记

二、绝对方式回参考点（又称为无挡块回零）

绝对方式回参考点（绝对回零）就是采用绝对位置编码器建立机床零点，并且一旦零点建立，无须每次通电开机回零，即便系统关断电源，断电后的机床位置偏移（绝对位置编码器转角）会被保存在电动机编码器 S-RAM 中，并通过伺服放大器上的电池支持电动机编码器 S-RAM 中的数据。

传统的增量式编码器，在机床断电后不能将零点保存，所以每遇断电再通电开机后，均需要操作者进行返回零点操作。20 世纪 80 年代中后期，断电后仍可保存机床零点的绝对位置编码器被用于数控机床上。其保存零点的"秘诀"就是在机床断电后，机床微量位移的信息被保存在编码器电路的 S-RAM 中，并有后备电池保持数据。FANUC 早期的绝对位置编码器有一个独立的电池盒，内装干电池，电池盒安装在机柜上，便于操作者更换。αi 系列绝对位置编码器电池安装在伺服放大器塑壳迎面正上方。

这里需要注意的是，当更换电动机或伺服放大器后，由于将反馈线与电动机航空插头脱开，或电动机反馈线与伺服放大器脱开，必将导致编码器电路与电池脱开，S-RAM 中的位置信息即刻丢失。再开机后会出现 300#报警，需要重新建立零点。

1. 绝对零点建立的过程（见图 5-47）

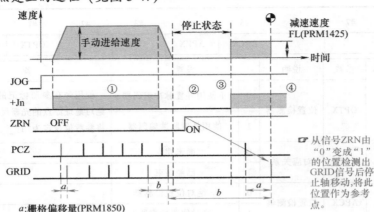

a：栅格偏移量(PRM1850)
b：参考计数器容量(PRM1821)

图 5-47　绝对零点建立的过程

2. 操作

1）将希望进行参考点设定的轴向返回参考点方向 JOG 进给到参考点附近。

2）选择手动返回参考点方式，将希望设定参考点的轴的进给轴方向选择信号（正向或者负向）设定为"1"。

3）定位于以从当前点到参数 ZMIX（No. 1006#5）中所确定的返回参考点方向的最靠近栅格位置，将该点作为参考点。

4）确认已经到位后，返回参考点结束信号（ZPn）和参考点建立信号（ZRFn）即被设定为"1"。

设定完参考点之后，只要将 ZRN 信号设定为"1"，通过手动方式赋予轴向信号，刀具就返回到参考点。

3. 参数设置

1）1005#参数（见表 5-18）。

2）1006#参数（见表 5-22）。

表 5-22　1006#参数

	#7	#6	#5	#4	#3	#2	#1	#0
1006			ZMIX					

输入类型	参数输入	参数	说明	设	置
参数输入	位轴型	ZMIX	手动返回参考点的方向	0	正
				1	负

三、距离编码回参考点

光栅尺距离编码是解决"光栅尺绝对回零"的一种特殊的解决方案。具体工作原理如下：

传统的光栅尺有 A 相、B 相及栅格信号，A 相、B 相作为基本脉冲根据光栅尺分辨率产生步距脉冲，而栅格信号是相隔一固定距离产生一个脉冲。固定距离是根据产品规格或订货要求而确定的，如 10mm、15mm、20mm、25mm、30mm、50mm 等。栅格信号的作用相当于编码器的一转信号，用于返回零点时的基准零位信号。而距离编码的光栅尺，其栅格距离不像传统光栅尺是固定的，它是按照一定比例系数变化的，如图 5-48 所示。当机床沿着某个轴返回零点时，CNC 读到几个距离不等的栅格信号后，会自动计算出当前的位置，不必像传统的光栅尺那样每次断电后都要返回到固定零点，它仅需在机床的任意位置移动一个相对小的距离就能够"找到"机床零点。

图 5-48　比例光栅

1. 距离编码零点建立过程

1）选择回零方式，使信号 ZRN 置 1，同时 MD1、MD4 置 1。

2）选择进给轴方向（+J1、−J1、+J2、−J2 等）。

3）机床按照所选择的轴方向移动寻找零点信号，机床进给速度遵循 1425#参数（FL）中设定的速度。

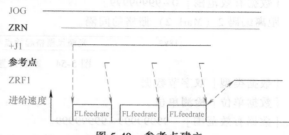

图 5-49　参考点建立

4）一旦检测到第一个栅格信号，机床立即停顿片刻，随后继续低速（按照 1425#参数（FL）中设定的速度）按照指定方向继续运行。

5）继续重复上述步骤 4），找到 3~4 个栅格后停止，并通过计算确立零点位置。

6）最后发出参考点建立信号（ZRF1、ZRF2、ZRF3 等，置 1），如图 5-49 所示。

2. 参数设置（见图 5-50~图 5-54）

	#7	#6	#5	#4	#3	#2	#1	#0
1815						DCLX	OPTX	

图 5-50　参数设置（一）

［数据类型］位数据。

OPTX　位置检测方式

　　0：不使用分离式编码器（采用电动机内置编码器作为位置反馈）；

　　1：使用分离式编码器（光栅）。

DCLX　分离检测器类型

　　0：光栅尺检测器不是绝对栅格的类型；

　　1：光栅尺检测器采用绝对栅格的类型。

	#7	#6	#5	#4	#3	#2	#1	#0
1802							DC4	

图 5-51　参数设置（二）

［数据类型］位数据。

DC4　当采用绝对栅格建立参考点时：

　　0：检测 3 个栅格后确定参考点位置；

　　1：检测 4 个栅格后确定参考点位置。

1821	参考计数器容量

图 5-52　参数设置（三）

［数据类型］双字节数据。

［数据单位］检测单位。

［数据有效范围］ 0～99999999。

距离编码1（Mark 1）栅格的间隔。

| 1882 | 距离编码2（Mark 2）栅格的间隔 |

图5-53　参数设置（四）

［数据类型］双字节数据。

［数据单位］检测单位。

［数据有效范围］ 0～99999999。

距离编码2（Mark 2）栅格的间隔。

| 1883 | 光栅尺栅格起始点与参考点的距离 |

图5-54　参数设置（五）

［数据类型］双字节数据。

［数据单位］检测单位。

［数据有效范围］ −99999999～99999999。

1821#、1882#、1883#参数关系如图5-55所示，具体实例如图5-56所示。机床采用米制输入。

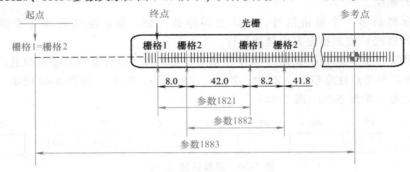

图5-55　相关参数

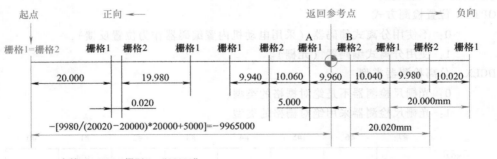

参数:No.1821(1栅距1) ="20000"

　　　No.1882(1栅距2) ="20020"

　　　No.1883(1参考点位置) =A点坐标+5.000

$$= \frac{A、B两点的距离}{栅距2-栅距1} \times 栅距1 + 5.000$$

$$= \frac{9960}{20020-20000} \times 20000 + 5.000$$

=9965000

→"−9965000"(负向返回距离)

图5-56　参数设置实例

📖 **注 意**　对参考点的参数进行设定操作后应注意恢复。

🖼 **技能训练**　机床不能正常返回参考点的检查与维修

一、采用增量方式不能正常返回参考点

1. 手动回零时不减速并伴随超程报警

（1）故障原因。当选择了回参考点方式后，按下某个轴的方向按钮，如 `[●+x]`，此时如果机床能够快速向参考点方向移动，则说明方式选择信号通过 PMC 接口通知了 CNC（即图 5-43 中所示第①步顺利通过）。此后如果没有减速现象出现，并且还伴随超程报警，则说明在执行到图 5-43 中所示第②步的时候出现了问题，即减速开关信号 * DECn 没有通知到 CNC。造成这种现象的原因有以下几种：

1）减速开关进油或进水，信号失效，I/O 单元之前就没有信号。

2）减速开关"OK"，但 PMC 诊断画面没有反应，虽然信号已经输入到系统接口板，但 I/O 接口板或输入模块已经损坏。

由于减速开关在工作台下面，工作条件比较恶劣（受油、水、切屑侵蚀），严重时会引起 24V 短路，损伤接口板，从而导致上述两种情况时有发生。

（2）检查方法。用万用表检测开关通断情况，通过 PMC 诊断画面观察 * DECn 的变化。* DECn 的地址是 X9.0~X9.3 或 G196.0~G196.3，分别代表第 1 轴到第 4 轴的减速开关的状态，n 表示第 n 轴。

📖 **注 意**　这里" * "表示负逻辑，即低电平有效。正常情况下，* DECn 应该是 1→0→1 的变化。只要 * DECn 信号能够从 1 变为 0，则工作台就会完成减速这一动作，即图 5-43 中所示第②步可以通过。

2. 有减速动作

手动回零有减速动作，但减速后轴运动不停止直至 90# 报警——找不到参考点。

从图 5-43 所示时序图中，应该注意一个细节，FANUC 数控系统寻找参考点一般是在减速开关抬起后寻找第一个一转信号（对于编码器，参见图 5-44 中的"一转脉冲"）或物理栅格（对于直线光栅尺，参见图 5-45 中的"参考点"栅格），此时如果一转信号或物理栅格信号缺失，则会出现 90# 报警——找不到参考点，造成这种现象的原因有以下几种：

1）编码器或光栅尺被污染，如进水、进油。

2）反馈信号线或光栅适配器受外部信号干扰。

3）反馈电缆信号衰减。

4）编码器或光栅尺接口电路故障、器件老化。

5）伺服放大器接口电路故障。

🖼 **工作经验**　这里有一个现象常常会使维修人员感到疑惑，从图 5-44 中可以看到脉冲反馈有 PCA/ * PCA、PCB/ * PCB 及 PCZ，人们有时会错误地认为：既然机床伺服轴能够正常移动，那么反馈装置一定没有问题。其实不然，伺服轴在通常的运动中，位置环和速度环主要取 PCA/ * PCA、PCB/ * PCB 及格雷码信号。图 5-57 所示回参考点波形仅在寻找参考点的时候才采集 PCZ 信号，另外，由于 PCZ 是窄脉冲，在同样的污染条件下，有时候 PCA/ * PCA、PCB/ * PCB 可以正常工作，但是 PCZ 信号已经达不到门槛电压，或波形严重失真。这就是为什么脉冲编码器或光栅尺其他信号可以正常工作，唯独"栅格"信号不好的原因。

3. 维修实例

【例 5-8】　龙门数控镗铣床 FANUC 16iM 系统，采用半闭环控制，当开机手动返回参考点

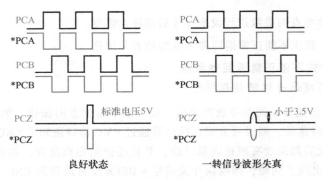

图 5-57　回参考点波形

时，X 轴偶尔会出现 90# 报警——找不到参考点，返回参考点时工作台有减速动作，但是一旦手动回参考点成功，重复用 G28 方式回零没有任何问题。

分析原因：大多数机床制造商设置在手动返回参考点时，寻找并读取 PCZ 信号（物理栅格信号）建立参考点，而在 G28 方式下使用计数器清零的方式返回参考点，不寻找物理栅格信号。从故障描述来看，应该重点检查一转信号。首先采用最简便易行的方法，检查反馈电缆，用万用表电阻档测量电缆两端通断，结果没有问题。接下来更换脉冲编码器，将 X 轴编码器与另一个可以回参考点的轴（Y 轴）编码器互换，结果没有任何变化，即 X 轴仍然不能够每次找到零点，而 Y 轴回零正常，说明脉冲编码器良好。之后更换伺服放大器，仍然没有效果。说明相关的硬件均已更换，仍然没有找到故障点。仔细分析机床的结构，发现 X 轴反馈电缆经过坦克链到伺服放大器共计 50 余米，初步判断可能是由于信号衰减造成的一转信号不好，最后将 5V 及 0V 线脚与电缆中多余的备用线并联加粗，降低线间电阻，提高信号幅值，最终排除了故障。

工作经验　FANUC α 系列驱动的反馈装置采用的是高速串行传送，用传统的示波器无法观测波形，所以更多的是采用替代法或者借助系统界面诊断排查故障。

【例 5-9】　辛辛那提 T30 加工中心，采用 FANUC 11M 系统，全闭环控制，Z 轴手动返回参考点时找不到零点。

分析原因：由于该机床是全闭环控制，物理栅格位置是在光栅上面，将光栅用无水酒精擦干净后可以找到零点，但是时有时无，成功率约为 70%，仍旧不能满足正常生产要求，初步判断原参考点栅格有损伤。由于光栅尺的栅格是由一定间距的多个栅格组成的，具体读取哪一个栅格作为零点，取决于减速挡块的位置和减速开关信号的触发。往往某一个栅格损坏了，其他栅格却完好无损。所以将减速挡块前移一个（或 n 个）栅格位置，手动回零成功。

注意　这时候的参考点已经和机床出厂时的完全不同，换刀用的第二参考点和工件零点已经改变了，所以维修人员一定要将这些点重新调整（通过参数设定机床坐标零点、第二参考点位置及重新建立工件坐标系等）。

二、绝对零点丢失

绝对位置信息是依靠伺服放大器中的电池保护的，所以当下面几种情况发生时，零点会丢失，并出现 300# 报警，如图 5-58 所示。

1）更换了编码器或伺服电动机。

2）更换了伺服放大器。

3）反馈电缆脱离伺服放大器或伺服电动机。

4）绝对位置编码器后备电池掉电。确认绝对位置编码器后备电池良好，重新设置绝对零点，即可恢复参考点。

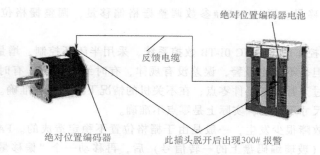

图 5-58　绝对零点丢失

📖 **注　意**　绝对位置编码器通常采用无挡块、无标志的机床结构，重新恢复参考点很难精确地回到原来的那个点上。所以新的参考点建立后，一定要对机械坐标零点、工件零点、第二参考点进行校准（通过参数修正）。

三、返回参考点不准确

【**例 5-10**】　某数控车床 FANUC 21T 系统，采用增量回零方式，Z 轴返回参考点可以完成，不报警，但偶尔会差一个丝杠螺距，非常有规律。

这种现象是数控机床非常典型的故障之一。其原因是减速挡块位置距离栅格位置太近或太靠近参考点时，处于一种"临界状态"，导致了离散误差，如图 5-59 所示。

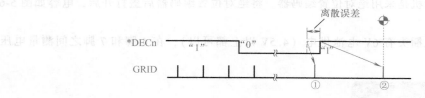

图 5-59　离散误差

由于触点开关信号通、断的精确度比较差，所以信号触发的时间不很准确。当信号来早时，如图 5-60 所示，就找到栅格①。当信号来迟时，就找到信号②，参见图 5-58。或者时而找到栅格②，时而找到栅格③，如图 5-59 所示。解决方案如下：

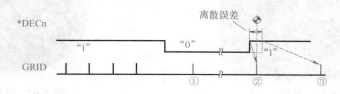

图 5-60　太靠近参考点

（1）调整挡块位置。

1）手动返回参考点。

2）选择诊断画面，读取诊断号 0302 的值（0302 的含义为从挡块脱离的位置到读取到第一个栅格信号时的距离）。

3）记录 1821# 参数的值，1821# 参数中设定的是参考计数器容量。

4）微调减速挡块，使诊断号 0302 中的值等于 1821# 设定值的一半（1/2 栅格）。

5）完成 4）之后，一方面多次重复进行手动回参考点，一方面确认诊断号 0302 上显示的值每次为 1/2 栅格左右，而且变化幅度不大。

（2）调整栅格偏移量。通过1850#参数调整栅格偏移量，调整栅格位置，使其处于合理位置。

【例5-11】 某数控车床FANUC 0i-TB数控系统，采用半闭环控制，增量编码器。X轴每次回零点位置不准确，但是不发生报警，误差没有规律，有时约为3mm，有时约为7mm。操作者每次开机回零点后通过刀补校正工件零点，在不关机的情况下加工尺寸准确。但是一旦关电，重新回零后，工件坐标尺寸不准确，实际上是零点不准确。

分析原因：这种故障很少发生，一般是由于栅格位置不稳定造成的。FANUC系统找零实际上是在找到物理栅格（玻璃编码盘上的一转信号）后，再移动一个"偏移量"形成的栅格作为零点，这个经过偏移后的栅格实际上是电气栅格。电气栅格是由一组溢出脉冲发出的，每相隔一定容量值产生一个溢出脉冲。这个容量值是通过1821#参数"参考计数器容量"决定的。当参考计数器容量设置错误时，电气栅格的"溢出"是不规律的，从而造成每次回零不准。

故障解决：查看1821#参数，参考计数器容量设置值为3600，经核算，该设置是不正确的。X轴丝杠螺距为10mm，并且确认电动机与丝杠的传动链是直连的，通过相关计算得到，参考计数器容量应设置为10000。

修改参考计数器容量值后，X轴回零正常。

四、1815原点无法设定

解决步骤如下：

1）确定伺服电动机是采用绝对位置编码器。将绝对位置编码器后盖打开后，电容如图5-61所示。

2）确定编码器线插头有6V电池供电（4.5V以上都可以），在4脚和7脚之间测量电压，如图5-62所示。

图5-61 电容

图5-62 电压测量

3）满足1）和2）条件后，设定1815原点。

① 关机。

② 拔掉驱动器的24V供电电缆（CX19B插头或者CXA2A插头），如图5-63所示。

③ 开机，会出现5136的报警，设定1815.4和1815.5。

④ 关机，把拔掉的电缆恢复。

⑤ 开机，无报警，则设定成功。

🏠 **任务扩展** 数控机床回参考点的原理

不同数控系统返回参考点的动作是有所不同的，但大都如图5-64所示经过两个过程，也就是高速寻找粗定位点与低速寻找栅格零点（即零位脉冲）两个过程。因此，在数控系统中就要

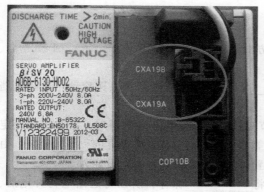

图 5-63　CX19B 插头/CXA2A 插头

确定高速寻找粗定位点的速度 F_a 与方向，也要确定低速寻找栅格零点 C 的速度 F_b。

应用不同系统的数控机床，其刀具或刀架回参考点的动作细节是不同的，但不外乎以下三类情况。第一类（见图 5-65）：

运动情况 1：当坐标轴位于挡块之前时，依某方向（可设定）快速（速度可设定）向挡块运动，压下挡块后，立即减速至低速（可设定），并继续运行，直至挡块释放，再寻找零位脉冲。

运动情况 2：当坐标轴位于挡块之上时，直接低速运行，直至挡块释放，再寻找零位脉冲。

运动情况 3：当坐标轴位于挡块之后时，则坐标轴以较大速度运行至超程报警，所以要有超程保护措施。

第二类（见图 5-66）：这类回参考点方式与第一类基本相同，只是压下减速挡块减速后不是继续向前直至挡块释放，而是反向低速退出挡块，再反向低速寻找零位脉冲。此种回参考点的方式正常工作时不会超程。

第三类（见图 5-67）：这类与第一类不同之处在于其不需等待挡块释放，当速度降为设定低速值后立即寻找零位脉冲。当然，如果开始时减速挡块已被压下，则首先要退出挡块，再进入正常寻找方式。此种回参考点方式正常工作时也不会产生超程。

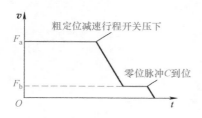

图 5-64　回参考点的过程

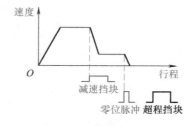

图 5-65　第一类回参考点

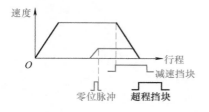

图 5-66　第二类回参考点

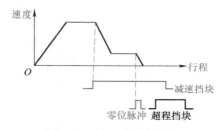

图 5-67　第三类回参考点

任务巩固

一、填空题（将正确答案填写在横线上）

1. FANUC 0i 系列数控系统可以通过三种方式实现回参考点：_____回参考点、_____回参考点、_____回参考点。

2. 所谓增量方式回参考点，就是采用_____，工作台快速移动，经减速挡块减速后低速寻找_____作为机床参考点。

3. 使用绝对位置检测器时，在进行第 1 次调节时或更换绝对位置检测器时，务必将其设定为_____，再次通电后，通过执行手动返回参考点等操作进行绝对位置检测器的_____设定。由此，完成_____与_____检测器之间的位置对应，此参数即被自动设定为_____。

4. 传统的增量式编码器，在机床断电后不能将_____保存，所以每遇断电再开电后，均需要操作者进行返回_____操作。20 世纪 80 年代中后期，断电后仍可保存机床_____的绝对位置编码器被用于数控机床上。其保存_____的"秘诀"就是在机床断电后，机床微量位移的信息被保存在编码器电路的_____中，并有后备电池保持数据。

5. 当更换电动机或伺服放大器后，由于将反馈线与电动机航空插头脱开，或电动机反馈线与伺服放大器脱开，必将导致_____与_____脱开，_____中的位置信息即刻丢失。再开机后会出现 300#报警，需要重新建立_____。

6. FANUC 公司使用电气栅格"GRID"的目的，就是可以通过_____参数的调整，在一定量的范围内（小于参考计数器容量设置范围）灵活地微调参考点的精确位置。

二、判断题（正确的打"√"，错误的打"×"）

1. "GRID"信号可以理解为是在所找到的物理栅格基础上再加上"栅格偏移量"后生成的点。（　　）

2. 所谓绝对回零（参考点），就是采用增量位置编码器建立机床零点，并且一旦零点建立，无须每次通电开机回零。（　　）

3. 外置脉冲编码器与光栅尺的设置中，通常将电动机每转动一圈的反馈脉冲数作为参考计数器容量予以设定。（　　）

模块六　数控机床的误差补偿

数控系统提供了多种误差补偿功能，来弥补因机床机械部件制造或装配工艺的问题引起的误差，提高机床的加工精度。常见的误差补偿功能主要包括反向间隙补偿、螺距误差补偿、跟随误差补偿、温度补偿、垂度补偿及摩擦补偿等。

通过学习本模块，学生应掌握激光干涉仪的应用方法，能应用激光干涉仪进行数控机床螺距误差补偿检测与调试；能应用激光干涉仪对数控系统直线轴或旋转轴的反向误差进行检测与补偿；了解精密数控机床温度补偿、跟随误差补偿与摩擦补偿的方法；了解球杆仪的应用方法，能应用球杆仪对数控机床的误差进行检测与补偿。

任务一　反向间隙与螺距误差的补偿

任务引入

滚珠丝杠采用滚动摩擦方式，摩擦因数小，动态响应快，易于控制，精度高。滚珠丝杠使用过程中，在滚道和珠子之间施加预紧力，可以消除间隙，所以滚珠丝杠可以达到无间隙配合。但是使用一段时间后容易产生间隙，对于较大的间隙，可以通过丝杠预紧来消除，但预紧力不能大于轴向载荷的1/3。

现在大多数数控机床制造商也提供了电气辅助补救措施——背隙补偿功能（也称为"反向间隙补偿"），英文为 Backlash compensating。

任务目标

1）掌握反向间隙与螺距误差的检测方法。

2）会应用手动与自动方法对反向间隙与螺距误差进行补偿。

3）掌握激光干涉仪的操作方法。

任务实施

技能训练

一、手动补偿

1. 检测方法

（1）直线运动的检测。目标位置数和正、负方向循环次数按表6-1规定。

表6-1　直线运动检测目标位置数和正、负方向循环次数

行程/mm		目标位置数	正、负方向循环数
≤1000		≥5	≥5
1000~2000		≥10	
2000~6000	常用工作行程2000	≥10	≥3
	其余行程每250或500	≥1	
>6000			由制造厂商与用户协商确定

1）线性循环。线性循环方式如图6-1所示。

2）阶梯循环。阶梯循环方式如图6-2所示。

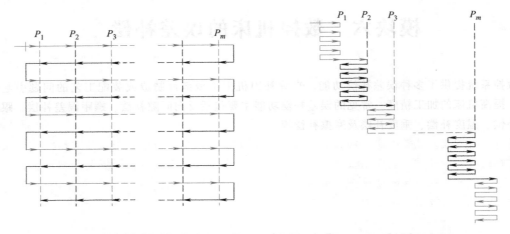

图6-1　线性循环　　　　　　　　　　　图6-2　阶梯循环

（2）回转运动的检测。应在0°、90°、180°、270°共4个主要位置检测。若机床允许任意分度，除4个主要位置外，可任意选择3个位置进行检测。正、负方向循环检测5次，循环方式与直线运动的方式相同。

2. 反向偏差/间隙的检测

反向偏差也称为反向间隙或失动量。由于各坐标轴进给传动链上驱动部件（如伺服电动机、伺服液压马达等）存在反向死区，各机械运动传动副存在反向间隙，当各坐标轴进行转向移动时会造成反向偏差。反向偏差的存在会影响半闭环伺服系统机床的定位精度和重复定位精度，特别容易出现过象限切削过渡偏差，造成圆度不够或出现刀痕等现象。随着设备运行时间的增加，因运动磨损，各运动副的间隙也会逐渐增大，反向偏差还会增加。因此，需要定期对机床各坐标轴的反向偏差进行测定和补偿。

反向偏差可用百分表/千分表进行简单测量，也可以用激光干涉仪或球杆仪进行自动测量。

（1）测量方法。测量方法必须严格按国家标准执行。但对于小型机床，尤其是行程较短的机床可采用下述简单方法进行，其检测条件及给定方式与国家标准规定一致，只是选取的目标位置点数可按此方法进行。

1）测量条件按GB/T 17421.2—2016规定。

2）位置目标点：行程中点及两端点。

3）移动行程（距目标点距离）：0.2~1mm。

4）手脉操作或调用循环程序（手脉操作时，手脉倍率选"×10"档）。

5）循环方式：阶梯方式5~7次。

6）计算方法及给定方式：按国家标准GB/T 17421.2—2016规定。

测量时，注意表座和表杆不要伸出过高、过长。悬臂较长时，表座容易移动，造成计数不准。

（2）具体操作

1）手脉进给测量。以 X 轴行程中点为目标位置的测量操作为例。

第1步：将磁性表座吸在主轴上，百分表/千分表伸缩杆顶在工作台上的某个凸起物上（顶紧程度必须保证在满足正、负方向移动所需的测量距离后不会超出表的量程）。

第2步：用手脉（"×10"档）正向移动 X 轴约0.1mm后，记下百分表或千分表的表盘读数

（或旋转表盘，使指针与"0"刻度重合），并清除 NC 显示器的 X 轴相对坐标显示值（显示为 0）。

第 3 步：用手脉继续正向移动 X 轴 0.5～1mm（以 NC 显示器 X 轴的相对坐标显示值为基准），必须保证 X 轴的移动方向不变（没换向）。

第 4 步：用手脉反向移动 X 轴，待 NC 显示器上 X 轴的相对坐标显示值为 0 时停止，记下百分表或千分表的表盘读数。

第 5 步：将百分表或千分表的表盘读数相对变化值计算出来，填入表 6-2 对应项中。该值即是第 1 次测量的 X 轴中点位置负向反向偏差值（$X_m\downarrow$）。测量方法如图 6-3 所示。

第 6 步：继续用手脉负向移动 X 轴 0.5～1mm（以 NC 显示器 X 轴相对坐标显示值为准），记录下百分表或千分表表盘读数（注意，移动期间不能换向）。

第 7 步：用手脉正向移动 X 轴，直至 NC 显示器 X 轴相对坐标显示值为 0，记录下百分表或千分表的读数。

第 8 步：计算出负向移动向正向移动换向时的反向偏差值（表盘读数的相对变化值），这是第 1 次测量的 X 轴中点位置正向反向偏差值（$X_m\uparrow$）。测量方法如图 6-3 所示。

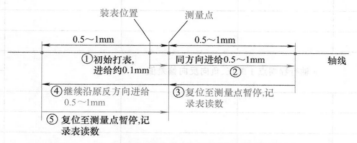

图 6-3 反向偏差测量位置点的第 1 次循环过程

这样按第 1～8 步的方法循环测量 5～7 次正向和负向的反向偏差值，然后按国家标准规定计算出 X 轴行程中点位置的反向偏差。行程两端的测量方法与计算方法相同。

机床其他坐标轴的反向偏差测量方法与 X 轴的方法一致。

2）自动运行测量。采用手脉进给测量时，烦琐、工作量大，操作手脉时容易误操作而引起不该换向时换向，效率不高。采用编程法自动测量时，可使测量过程变得更便捷、更精确。

① 编制运行程序（以 X 轴的测量为例编制循环测量程序）。

```
O100;
#1 = 0;                          定义循环变量
WHILE ［#1 LE 6］DO 1;            执行循环
G91 G01 X1.0 F6;                 工作台右移 1mm
X-1.0;                           工作台左移，复位至测量目标点
G04 X10;                         暂停，记录百分表/千分表表盘读数，以便计算 Xm↓
X-1.0;                           工作台左移 1mm
G04 X10;                         暂停，记录百分表/千分表盘读数，以便计算 Xm↑
#1 = #1+1;                       循环计数值
END1;                            循环结束
M30;
%
```

② 操作步骤。

第 1 步、第 2 步与手脉进给测量的第 1 步、第 2 步一致。

第 3 步：运行上述程序"O100"（进给倍率置于"100%"档）。

第 4 步：在程序运行暂停点记录百分表/千分表表盘读数，并填入表 6-2 对应项。

第 5 步：计算 X 轴各测量目标点的 $X_m\uparrow$、$X_m\downarrow$ 值，最后得到 X 轴的反向偏差值。

对于其他轴的测量，只需将宏程序中的 X 轴改成测量轴，按上述相同操作即可。

表 6-2　反向偏差测量记录表

测量点	循环次数	百分表/千分表打表初值	正向接近测量点百分表/千分表读数	负向接近测量点百分表/千分表读数	$X_m\uparrow$	$X_m\downarrow$
n 轴行程端点 1	1					
	2					
	3					
	4					
	5					
	6					
	7					
n 轴行程端点 1 的正、负向反向偏差值					$\overline{X_1}\uparrow$	$\overline{X_1}\downarrow$
n 轴行程中点	1					
	2					
	3					
	4					
	5					
	6					
	7					
n 轴行程中点的正、负向反向偏差值					$\overline{X_m}\uparrow$	$\overline{X_m}\downarrow$
n 轴行程端点 2	1					
	2					
	3					
	4					
	5					
	6					
	7					
n 轴行程端点 2 的正、负向反向偏差值					$\overline{X_2}\uparrow$	$\overline{X_2}\downarrow$
n 轴反向偏差 B：各测量点的正、负向反向偏差值的最大值					B	

3. 反向偏差的补偿

将所测得的各轴反向偏差值输入给数控系统的补偿参数，当 NC 系统回零后，各补偿参数值生效。现以 FANUC 系统为例介绍。

FANUC 0i 系统 X 轴和第 4 轴的反向偏差补偿参数分别对应为 PRM#535 和 536。FANUC 0i 系统的反向偏差补偿分为切削进给补偿和快速进给补偿。切削进给补偿参数为 PRM#1851，快速进给补偿参数为 PRM#1852，且参数 PRM#1800.4（RBK）为 1 时有效。

图 6-4 中的"A"（按上述测量方法测得的数据）赋给参数 PRM#1851，"B"（快速进给速度下测得的反向偏差值）赋给参数 PRM#1852，图中的 $\alpha=(A-B)/2$。补偿关系见表 6-3。

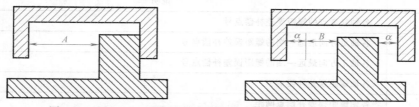

图 6-4　FANUC 0i 系统切削进给与快速进给时的反向偏差关系

表 6-3　FANUC 0i 系统切削进给与快速进给时的反向偏差值补偿

移动方向变化	切削进给→切削进给	快速进给→快速进给	快速进给→切削进给	切削进给→快速进给
同方向	0	0	$\pm\alpha$	$\pm(-\alpha)$
反方向	$\pm A$	$\pm B$	$\pm B(B+\alpha)$	$\pm B(B+\alpha)$

注：表中补偿量的符号（±）与轴移动方向一致。

进行分类补偿的目的是为了提高加工精度。手动连续进给时视为切削进给；NC 上电后第 1 次返回参考点结束前，不进行切削/快速进给分别补偿；只有当参数 PRM#1800.4 为 1 时才分别进行补偿，若其值为 0 则只进行切削进给补偿。

4. 螺距误差的补偿

螺距误差是丝杠导程的实际值与理论值的偏差。P Ⅱ 级滚珠丝杠的螺距公差为 0.012mm/300mm。

采用滚珠丝杠传动时，位置精度的补偿主要有反向偏差补偿和螺距误差补偿。若采用手动测量补偿螺距误差，其工作量大，效率低，出错率高，所以目前一般采用激光干涉仪进行自动测量与补偿。

位置精度补偿必须建立在机床母机/光机（机械结构）的定位精度或重复定位精度满足要求的基础上。机床母机的基础精度包括导轨副、滚珠丝杠副、联轴器、台面等的精度。

激光干涉仪配上相应的模块与软件，能测量标准规定的各项精度指标，如坐标轴的反向偏差、螺距误差、几何精度、定位精度和重复定位精度等。

（1）螺距误差补偿原理。螺距误差补偿对开环控制系统和半闭环控制系统具有显著的效果，可明显提高系统的定位精度和重复定位精度；对于全闭环控制系统，由于其控制精度较高，进行螺距误差补偿不会取得明显的效果，但也可以进行螺距误差补偿。由图 6-5 可知：

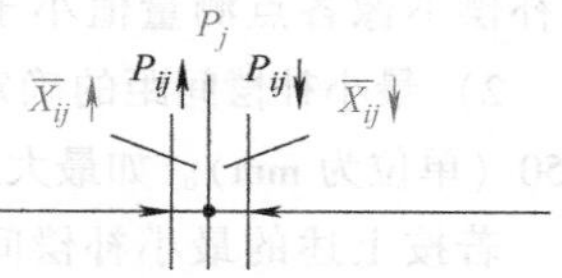

图 6-5　位置偏差/误差

$$P_j = P_{ij}\uparrow + \overline{X}_{ij}\uparrow$$

$$P_j = P_{ij}\downarrow + \overline{X}_{ij}\downarrow$$

P_j 为指定的目标位置，P_{ij} 为目标实际的运动位置。实际正、负向趋近 P_j 的平均位置偏差为

$\overline{X}_i\uparrow$ 和 $\overline{X}_i\downarrow$。将位置偏差值输入数控系统的螺距误差补偿参数表，等机床回零后，数控系统在计算时会自动将目标位置的平均位置偏差叠加到插补指令上，抵消误差部分，实现螺距误差的补偿。

（2）螺距误差的补偿方法。FANUC 0i 系统螺距误差补偿的相关参数见表 6-4。

表 6-4　FANUC 0i 系统螺距误差补偿的相关参数

参数号	说明
#3620	各轴参考点的螺距误差补偿点号
#3621	各轴负方向最远一端的螺距误差补偿点号
#3622	各轴正方向最远一端的螺距误差补偿点号
#3623	各轴螺距误差补偿倍率
#3624	各轴螺距误差补偿点间距

FANUC 数控系统的螺距误差补偿原点取各坐标轴的零点（参考点），以原点为中心设定螺距误差补偿点，补偿间隔相等，并在补偿间隔的中点执行补偿，每轴能设置多达 128 个补偿点，如图 6-6 所示。图 6-6 中的螺距误差补偿量见表 6-5，参考点的螺距误差补偿号为 33。

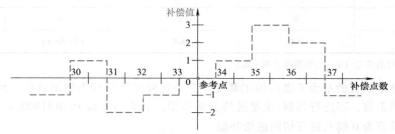

图 6-6　螺距误差补偿间隔设定及补偿点

表 6-5　图 6-6 所示各补偿点的补偿值

补偿点号	30	31	32	33	34	35	36	37
设定补偿值	-2	+3	-1	-1	+1	+2	-1	-3

若补偿间距设为 0，则不执行螺距误差补偿。补偿单位为最小移动单位（一般为 1μm）。

1）补偿倍率：螺距误差的补偿值在 0~±7 间设定（补偿值见表 6-5），当实际值大于 7 时，应使用补偿倍率。补偿倍率=各点实际测量值（增量值）/7 的最小公倍数，因此数控系统实际补偿时，其各点的补偿值为各点补偿设定值乘以补偿倍率。此时的准确度为一个统计指标值，每点的补偿不像各点测量值小于 7 时的精度高。

2）最小补偿间距的确定。FANUC 0i 系统的最小间距等于最大快速移动速度（快速进给速度）/3750（单位为 mm）。如最大进给速度为 15000mm/min 时，FANUC 0i 系统的最小补偿间距为 4mm。

若按上述的最小补偿间距设定，补偿点超过 128 点时，必须加大补偿间距，其最小补偿间距为轴行程/128（小数点后的数进位）。若机床行程不大，能满足最大补偿点数要求，且局部测量值大于 7（增量值）时，可从以下几方面解决：①缩短补偿间距或降低最大进给速度；②调整机械配合；③更换精度等级高的丝杠。

【例 6-1】　直线轴的螺距误差补偿。

设某型机床 X 轴的机械行程为 -400~800mm，螺距误差补偿点间隔为 50mm，参考点的补偿号为 40。各点补偿值见表 6-6，其分布如图 6-7 所示。正确设置相关参数，完成补偿设置。

表 6-6　各补偿点补偿值（单位为最小移动单位）

号码	33	34	35	36	37	38	39	40	41	42	43	44	45	46	47	48	49
补偿值	+2	+1	+1	−2	0	−1	0	−1	+2	+1	0	−1	−1	−2	0	+1	+2

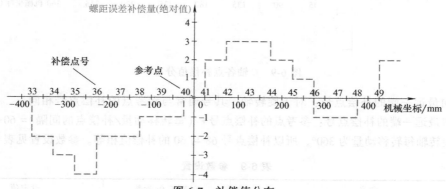

图 6-7　补偿值分布

正方向最远端补偿点的号码为

参考点的补偿点号码+（机床正方向行程长度/补偿间隔）= 40+800/50 = 56

负方向最远端补偿点的号码为

参考点的补偿点号码−（机床负方向行程长度/补偿间隔）+1 = 40−400/50+1 = 33

图 6-8 中的 "·" 符号为螺距误差补偿生效点，参数设定见表 6-7。

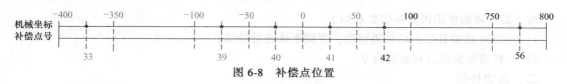

图 6-8　补偿点位置

表 6-7　参数设定

含义	FANUC 0i 系统参数	FANUC 0i 参数	设定值
参考点的补偿号	PRM#1000	PRM#3620	40
负方向最远一端的补偿点号	PRM#1001～1128 对应 0～127 号	PRM#3621	33
正方向最远一端的补偿点号	PRM#1001～1128 对应 0～127 号	PRM#3622	56
补偿倍率	PRM#11.0 和 11.1 均为 0 时对应 1 倍	PRM#3623	1
补偿点间隔	PRM#712	PRM#3624	50000

【例 6-2】　旋转轴的螺距误差补偿。

某型机床配置了 FANUC 0iC 系统，其旋转轴 C 的每转移动量为 360°，误差补偿点的间距为 45°，参考点的补偿点号为 60，各点测得的补偿值见表 6-8，其分布如图 6-9 所示。设置正确的相关参数，完成补偿设置。

表 6-8　旋转轴各点补偿值（单位为最小旋转轴的移动单位）

补偿点号	60	61	62	63	64	65	66	67	68
设定补偿值	+1	−2	+1	+3	−1	−1	−3	+2	+1

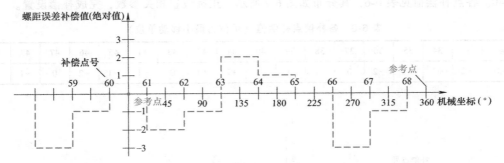

图 6-9　*C* 轴各点补偿值分布

负方向最远一端的补偿点号：对于旋转轴，其号通常与参考点的补偿点号相同。

正方向最远一端的补偿点号：参考点的补偿点号+（每转移动量/补偿点的间隔）= 60+360/45 = 68。由于旋转轴每转移动量为 360°，所以补偿点号 68 与 60 的补偿值相等。参数设置见表 6-9。

表 6-9　参数设置

含义	FANUC 0i 参数	设定值
参考点的补偿号	PRM#3620	60
负方向最远一端的补偿点号	PRM#3621	60
正方向最远一端的补偿点号	PRM#3622	68
补偿倍率	PRM#3623	1
补偿点间隔	PRM#3624	45000

对于旋转轴的螺距误差补偿要求如下：

1）360000 能被补偿点的间隔整除，否则不能进行补偿。

2）一转的补偿值总和必须为 0。

二、自动补偿

对于手动测量及参数输入的反向偏差与螺距误差补偿，工作量大、繁琐，容易出现计算和操作上的错误。目前，位置精度的补偿一般通过仪器、系统进行自动测量和补偿。目前，行业使用最普遍的检定设备是激光干涉仪。反向偏差可以用激光干涉仪或球杆仪进行测量。

1. 激光干涉仪的测量

（1）主要功能。激光干涉仪具有自动线性误差补偿功能，可以很方便地恢复机床精度，其主要功能如下：

1）几何精度检测：可检测直线度、垂直度、俯仰与偏摆、平面度、平行度等。

2）位置精度的检测及其自动补偿：可检测数控机床的定位精度、重复定位精度、微量位移精度等。

3）线性误差自动补偿：通过 RS232 接口传输数据，效率高，避免了手工计算和手动数据输入而引起的操作误差；可最大限度地选用被测轴上的补偿点数，使机床达到最佳精度。

4）数控转台分度精度的检测及其自动补偿：ML10 激光干涉仪加上 RX10 转台基准能进行回转轴的自动测量，可对任意角度，以任意角度间隔进行全自动测量。

5）双轴定位精度的检测及其自动补偿：可同步测量大型龙门移动式数控机床，由双伺服驱动某一轴向运动的定位精度，通过 RS232 接口，自动对两轴线性误差分别进行补偿。

6）数控机床动态性能检测：利用 Renishaw 动态特性测量与评估软件，可用激光干涉仪进行机床振动测试与分析（FFT）、滚珠丝杠的动态特性分析、伺服驱动系统的响应特性分析、导轨的动态特性（低速爬行）分析等。

激光干涉仪可供选择的补偿软件有 Fanuc 系列、Siemens 800 系列、UNM、Mazak、Mitsubishi、Cincinnati Acramatic、Heidenhain、Bosch、Allen-Bradley 等。

（2）激光干涉仪的安装。不同的测量项目，其安装方式也是不同的。常见的激光干涉仪测量项目的安装见表 6-10。

表 6-10　激光干涉仪的安装

项目	图示
角度测量	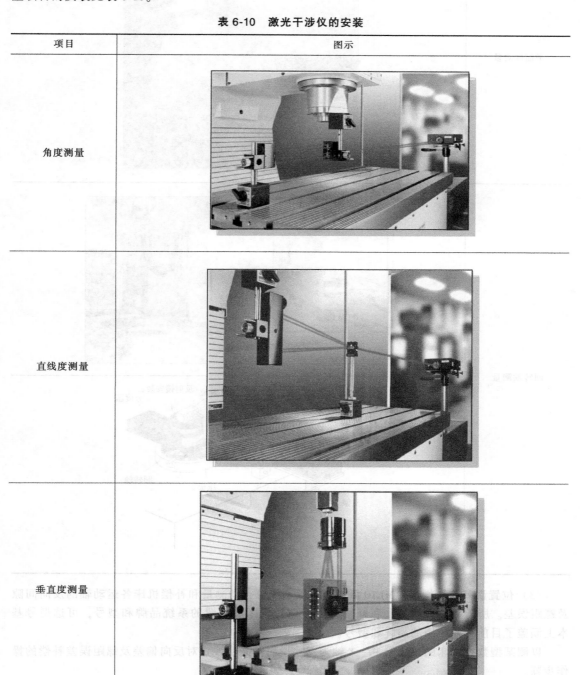
直线度测量	
垂直度测量	

（续）

项目	图示
平面度测量	 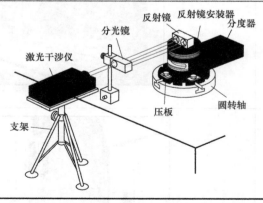
回转轴测量	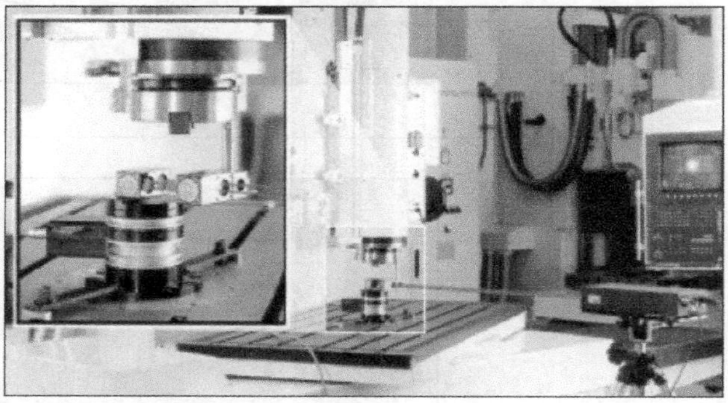

（3）位置误差补偿操作。ML10 激光干涉仪系统可自动测量和补偿机床各运动轴的反向间隙及螺距误差。所配置的自动测量和补偿软件可选择机床所配置的系统品牌和型号，可选型号基本上涵盖了目前行业使用的品牌和型号。

以测某型数控机床的直线轴——X 轴为例，说明激光干涉仪对反向偏差及螺距误差补偿的操作步骤。

1）准备工作。先将激光干涉仪及其补偿单元、温度/湿度传感器、机床系统串口与计算机串口等连接好，暂不安装光路，包括反射镜及分光镜等。启动计算机、机床系统及激光干涉仪、补偿单元等，选择与机床数控系统品牌一致的自动采集与自动补偿软件。若只配置了自动采集软件，则不能进行自动补偿，必须通过手动将自动采集与计算出的数据输入给数控系统的补偿参数。下面分两种情况介绍。图 6-10 所示是未带自动补偿功能的数据采集与分析软件 ML10。找到其安装目录、Renishaw Laser10，或在"开始"菜单中找到"Renishaw Laser10"图标，用鼠标单击该图标会出现下拉菜单，如图 6-10 所示。

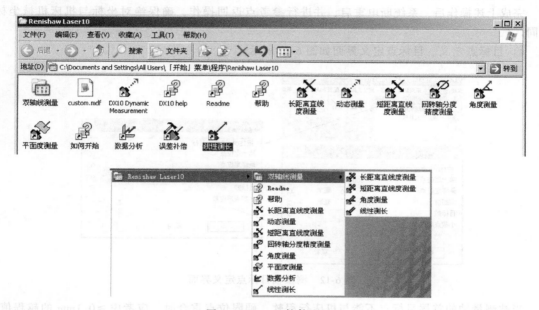

图 6-10　ML10 软件配置

2）备份机床的补偿数据。在进行测试与自动补偿之前，先备份好机床原来的补偿数据，以便在完成测量和自动补偿后，进行补偿前后的对比分析。若是新机床，不需操作这一步。

带自动补偿功能的软件可以完成机床补偿数据的备份，不带自动补偿功能的软件必须通过其他数据传输软件备份机床的补偿数据，如可用 WINPCIN 等软件备份机床参数。备份文件的类型为"OMP"格式。

在备份前，必须使计算机的串口通信参数与机床系统的串口通信参数设置保持一致。计算机串口参数的设置如图 6-11 所示。

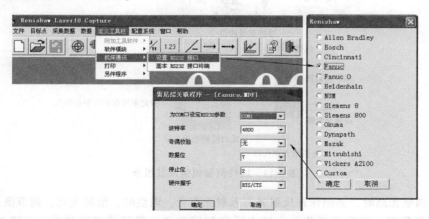

图 6-11　设置计算机与机床系统的串口通信参数（图中箭头表示操作顺序，后续图类同）

3）清除机床补偿参数值。补偿前，必须清除机床数控系统各轴反向间隙和螺距误差原补偿参数值，避免在测量各目标点位置误差值时，原补偿值仍起作用。

① 逐点清除反向间隙和螺距误差补偿参数。

② 使补偿轴的补偿功能失效。

③ 补偿倍率设为零。

④ 清除机床坐标偏置及 G54 设置值。

完成上述操作后，系统断电重启，并进行参考点返回操作，确保绝对坐标与机床机械坐标相同。

4）目标点定义。目标点定义界面如图 6-12 所示。

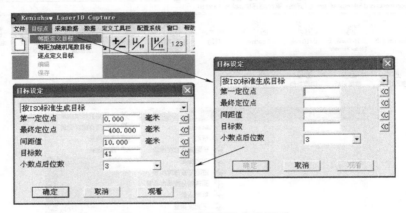

图 6-12　测量轴目标点定义界面

当被测量轴的首尾目标点不能与机床行程软、硬限位点重合时，应考虑 $\geq 0.1\mathrm{mm}$ 的越程值。理论上要求误差补偿原点与参考点重合，因此，参考点必须位于补偿长度首尾之间。实际上，考虑了越程值后，目标点并不一定要求在参考点上。

5）根据所选测量轴，建立满足测量要求的激光光路。激光光路见表 6-10。线性测量镜组如图 6-13 所示，用一个分光镜和线性反射镜组合后，便成为一个线性干涉镜。

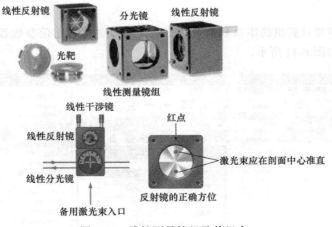

图 6-13　线性测量镜组及其组合

安装与调整光路时，必须保证反射光与入射光重合。调整时，借助光靶，调节激光干涉仪的三脚架高度和角度，然后再调节云台的水平和俯仰角度，保证其光路重合。可通过软件"窗口"→"光强"项检查其反射光的强度，使其强度满足测量要求，如图 6-14 所示。

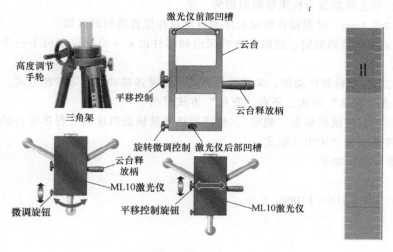

高度调节手轮

平移控制

三角架

激光仪前部凹槽

云台

云台释放柄

旋转微调控制　激光仪后部凹槽

云台释放柄

ML10激光仪

微调旋钮

平移控制旋钮

ML10激光仪

a) 光路调节示意图　　　　　b) 反射光强度条

图 6-14　光路调节及反射光强度检查图

6）生成测量程序。利用测量软件自动生成系统能执行的 NC 程序文件，操作如图 6-15 所示。程序文件包括如下内容：

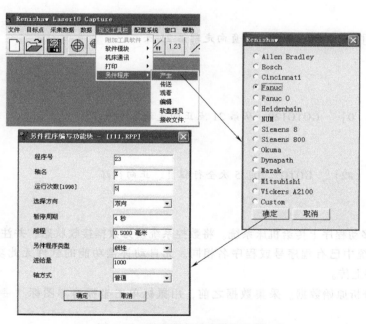

图 6-15　测量程序生成操作步骤

① 程序号或程序名。

② 轴名：指定被测量的轴名。

③ 运行次数：国家标准规定为 5 次。运行次数越多，其补偿精度就越高。

④ 选择方向：采用双向。双向是指机床运动部件以正反两个方向分别运动到每一个目标位置，以便统计反向间隙误差。

⑤ 暂停周期：≥2s。暂停周期指机床运动部件由某一目标位置移动到下一目标位置前的暂停时间。一般最小停止周期设为机床暂停周期的一半。

⑥ 越程值：≥0.1mm。越程指在测量长度的首尾目标位置换向的区域。

⑦ 进给量：由机床结构确定。进给量指机床运动部件由某一目标位置向下一个目标位置行动时的进给速率。

⑧ 数据采集方式/零件程序类型：采用线性方式，还可选摆动法或等阶梯方式。

⑨ 轴方式：选"普通"方式，还有"直径"方式可选。

完成上述设定后，用鼠标单击"确定"，生成所选测量轴的机床运行程序并自动保存在计算机硬盘上，其文件类型为"RPP"格式。

X轴移动的参考程序如下。

O0023；
N0020　G54　G91G01X0. F1000；
#1=0；
#2=5；
#3=0；
#4=20；
N0070G04X4. ；
N0080G01X-30. ；
G04X4. ；
#3=#3+1；
IF［#3NE#4］GOTO80；从第1点负向走到第21点
N0120G04X4. ；
G01X30. ；
#3=#3-1；
IF［#3　NE　0］　　GOTO120；从第21点正向走到第1点
G04X4. ；
#1=#1+1；
IF［#1　NE　#2］　　GOTO　70；5次全行程负、正向循环
M30；
%

7）将X轴移动程序上传给机床系统。将数控系统设为数据接收状态，并注意上传程序号或程序名不能与系统中已有程序号或程序名相同。无自动补偿功能的软件无此功能，需用WIN-PCIN等传输软件上传。

8）采集并分析原始数据。采集数据之前，用鼠标单击坐标清零图标"⊕"，软件界面如图6-16所示。

图6-16　软件坐标清零显示

再检查反射激光束的强度是否满足测量要求，若出现强度不够或被遮挡，则待反射激光束校准直后或无遮挡时再进行测量。采用自动数据采集方式，让机床执行所传的上述程序。执行程序前，应注意将数控系统的进给速率降低，以免撞机。激光测量执行的是 GB/T 17421.2—2016 标准，采用线性数据采集方式，主要是考虑机床运动时带来的升温比较小。测量结束后，将采集数据存入计算机硬盘，其文件类型为"RTL"格式，然后根据测量分析软件查看测量结果。

数据自动采集操作如图 6-17 所示，采集界面如图 6-18 所示。数据分析操作如图 6-19 所示，数据分析结果如图 6-20 所示。

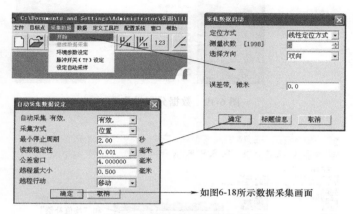

图 6-17　数据自动采集操作

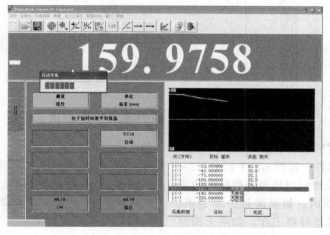

图 6-18　数据自动采集界面

9）将误差补偿值传给数控系统并检查补偿结果。计算机中已存储的"RTL"文件包含了各目标点的平均误差值，该值是自动采集软件自动计算出来的（对各次循环中目标点的位置偏差进行平均），再根据各点的平均误差值自动计算出各目标点的补偿值，如图 6-20 左边内容所示。将该误差补偿值存入计算机硬盘，文件类型为"NMP"格式。再将该文件中的补偿值传送给数控系统，再次执行机床运动程序，重新采集各目标点的位置误差数据，并存入计算机中，用于补偿前后的对比分析及补偿效果分析。

具有自动补偿功能的软件可利用其数据传输功能将误差补偿值直接传送给数控系统；没有配置自动补偿功能的软件（如 Renishaw Laser 10）可利用其计算出的误差补偿值表，手动逐项、

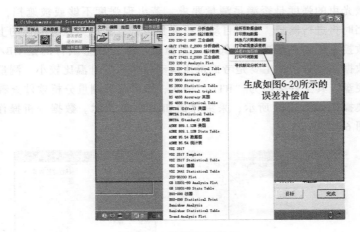

图 6-19　数据分析操作

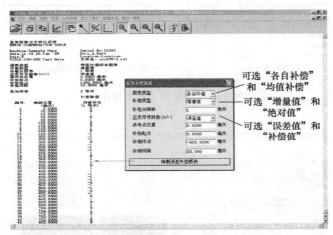

可选"各自补偿"和"均值补偿"

可选"增量值"和"绝对值"

可选"误差值"和"补偿值"

图 6-20　数据分析结果

逐点输入数控系统对应的补偿参数中。

通过测量分析软件，按照 GB/T 17421.2—2016 标准或国际标准评定机床被补偿轴的位置误差是否在公差范围内。如果满足公差要求，则完成了机床位置误差补偿工作。如果未满足公差要求或需要再提高精度，可以通过增加测量目标点数量和重复位置误差补偿过程的方式满足位置误差的补偿要求。可借助软件"数据分析"中的"分析曲线"功能对各点的定位精度及重复定位精度进行观测与评估，如图 6-21 所示；也可通过比较补偿前后的测量结果评估补偿效果。

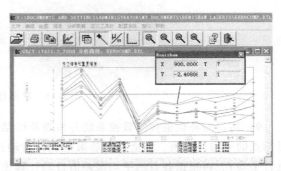

图 6-21　定位精度与重复定位精度的数据分析曲线

机床其他轴的测量与补偿可参考 X 轴的操作进行，方法相同，只是测量轴的选择（目标测量点的轴名、机床移动程序中的轴名更改为所选轴）与测量光路（符合所选轴的测量要求）的安装必须按所选轴进行更改和修正。

⊕**任务扩展**　球杆仪

球杆仪是能快速（10~15min）、方便、经济地评价和诊断 CNC 机床动态精度的仪器，适用于各种立、卧式加工中心和数控车床等，具有操作简单、携带方便的特点。其工作原理是将球杆仪的两端分别安装在机床的主轴与工作台上（或者安装在车床的主轴与刀塔上），测量两轴差补运动形成的圆形轨迹，并将这一轨迹与标准圆形轨迹进行比较，从而评价机床产生误差的种类和幅值。

一、球杆仪的安装

球杆仪接口放置在机床方便并且安全的位置上。在放置球杆仪接口时，若有必要可打开机床防护罩放置接口，应注意将接口电缆通过合适的孔位拉出（见图 6-22）。球杆仪是通过传感器接口盒连接到计算机的一个串行接口上的。传感器接口盒包括一由 9V 电池供电的电路，它跟踪传感器的伸缩并通过串行接口把数据报告给计算机（见图 6-23）。

图 6-22　球杆仪的安装

二、检测程序

球杆仪可在车床上进行 360°、半径为 100mm 的球杆仪测试。图 6-24 所示为典型车床测试的安装布局。

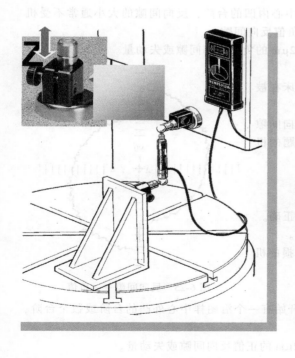

图 6-23　球杆仪的连接

图 6-24　典型车床测试的安装布局

检测程序如下：

	（动态数据采集，100mm球杆仪，ZX平面）（360°数据采集弧，180°越程）（米制单位，进给率为1000mm/min）
M05;	停止主轴
G01　X0.0　Z101.5　F1000;	直接运动到起始点
M00;	暂停，安装球杆仪
G01　X0.0　Z100.0;	运行切入；使球杆仪进入测量状态
G02　X0.0　Z100.0　I0.0　K-100.0;	360°顺时针圆弧
G02　X0.0　Z100.0　I0.0　K-100.0;	360°顺时针圆弧
G01　X0.0　Z101.5;	运行切出
M00;	开始逆时针方向数据采集
G01　X0.0　Z100.0;	运行切入
G03　X0.0　Z100.0　I0.0　K-100.0;	360°逆时针圆弧
G03　X0.0　Y100.0　I0.0　K-100.0;	360°逆时针圆弧
G01　X0.0　Z101.5;	运行切出
M30;	

三、检测结果

球杆仪可以快速找出并分析机床的问题所在，主要可检查反向偏差、反向间隙、伺服增益、垂直度、直线度、周期误差等。例如发生机床撞车事故后的检测，可用球杆仪快速判断机床是否可继续使用。在ISO标准中已规定了用球杆仪检测机床精度的方法，用它可方便地进行机床之间的性能比较，提示机床问题，建立机床性能档案。现仅以反向间隙为例来介绍。

1. 反向间隙——负值（机床误差）

（1）图样。图6-25中有沿某轴线开始向图样中心内凹的台阶，反向间隙的大小通常不受机床进给率的影响。在图6-25中仅在Y轴上显示有负值反向间隙。

（2）诊断值。图6-25中Y轴方向上存在-14.2μm的负值反向间隙或失动量。

（3）可能原因。

1）在机床的导轨中可能存在间隙，导致当机床在被驱动换向时出现运动中的跳跃。

2）用于弥补原有反向间隙而对机床进行的反向间隙补偿的数值过大，导致原来具有正值反向间隙问题的机床出现负值反向间隙。

3）机床可能受到编码器滞后现象的影响。

（4）推荐对策。

1）检查数控系统反向间隙补偿参数设置是否正确。

2）检查机床是否受到编码器滞后现象的影响。

3）去除机床导轨传动件的间隙，或更换已磨损的机床部件。

2. 反向间隙——正值（机床误差）

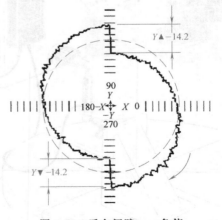

图6-25　反向间隙——负值

（1）图样。反向间隙正值的图样中沿某轴线开始有一个沿图样中心外凸的台阶或数个台阶，在图6-26中仅在Y轴上显示有正值反向间隙。

（2）诊断值。图6-26中Y轴方向上存在14.2μm的正值反向间隙或失动量。

（3）可能原因。

1）在机床的驱动系统中可能存在间隙如滚珠丝杠端部浮动或驱动螺母磨损是典型的原因。

2）在机床的导轨中可能存在间隙，导致当机床在被驱动换向时出现运动的停顿。

3）可能受到由于滚珠丝杠预紧力过大带来的过度应力而引起丝杠扭转的影响。

（4）推荐对策。

1）去除机床导轨的间隙，可能需要更换已磨损的机床部件。

2）利用数控系统反向间隙补偿参数设置来对机床中存在的反向间隙进行补偿。

3．反向间隙——不等值（机床误差）

（1）图样。反向间隙不等值的图样中或表现出在某轴上双向大小不等的反向间隙，或在具备反向间隙补偿功能的机床上的某轴上双向甚至出现相反符号的反向间隙。在图 6-27 中仅在 Y 轴上显示有不等值反向间隙。

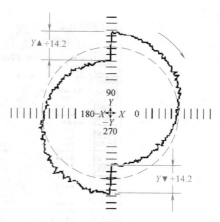

图 6-26 反向间隙——正值

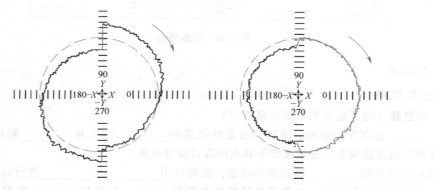

图 6-27 反向间隙——不等值

（2）诊断值。各种反向间隙均如正值反向间隙所述的相同方式量化，在同一轴的正负方向可能出现很大的数值差，或在同一轴的正负方向出现正值和负值反向间隙。

（3）可能原因。由于滚珠丝杠中过大扭曲而引起反向间隙的影响，它相对该轴滚珠丝杠驱动端的不同位置而引起不等值反向间隙类型的图样如图 6-27 所示。可以在具有反向间隙补偿的机床上将该差异调整均化，导致在该轴出现相对台阶。该扭曲产生的原因可能是丝杠磨损、螺母损坏及导轨磨损。这种类型的反向间隙若出现在立轴运动测试中，多半可能为平衡的影响。

（4）推荐对策。

1）去除施加给机床的所有反向间隙补偿值，这将让机床的问题彻底暴露出来。

2）检查该机床的滚珠丝杠或导轨的磨损迹象，可能需要维修或更换这些部件。

3）如果在机床立轴上下运动的测试中出现不等值反向间隙，那么平衡部件就可能是问题所在，从而需调整机床平衡系统。

4．检测报告

对机床制造厂商来说，可用球杆仪快速进行机床出厂检验，并将检验数据作为随机机床精度验收文件。球杆仪现已被国际机床检验标准所采用，如 ISO 230 等。图 6-28 所示就是利用球杆仪检测得到的圆度（软件中为"不圆度"）报告。

对用户来说，可用球杆仪来进行机床验收试验，代替 NAS 试件切削。对二手设备的检测来讲，这也是一个方便的仪器。

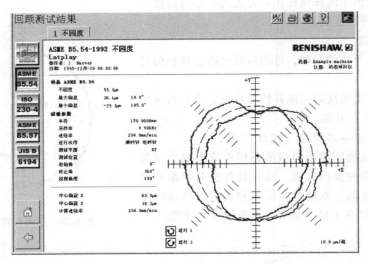

图 6-28　检测报告

看一看　有条件的学校可带学生到当地数控机床生产厂家参观球杆仪的应用。

任务巩固

一、填空题（将正确答案填写在横线上）

1. _____的存在会影响半闭环伺服系统机床的_____精度和_____精度，特别容易出现过象限切削过渡偏差，造成圆度不够或出现刀痕等现象。

2. 反向偏差可用_____进行简单测量，也可以用_____或_____进行自动测量。

3. 采用滚珠丝杠传动时，位置精度的补偿主要有_____补偿和_____补偿。

4. 采用手动测量补偿螺距误差时，工作量大，效率低，出错率高，所以目前一般采用_____进行自动测量与补偿。

5. _____补偿必须建立在机床母机/光机（机械结构）的定位精度或重复定位精度满足要求的基础上。

6. 机床母机的基础精度包括_____、_____、_____、台面等的精度。

7. _____可检测直线度、垂直度、俯仰与偏摆、平面度、平行度等几何精度。

8. _____可以快速找出并分析机床的问题所在，主要可检查反向偏差、反向间隙、伺服增益、垂直度、直线度、周期误差等。

9. 对于分度装置的检测应在_____、_____、_____、_____共4个主要位置检测。若机床允许任意分度，除4个主要位置外，可任意选择一个位置进行。正、负方向循环检测_____次。

二、选择题（请将正确答案的代号填在空格中）

1. 对于 FANUC 0i 系统来说，切削进给补偿参数为 PRM（　　　）；快速进给补偿参数为 PRM（　　　），且参数 PRM#1800.4（RBK）为1时有效。

A. #1851 　　　　　 B. #1852 　　　　　 C. #1853 　　　　　 D. #1854

2. 由机床的挡块和行程开关决定的坐标位置称为（　　　）。

A. 机床参考点 　　 B. 机床原点 　　　 C. 机床换刀点 　　　 D. 刀架参考点

3. 数控机床每次接通电源后在运行前首先应做的是（　　　）。

A. 给机床各部分加润滑油 　　　　　　　 B. 检查刀具安装是否正确

C. 机床各坐标轴回参考点　　　　D. 工件是否安装正确

4. 数控机床电气柜的空气交换部件应（　　）清除积尘，以免温升过高产生故障。

A. 每日　　　　B. 每周　　　　C. 每季度　　　　D. 每年

5. 反向偏差的补偿量在新机床时一般在（　　）范围是合理的。

A. $0.02 \sim 0.03 \mu m$　　B. $0.1 \sim 0.12 \mu m$　　C. $0.2 \sim 0.3 \mu m$　　D. $0.5 \sim 0.6 \mu m$

6. 数控机床的失动量影响机床的（　　）。

A. 加工精度　　　B. 表面粗糙度　　　C. 定位精度和重复定位精度

三、判断题（正确的打"√"，错误的打"×"）

1. FANUC 0i 系统进行反向偏差分类补偿的目的是提高定位精度。（　　）

2. 螺距误差补偿对开环控制系统和半闭环控制系统具有显著的效果，可明显提高系统的定位精度和重复定位精度。（　　）

3. 用激光干涉仪补偿前，必须清除机床数控系统各轴反向间隙和螺距误差原补偿参数值。（　　）

4. RS232 主要是用于程序的自动输入。（　　）

5. 由存储单元在加工前存放最大允许加工范围，而当加工到约定尺寸时数控系统能够自动停止，这种功能称为软件行程限位。（　　）

6. 数控机床的失动量影响零件的加工精度。（　　）

任务二　摩擦与温度补偿

📖任务引入

　　摩擦补偿主要是补偿因机械部件的摩擦而产生的误差，特别是坐标轴的静摩擦，容易造成较大的跟随误差。以两坐标轴圆弧插补为例，在过象限的地方，一轴的速度达到最大值，而另一轴的速度则为 0，这时的静摩擦力就会使圆轨迹在过象限处产生突起的尖角，如图 6-29 所示。SIEMENS 系统提供了摩擦补偿功能，以便减小过象限误差，达到理想的补偿效果，如图 6-30 所示。

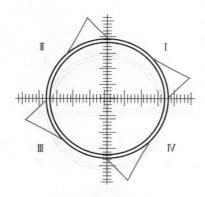
图 6-29　过象限处产生的尖角

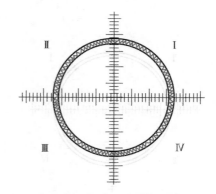
图 6-30　理想的过象限补偿效果

💾任务目标

1）会对数控机床进行摩擦补偿。

2）会对数控机床进行温度补偿。

◐任务实施

▨现场教学

一、摩擦补偿

SIEMENS 系统提供了两种补偿参数的获取方法，由机床数据 MD32490 决定。当机床数据 MD32490 设置为 1 时，为传统人工调整补偿参数；设置为 2 时，为神经网络调整补偿参数；设置为 0 时，摩擦补偿无效。多数情况下采用传统人工调整的方法，下面以传统人工调整为例进行说明。

传统人工调整补偿参数的方式分为"与加速度无关"和"与加速度相关"两种。所谓"与加速度无关"，就是补偿值与坐标轴运动的加速度无关，加速度的变化不会影响补偿值，这种方法常用于固定零件圆弧轨迹的加工，或者是加工时加速度变化不大的情况。"与加速度相关"表示补偿值的大小是随加速度变化的，这种补偿方法适用范围广，补偿效果优于"与加速度无关"。设置摩擦补偿有效 MD32500＝1，自适应摩擦补偿无效 MD32510＝0，则补偿值"与加速度无关"，在速度调节器的输入端输入的是与加速度无关的恒定的脉冲幅值。设置机床数据 MD32500＝1，MD32510＝1，则补偿值"与加速度有关"，也就是说输入的脉冲幅值是一个与加速度有关的变值。在实际的补偿参数调整过程中，先进行"与加速度无关"补偿，如果圆弧轨迹因摩擦力造成的尖角误差虽有所改善但达不到理想效果，就必须采用"与加速度相关"的补偿方法，做更精细的调整。

调整坐标轴的摩擦补偿，首先要得到无补偿情况下的过象限误差，此时设置机床数据 MD32500＝0，测量圆弧运动轨迹的过象限轮廓情况，得到如图 6-29 所示的结果。随后进入"与加速度无关"调整，确定补偿脉冲幅值和时间常数。由于此方式下的补偿脉冲幅值是一个与加速度无关的定值，恒定的脉冲幅值设置在机床数据 MD32520（最大摩擦补偿值）中，时间常数设置在机床数据 MD32540（摩擦补偿时间常数）中。这两个机床数据就决定了摩擦补偿的效果，如果参数设置得当，可以大幅度减小过象限误差。理想的补偿效果如图 6-30 所示。若两个参数设置不当，可根据圆弧轨迹在过象限处误差变换情况，判断两参数的调整方向。

如果输入的补偿幅值过小，在过象限处不能完全补偿半径偏差，如图 6-31 所示。反之，如果输入的补偿幅值过大，在过象限处就会发生半径补偿过剩，如图 6-32 所示。

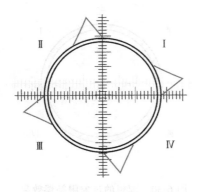

图 6-31　补偿幅值过小

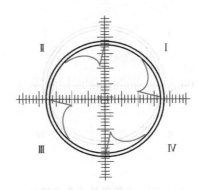

图 6-32　补偿幅值过大

如果输入的补偿时间常数过小，在进行象限转换时，可以暂时补偿半径偏差，但随即半径偏差会再次变得更大，如图 6-33 所示。反之，如果输入的补偿时间常数过大，在进行象限转换时补偿了半径偏差，但是在象限转换后，产生补偿过剩，会加大半径偏差，如图 6-34 所示。

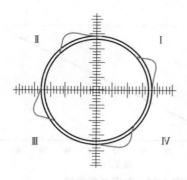

图 6-33 补偿时间常数过小

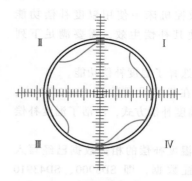

图 6-34 补偿时间常数过大

若用"与加速度无关"的补偿方法调整参数时，发现摩擦补偿参数并非定值，而随加速度改变，则摩擦补偿的调整就必须用"与加速度相关"的方法，摩擦补偿的脉冲幅值不是完全由 MD32520 决定，还必须视加速度的大小加以调整，如图 6-35 所示。把整个加速度范围分为 B_1、B_2、B_3 和 B_4 4 个区域，由分界点 a_1、a_2 与 a_3 决定，并把 3 个加速度值分别设置在机床数据 MD32550、MD32560 和 MD32570 中，最小补偿幅值设置在 MD32530 中。

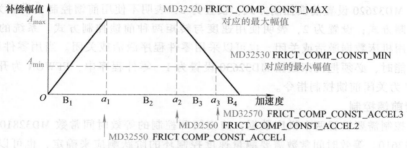

图 6-35 加速度与补偿幅值的关系曲线

1）B_1 区域：加速度 a 小于 a_1，摩擦补偿值为线性插补，加速度越大，补偿值也就越大，补偿的幅值 $\Delta A = A_{max} a / a_1$。

2）B_2 区域：加速度 a 介于 a_1 与 a_2 之间，补偿值为定值，是由设置数据 MD32520 决定的最大幅值，补偿的幅值 $\Delta A = A_{max}$。

3）B_3 区域：加速度 a 介于 a_2 与 a_3 之间，摩擦补偿值为线性插补，加速度越大，补偿值就越小，补偿的幅值 $\Delta A = A_{max}\left(1 - \dfrac{a - a_2}{a_3 - a_2}\right)$。

4）B_4 区域：加速度 a 大于 a_3，补偿值为最小的定值，是由设置数据 MD32530 决定的最小幅值，补偿的幅值 $\Delta A = A_{min}$。

使用"与加速度相关"补偿方法时，必须确定加速度 a_1、a_2 和 a_3，在整个加速度允许的范围内正确划分 4 个加速区域。

二、温度补偿

一般来说，数控机床制造商会向用户提供一份很精确的温度系数曲线，如图 6-36 所示。由用户 PLC 程序完成补偿参数的传送。可利用 FB2（GET）功能读取数据，利用 FB3（PUT）功能把温度补偿的相关参数写入 NCK，系统会自动按公式计算补偿值，并在每个插补周期里补偿到位置调节器中。机床数据 MD32760 限制了温度误差曲线的斜率，如果实际温度误差曲线超过了最大斜率，调节器就以设定的最大斜率计算补偿值。

在数控机床中使用温度补偿功能时，为使其补偿生效，需要满足下列条件：

1）选择了温度补偿功能。

2）在机床设置数据 MD32750 中，设置了温度补偿方式，激活了温度补偿功能。

3）温度补偿的相关数据已经写入机床设置数据，即 SD3900、SD43910 或 SD43920 中。

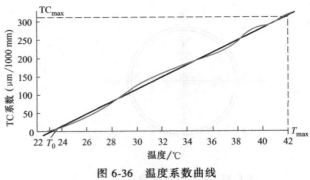

图 6-36　温度系数曲线

4）已经完成回参考点操作，参考点同步信号 DB31. DBX60. 4 ~ DB61. DBX60. 4、DB31. DBX60. 5 ~ DB61. DBX60. 5 置 1。

查一查　数控机床除了采用补偿外，还可采用什么措施以减少热变形？

任务扩展　跟随误差补偿

跟随误差是插补器输出的位置设定值与位置测量系统检测的位置实际值之间的误差。

机床数据 MD32620 设置前馈控制方式：设置为 0，表明不使用前馈控制；设置为 1，表明使用速度前馈控制方式；设置为 2，表明使用速度与转矩两种前馈控制方式。系统的前馈控制功能，既可以采用机床数据激活或关闭，也可以采用零件程序激活或关闭。当用零件程序激活/关闭前馈控制功能时，必须把机床数据 MD32630 设置为 1。零件程序中，FFWON 为开启前馈控制指令，FFWOF 为关闭前馈控制指令。

一、速度前馈控制

速度前馈控制需要设置两个机床数据：速度闭环控制的等效时间常数 MD32810 和速度前馈控制因子 MD32610。等效时间常数需要测量速度控制环的阶跃响应来确定，也可以从位置控制环获得，但最好的方法是利用 611D 系统的调试工具。如果坐标轴/主轴速度控制环经过了优化，且正确地测量了等效时间常数，那么前馈控制因子约等于 1，因此，机床数据 MD32610 的默认设置通常为 1。

精确地调整、设置机床数据 MD32810 和 MD32610，可以使相应坐标轴/主轴的响应达到理想效果。以恒定的速度移动坐标轴或旋转主轴，在"诊断"操作区域的轴服务项目中，通过观察实际"控制误差"的变化，检查机床数据改变的效果，也就是观察该轴的实际"控制误差"是否为 0，判断速度前馈控制的调整是否达到最佳状态。在调整机床数据过程中，如果坐标轴/主轴正方向运动时，显示的"控制误差"是一个正值，说明速度控制环的等效时间常数或前馈控制因子设置得太小；如果坐标轴/主轴正方向运动时，显示的"控制误差"是一个负值，说明速度控制环的等效时间常数或前馈控制因子设置得太大。为了能够在"诊断"操作区域的轴服务项目中准确读出"控制误差"，需要一个较长的加速过程，应在机床数据 MD32300 中设置较小的加速度和在机床数据 MD32000 中设置较大的进给速度。以 X 轴为例，相应设置如下：

MD32300　MAX_AX_ACCEL [x1] = 0.1m/s^2

MD32000　MAX_AX_VELO [x1] = 20000.0mm/min

对于有特殊精度要求的零件，为了达到其轮廓精度，可在零件程序中激活或关闭前馈补偿功能，例如：

N30　FFWON；激活速度前馈控制

N40　G01　X＿＿＿＿ Z＿＿＿＿ F900；直线插补

N80　FFWOF；关闭速度前馈控制

二、转矩前馈控制

在动态响应要求高的地方，为得到较好的轮廓精度，需要运用转矩前馈控制。常用的机床数据除 MD32620 外，还有轴的惯量 MD32650、电流控制环的等效时间常数 MD32800 和激活转矩前馈控制 MD1004。

将机床数据 MD1004 的 bit0 设置为 1，可激活 611D 系统的转矩前馈控制。通过测量电流控制环的阶跃响应，决定电流闭环控制的等效时间常数 MD32800 的大小。轴的总惯量设置在机床数据 MD32650 中，总惯量等于驱动的惯量与负载到电动机传动轴的惯量之和。

📖 任务巩固

一、填空题（将正确答案填写在横线上）

1. SIEMENS 系统提供了_____和_____两种摩擦补偿参数的获取方法。

2. 对于摩擦补偿的人工补偿调整方式分为_____和_____两种。

3. 在摩擦补偿中，如果输入的补偿时间常数太小，在进行象限转换时，可以暂时_____偏差，但随即半径偏差会再次变得_____，如果输入的补偿时间常数太大，在进行象限转换时补偿了半径偏差，但是在象限转换后，产生_____，会加大_____偏差。

4. 数控机床制造商会向用户提供一份很精确的温度系数_____。由用户 PLC 程序完成_____的传送。

5. 在摩擦补偿过程中，如果输入的补偿幅值太_____，在_____处不能完全补偿半径偏差，如果输入的补偿幅值太_____，在过象限处就会发生半径补偿过_____。

二、判断题（正确的打"√"，错误的打"×"）

1. 在摩擦补偿过程中，"与加速度相关"表示补偿值的大小是随加速度变化的，这种补偿方法适用范围广，补偿效果优于"与加速度无关"。（　　　）

2. 在摩擦补偿过程中，"与加速度相关"的补偿参数为定值。（　　　）

模块七　自动换刀装置与辅助装置的装调与维修

数控机床自动换刀装置与辅助装置由 M 功能控制，M 功能是由机床厂家根据相关标准确定的。因此，不同的机床厂家所用的 M 代码是有区别的。在实际装调与维修过程中应以机床说明书为准。

通过学习本模块，学生应能读懂数控机床自动换刀装置与辅助装置的电气装配图、电气原理图、电气接线图；能对数控机床的自动换刀装置的一般功能进行调试；掌握数控机床自动换刀装置与辅助装置的参数的相关知识；能对自动换刀装置与辅助装置维修中配线质量进行检查，能解决配线中出现的问题；能解决数控机床自动换刀装置与辅助装置维修中与电气故障相关的机械故障。

任务一　自动换刀装置的装调与维修

🔧 任务引入

数控机床的自动换刀装置有如图 7-1 所示的刀架换刀和如图 7-2 所示的刀库换刀，但从电气方法来说，其控制过程是类似的。现以刀库换刀的调整为例来介绍。

图 7-1　刀架换刀

图 7-2　刀库换刀

🖨 任务目标

1）掌握刀库调整与电气连接的方法。

2）能排除自动换刀装置的故障。

⚙ 任务实施

🧱 现场教学　自动换刀装置的装调

把学生带到机床边，由教师或工厂技术人员进行讲解并答疑。讲解完成后，让学生自己再做一遍。

一、刀库无机械手换刀装置的装调

1. 斗笠式刀库换刀流程（见图 7-3 和图 7-4）

📑 **注　意**

在实际加工中，图 7-3 所示的指令是不用的，只用换刀指令就可以了。

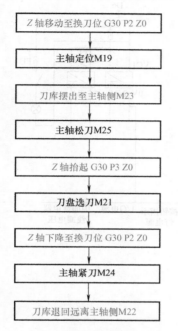

图 7-3　斗笠式刀库换刀流程

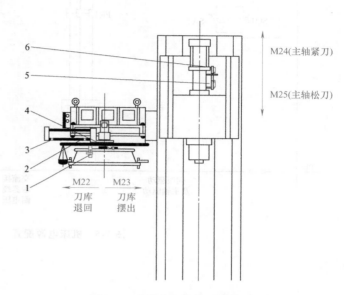

图 7-4　斗笠式刀库换刀动作过程
1—刀库原点检知开关　2—刀库退回检知开关　3—刀库摆出检知开关
4—刀库计数检知开关　5—主轴松刀检知开关　6—主轴紧刀检知开关

2. 斗笠式刀库的电气控制

（1）控制电路说明。机床从外部动力线获得三相交流 380V 后，在电控柜中进行再分配，经变压器 TC1 获得三相 AC 200~230V 主轴及进给伺服驱动装置电源；经变压器 TC2 获得单相 AC 110V 数控系统电源、单相 AC 100V 交流接触器线圈电源；经开关电源 VC1 和 VC2 获得 DC+24V 稳压电源，作为 I/O 电源和中间继电器线圈电源；同时进行电源保护，如熔断器、断路器等。图 7-5 所示为该机床电源配置。系统电气原理如图 7-6~图 7-9 所示。图 7-10 所示为换刀控制电路和主电路。表 7-1 为输入信号所用检测开关的作用说明。检测开关位置如图 7-11 所示，图 7-12 所示为换刀控制中的输入/输出信号分布。

（2）换刀过程。当系统接收到 M06 指令时，换刀过程如下：

1）系统首先按最短路径判断刀库旋转方向，然后令 I/O 输出端 YOA 或 YOB 为"1"，即令刀库旋转，将刀盘上接受刀具的空刀座转到换刀所需的预定位置，同时执行 Z 轴定位和执行 M19 主轴准停指令。

2）待 Z 轴定位完毕，行程开关 SQ10 被压下，且完成"主轴准停"，PLC 程序令输出端 YOC 为"1"，图 7-10b 中的 KA5 继电器线圈得电，电磁阀 YV1 线圈得电，从而使刀库进入到主轴下方的换刀位置，夹住主轴中的刀柄。此时，SQ6 被压下，刀库进入检测信号有效。

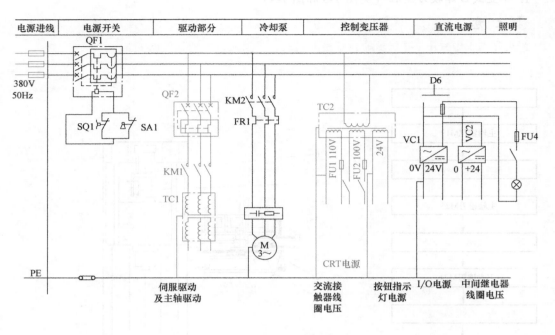

图 7-5 机床电源配置

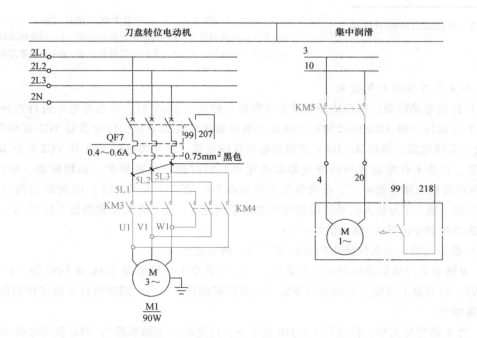

图 7-6 刀库转盘电动机强电电路

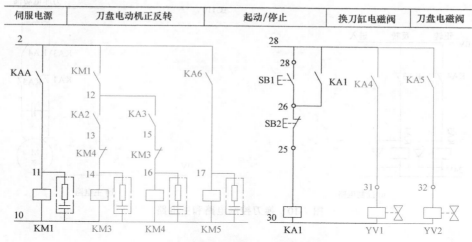

伺服电源	刀盘电动机正反转		起动/停止	换刀缸电磁阀	刀盘电磁阀

图 7-7　刀库转盘电动机正反转控制电路

刀盘计数	刀盘前限位	刀盘后限位	刀盘基位	换刀缸夹紧	换刀缸松开	润滑液位低	辅助电动机过载	主轴箱手动松刀
SQ10	SQ11	SQ12	SQ13	SQ14	SQ15	润滑液位	电动机过载	SB18
221	222	223	224	225	226	218	207	217
:A10 CE56	:B10 CE56	:A11 CE56	:B11 CE56	:A12 CE56	:B12 CE56	:B09 CE56	:B05 CE56	:A09 CE56
X10.0	X10.1	X10.2	X10.3	X10.4	X10.5	X9.7	X8.7	X9.6

图 7-8　刀库输入信号

刀盘正转		刀盘反转	换刀缸松开	刀盘推动	集中润滑	警示灯红	警示灯绿	警示灯黄	警示灯蜂鸣
DOCOM	Y1.2	Y1.3	Y1.4	Y1.5	Y1.7	Y2.0	Y2.1	Y2.2	Y2.3
CE56 :A25 :B25	CE57 :A25 :B25	CE56 :A21	CE56 :B21	CE56 :A22	CE56 :B22	CE56 :B23	CE57 :A16	CE57 :B16	CE57 :A17	CE57 :B17
						410	411	412	413

红色线　　绿色线　　黄色线　　橙色线

TL-50LL1/egy23警示灯　　　　黑色线

		401	402	406	407	408			
29									
30									
		KA2	KA3	KA4	KA5	KA6			

图 7-9　刀库输出信号

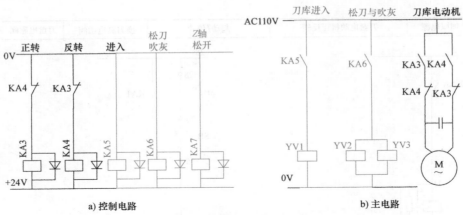

图 7-10 换刀控制电路和主电路

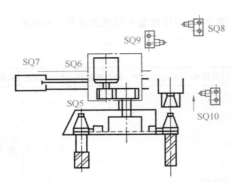

图 7-11 圆盘式自动换刀控制中检测开关位置示意图

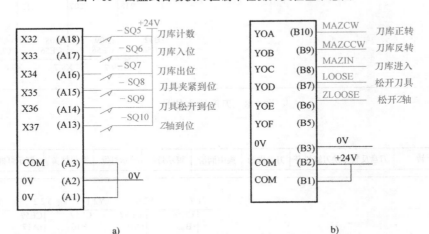

图 7-12 换刀控制中的输入/输出信号

表 7-1 输入信号用到的检测开关

元件代号	元件名称	作用
SQ5	行程开关	刀库圆盘旋转时,每转到一个刀位,凸轮会压下该开关
SQ6	行程开关	刀库进入位置检测
SQ7	行程开关	刀库退出位置检测

（续）

元件代号	元件名称	作用
SQ8	行程开关	气缸活塞位置检测，用于确认刀具夹紧
SQ9	行程开关	气缸活塞位置检测，用于确认刀具已经松开
SQ10	行程开关	换刀位置检测。换刀时 Z 轴移动到此位置

3）PLC 令输出端 YOD 为"1"，KA6 继电器线圈得电，使电磁阀 YV2、YV3 线圈通电，从而使气缸动作，令主轴中刀具松开，同时进行主轴锥孔吹气。此时，SQ9 被压下，使 I/O 输入端 X36 信号有效。

4）PLC 令主轴上移，直至刀具彻底脱离主轴（一般 Z 轴上移到参考点位置）。

5）PLC 按最短路径判断出刀库的旋转方向，令输出端 YOA 或 YOB 有效，使刀盘中目标刀具转到换刀位置。刀盘每转过一个刀位，SQ5 开关被压一次，其信号的上升沿作为刀位计数的信号。

6）Z 轴下移至换刀位置，压下 SQ10，令输入端 X37 信号有效。

7）PLC 令 I/O 输出端 YOD 信号为"0"，使 KA6 继电器线圈失电，电磁阀 YV2、YV3 线圈失电，从而使气缸回退，夹紧刀具。

8）待 SQ8 开关被压下后，PLC 令 I/O 输出端 YOC 为"0"，KA5 线圈失电，电磁阀 YV1 线圈失电，气缸活塞回退，使刀库退回至其初始位置。待 SQ7 被压下，表明整个换刀过程结束。

3. 斗笠式刀库的调整

机床在出厂前已经做了精确的调整，并做了几十小时的运转试验，其换刀动作是准确可靠的。但考虑到机床的长时间运转或经事故、大修等原因，造成换刀位置发生变化，刀柄中心与主轴中心不重合或主轴准停位置走失，致使换刀不能正常进行时，则应进行相应的换刀位置调整。机床换刀时，刀柄中心与主轴锥孔必须对正，刀柄上的键槽与主轴端面键也必须对正，这两点至关重要。换刀位置的调整包括刀库换刀位置的调整、主轴准停位置的调整、Z 轴高低位置的调整。

（1）刀库换刀位置的调整。刀库换刀位置调整的目的是使刀库在换刀位置处，其中的刀柄中心与主轴锥孔中心在一条直线上。盘式刀库换刀位置调整可通过调整两个部位完成。

1）先将主轴箱升到最高位置，在 MDI 方式下执行 G91G28Z0，使 Z 轴回到第一参考点位置（换刀准备位置）；把刀库移动到换刀位置，此时刀库气缸活塞杆推出到最前位置。松开活塞杆上的螺母，旋转活塞杆。此时，活塞杆与固定在刀库上的关节轴承之间的相对位置将发生变化，从而改变刀库与主轴箱的相对位置（见图 7-13）。

2）在刀库的上部靠前位置，有两个调整螺杆，松开螺母，旋转两个调整螺杆，可使刀库的刀盘绕刀库中心旋转，从而改变换刀刀位相对于主轴箱的位置（见图 7-14）。

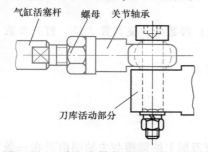

图 7-13　刀库与主轴箱的相对位置调整

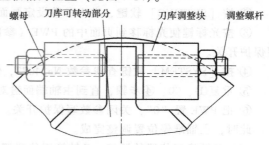

图 7-14　换刀刀位相对于主轴箱的位置调整

通过上述两个环节的调整，可使刀库摆到主轴位时其刀柄的中心准确对正主轴中心。调整时，可利用工装检测刀柄中心和主轴中心是否对正，如图 7-15 所示。调好后，将活塞杆上及调整螺杆上的螺母拧紧。

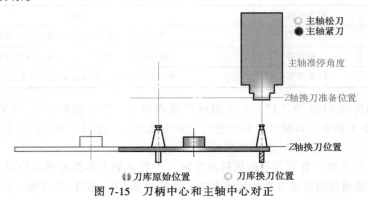

图7-15　刀柄中心和主轴中心对正

（2）主轴准停位置的调整。主轴准停位置调整的目的是使刀柄上的键槽与主轴端面键对正，从而实现准确抓刀。具体步骤如下：

1）在MDI状态下，执行M19或者在JOG方式下按主轴准停键。

2）把刀柄（无拉钉）装到刀库上，再把刀库摆到换刀位置。

3）利用手轮把Z轴摇下，观察主轴端面键是否对正刀柄键槽。如果没有对正，利用手轮把Z轴慢慢升起，如图7-16所示。

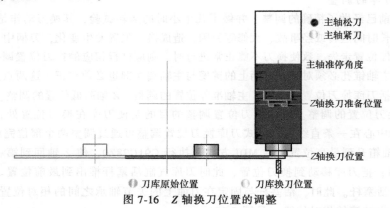

图7-16　Z轴换刀位置的调整

4）通过修改参数调整主轴准停位置，其操作步骤如下：

① 选择MDI方式。

② 按［SETTING］软键，进入参数设定画面。

③ 按光标键使光标移到页面中的PWE（参数写保护开关）参数处，使其置"1"，打开参数写保护开关。

④ 按［SYSTEM］软键查找参数No.4077，修正此参数值。

⑤ 重复①、③、④步骤，直到主轴端面键对正键槽为止。

⑥ 把PWE置"0"，关闭参数写保护开关。

此时，主轴准停位置调整完成。

（3）Z轴换刀位置的调整。Z轴换刀位置调整也是为了使刀柄上的键槽与主轴端面键在一条水平线上，从而实现正确抓、卸刀具。

调整方法是采用标准刀柄测量主轴松刀和紧刀时刀柄的位移量 ΔK，要求 $\Delta K = (0.79 \pm 0.04)$ mm。主轴向下移动时，抓住标准刀柄并夹紧后，用量规和塞尺测量主轴下端面与刀环上端面的距离

ΔG，然后确定主轴箱换刀的位置坐标 Ztc。

1）刀库装上无拉钉的标准刀柄，使刀库摆到主轴位，手摇使主轴箱缓慢下降，使主轴键慢慢进入刀柄键槽，直到主轴端面离刀环上端面的间隙为 $\Delta G = \Delta K/2$ 为止，此时，主轴坐标即为换刀位置坐标 Ztc 值。

2）修改 Z 轴的第二参考点位置参数，即换刀位置坐标参数。

① 选择 MDI 方式。

② 按［SETTING］软键，进入参数设定画面。

③ 按光标键，使光标移到 PWE（参数写保护开关）处，使其置"1"，打开参数写保护开关。

④ 按［SYSTEM］软键，查找参数 No. 1241，把 Ztc 写入 No. 1241 参数中。

⑤ 再进入参数设定画面，将 PWE 置"0"，关闭参数写保护开关。

此时，Z 轴位置调整完成。

二、机械手换刀装置的装调

1. 机械手式刀库换刀流程

该自动换刀系统由盘式刀库和刀具交换装置组成。刀库安装在机床立柱的一侧，换刀机械手安装在刀库和主轴之间。机械手将刀具从刀库中取出送至机床主轴，然后将用过的刀具送回刀库（见图 7-17）。图 7-18 是自动换刀过程示意图。上一工序加工完毕，主轴处于准停位置，由自动换刀装置换刀，其过程如下：

（1）刀套下转 90°。该机床的刀库位于立柱左侧，刀具在刀库中的安装方向与主轴垂直，如图 7-18 所示。换刀之前，刀库 2 转动，将待换刀具 5 送到换刀位置，之后把带有刀具 5 的刀套 4 向下翻转 90°，使得刀具轴线与主轴轴线平行。

图 7-17 机械手式刀库换刀流程

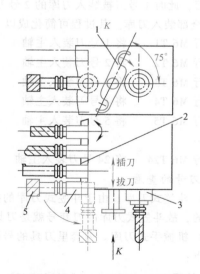

图 7-18 机械手式刀库换刀过程示意图

1—机械手 2—刀库 3—主轴 4—刀套 5—刀具

（2）机械手转 75°。如 K 向视图所示，在机床切削加工时，机械手 1 的手臂中心线与主轴中心到换刀位置的刀具中心的连线成 75°，该位置为机械手的原始位置。机械手换刀的第一个动作是顺时针方向转 75°，两手爪分别抓住刀库上和主轴 3 上的刀柄。

（3）刀具松开。机械手抓住主轴刀具的刀柄后，刀具的自动夹紧机构松开刀具。

（4）机械手拔刀。机械手下降，同时拔出两把刀具。

（5）交换两刀具位置。机械手带着两把刀具逆时针方向转180°（从 K 向观察），使主轴刀具与刀库刀具交换位置。

（6）机械手插刀。机械手上升，分别把刀具插入主轴锥孔和刀套中。

（7）刀具夹紧。刀具插入主轴锥孔后，刀具的自动夹紧机构夹紧刀具。

（8）液压缸复位。驱动机械手逆时针方向转180°的液压缸复位，机械手无动作。

（9）机械手逆转75°。机械手逆时针方向转75°，回到原始位置。

（10）刀套上转90°。刀套带着刀具向上翻转90°，为下一次选刀做准备。

注　意

在实际加工过程中，机械手换刀流程及图7-17所示的指令是用不到的，只用换刀指令就可以了。这些指令仅仅是在调试机床时用。

2. 刀库校准

（1）斗笠式刀库。在 MDI 方式下输入 M20 指令并执行即可。

（2）机械手式刀库。在 MDI 方式下输入 M40 指令并执行即可。

提　示

1）刀库第一次运行前一定要检查刀库运转方向是否正确，方法如下：在手动（JOG）模式下，按"刀库正转"键，刀号逐渐增大为正转，如果反了，调换机床电源进线即可。

2）第一次使用刀库必须校准。

3. 装刀的方法

机械手式刀库和斗笠式刀库装刀的方法是一样的，都是先调刀，再装刀。例如要将 T1 装入刀库，先在 MDI 方式下执行 M6 T1 调用1号刀，然后把1号刀手动装入主轴。再执行 M6 T2 调用2号刀，此时1号刀被装入刀库的2号刀套，然后把2号刀手动装入主轴。以此类推，可以将24把刀全部装入刀库。其过程可简化成以下步骤：

执行 M6 T1　　将1号刀装入主轴

执行 M6 T2　　将2号刀装入主轴

执行 M6 T3　　将3号刀装入主轴

执行 M6 T4　　将4号刀装入主轴

执行 M6 T5　　将5号刀装入主轴

……

执行 M6 T24　　将24号刀装入主轴

4. 刀号的查看

（1）斗笠式刀库。由于斗笠式刀库的换刀过程是先还刀再取刀，刀套号与刀具号始终是一一对应的，故斗笠式刀库的刀套号就是刀具号。

（2）机械手式刀库。刀套里刀具的号码和刀套号并不一致，查看刀套里刀具的实际号码的操作如下：

1）按下 🖥️ →［PMC］→［PMCPRM］→［DATA］→［G.DATA］。

2）通过 📄 键找到 D100 所在画面，如图7-19所示，其含义如下：

D100 为主轴刀号；D101～D124 为刀套号码，是不变的，其对应的数字就是该刀套里实际刀具的号码。

5. 刀库的调整

机床在出厂前已经做了精确的调整，并做了几十小时的运转试验，其换刀动作是准确可靠的。但考虑到机床的长时间运转或经事故、大修等原因，造成换刀位置发生变化，刀柄中心与主轴中心不重合或主轴准停位置走失，致使换刀不能正常进行时，则应进行相应的位置调整。机床换刀时，刀柄中心与主轴锥孔必须对正，刀柄上的键槽与主轴端面键也必须对正，这两点至关重要。换刀位置的调整包括刀库位置的调整、主轴准停位置的调整和 Z 轴高低位置调整。

（1）刀库位置的调整。刀库安装在一个直角弯板上，立柱侧面及弯板上有相应的顶拉机构，所以弯板相对

```
PMC PRM (DATA) 001/011  BIN    PMC RUN
   NO.     ADDRESS              DATA
 0100     D0100                    0    主轴刀号
 0101     D0101                    1
 0102     D0102                    2
 0103     D0103                    3
 0104     D0104                    4
 0105     D0105                    5
 0106     D0106                    6
 0107     D0107                    7
 0108     D0108                    8
 0109     D0109                    9
)^           刀仓号            刀具号
{G. DATA}{G-SRCH}{SEARCH}(     )(     )
```

图 7-19　刀具号的查看

于立柱及刀库相对于弯板在垂直的两个方向上都可以调整。这项调整比较直观简单，但同样需要对调整效果进行检查，并观察实际运行效果。刀柄中心与主轴中心对正后，还要进行主轴准停位置及 Z 轴换刀高度的调整。

（2）主轴准停位置的调整。

1）按下 [SYSTEM]→[PMC]→[PMCPRM]→[KEEPRL]，将光标移至如下位置并进行相应操作：

```
ADRESS          DATA
K01         00000000
                  ↓
              此位改为1
```

2）在手轮 HND 方式下，将 Z 轴移至距离换刀点至少 30mm 以上，以免主轴卡刀键碰撞刀爪。

3）斗笠式刀库：在 MDI 方式下执行 M23 指令，将刀库摆出至主轴侧。

机械手式刀库：将机械手电动机的制动释放点打开，用扳手转动电动机顶部轴端，使机械手旋转 75°至扣刀位。

4）在手轮 HND 方式下，按下"主轴定位"键，然后将 Z 轴缓慢移至换刀点，观察刀爪的卡刀键与主轴卡刀键是否对正。如果没有对正，将 Z 轴移至距离换刀点至少 30mm 以上。

5）参数设置。

① 选择 MDI 方式，将"参数写入"改为"1"。

② 按下 [SYSTEM]→[参数]→输入"4031"→按下 [NO.SRH]。

③ 查找到"主轴定位角度参数"No.4031，修正此参数值。

6）重复 4）和 5）步骤，直到刀爪的卡刀键与主轴卡刀键对正为止。

7）斗笠式刀库：在 MDI 方式下执行 M22 指令，将刀库退回远离主轴侧。

机械手式刀库：用扳手转动电动机顶部轴端，使机械手回到原位（ATC 灯亮），并将机械手电动机的制动释放点关闭。

8）将 K01.0 改回"0"。

（3）Z 轴换刀高度的调整。

1）机床三轴回参考点。

2）按下 [SYSTEM]→[PMC]→[PMCPRM]→[KEEPRL]，将光标移至如下位置并进行相应操作：

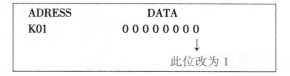

```
ADRESS          DATA
K01         00000000
                  ↓
              此位改为1
```

3）在 HND 方式下按"主轴定向"键。

4）斗笠式刀库：在刀库中装一把无拉钉的刀柄，用手轮将 Z 轴升至最高处，在 MDI 方式下执行 M23 指令。将刀库摆出至主轴侧，用手轮缓慢移动 Z 轴，使主轴卡刀键慢慢进入刀柄键槽，并确保主轴不压刀柄。记下此时 Z 轴的机械坐标值，并进行参数设置。

① 选择 MDI 方式，将"参数写入"改为"1"。

② 按下 ⌨→［参数］→输入"1242"→按下［NO. SRH］。

③ 查找到"第三参考点参数"：N.1242　Z·（输入 Z 轴机械坐标值）。

机械手式刀库：在主轴中装一把刀柄，将机械手电动机的制动释放点打开，用扳手转动电动机顶部轴端，使机械手缓慢旋转接近扣刀位，观察机械手刀爪的扣刀环与刀柄的扣刀槽是否一致。如果不一致，用手轮谨慎移动 Z 轴，直到机械手刀爪的扣刀环与刀柄的扣刀槽一致，并且刀爪能够顺利地扣入刀具。记下此时 Z 轴的机械坐标值。

① 选择 MDI 方式，将"参数写入"改为"1"。

② 按下 ⌨→［参数］→输入"1241"→按下［NO. SRH］。

③ 查找到"第二参考点参数"：N.1241　Z·（输入 Z 轴机械坐标值）。

5）斗笠式刀库，用手轮将 Z 轴升至最高处，在 MDI 方式下执行 M22 指令。将刀库退回远离主轴侧并取下无拉钉的刀柄。

机械手式刀库：用扳手转动电动机顶部轴端，使机械手回到原位（ATC 灯亮），并将机械手电动机的制动释放点关闭。

6）将 K01.0 改回"0"。

警告：K01.0 为刀库保护功能有效，参数修改完成后，一定要将其恢复原值，否则会造成严重事故。

🐌 工作经验

（1）机械手刀库在进行正常换刀时，请不要按面板上的［RESET］键。

（2）如果换刀过程中突然停电，机械手卡在刀柄上，请按以下办法处理：

1）主轴松刀。

2）将机械手电动机的制动释放点打开（见图 7-20）。

3）用扳手转动电动机顶部轴端，使机械手回到原位（ATC 指示灯变亮），注意观察机械手的运动方向，如果扳不动，请反向（见图 7-21）扳动。

4）将机械手电动机的制动释放点关闭，重新通电即可。

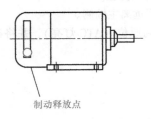

图 7-20　制动释放点

制动释放点

图 7-21　扳动方向

▨ 技 能 训 练

一、刀库的连接

根据图 7-22~图 7-24 对刀库进行连接。

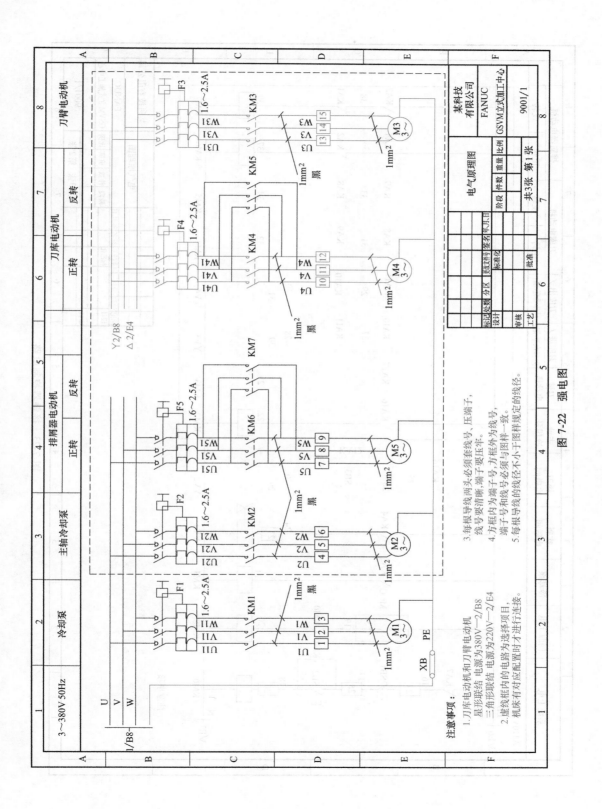

图 7-22　强电图

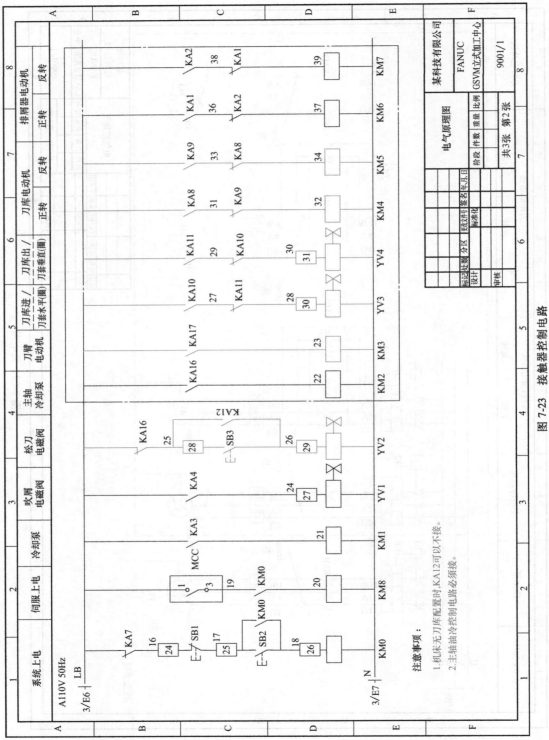

图7-23　接触器控制电路

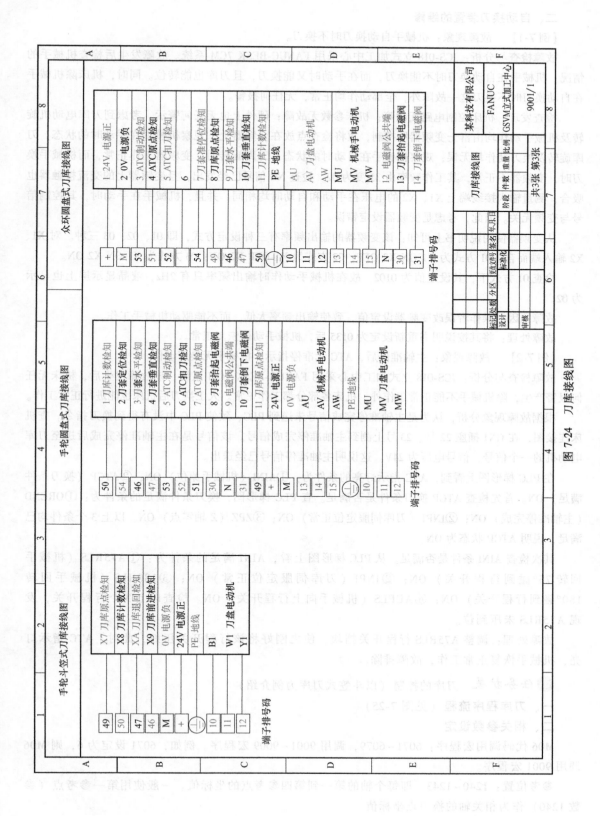

图 7-24　刀库接线图

二、自动换刀装置的维修

【例7-1】　故障现象：机械手自动换刀时不换刀。

故障检查与分析：JCS-018立式加工中心采用FANUC-BESK 7CM系统。故障发生后检查机械手的情况，机械手在自动换刀时不能换刀，而在手动时又能换刀，且刀库也能转位。同时，机床除机械手在自动换刀时不换刀这一故障外，全部动作均正常，无任何报警。

检查发现，机床控制电路无故障；机床参数无故障；硬件上也无任何警示。考虑到刀库电动机旋转及机械手动作均由富士变频器所控制，故将检查点放在变频器上。观察机械手在手动时的状态，刀库旋转及换刀动作均无误；观察机械手在自动时的状态，刀库旋转时，变频器工作正常，而机械手换刀时，变频器不正常，其工作频率由35变为02。检查NC信号已经发出，且变频器上的交流接触器也吸合，测量输入接线端上X1、X2的电压在手动和自动时均相同，并且，机械手在手动时，其控制信号与变频无关。因此，考虑是变频器设定错误。

从变频器使用说明书上可知：该变频器的输出频率有三种设定方式，即01、02、03三种。对X1、X2输入端而言，01方式为X1 ON X2 OFF；02方式为X1 OFF X2 ON；03方式为X1 ON X2 ON。

检查01方式下，其设定值为0102，故在机械手动作时输出频率只有2Hz，液晶显示屏上也显示为02。

故障原因：操作者误改变频器设定值，致使输出频率太低，而不能驱动机械手工作。

故障处理：将其按说明书重新设定为0135后，机械手动作恢复正常。

【例7-2】　故障现象：主轴准停后，ATC无准停指示，机械手无换刀动作。

故障检查与分析：JCS-018立式加工中心采用FANUC-BESK 7CM系统，该故障发生后，机床无任何报警产生，除机械手不能正常工作外，机床各部分都工作正常。人工换刀后机床也能进行正常工作。

根据故障现象分析，认为是主轴准停完成信号未送到PLC，致使PLC中没有得到换刀指令。查机床连接图，在CN1插座22号、23号上测到主轴准停完成信号。该信号是在主轴准停完成后送至刀库电动机的一个信号，信号电压为24V。这说明主轴准停信号已经送出。

在PLC梯形图上看到，ATC指示灯亮的条件为：①AINI（机械手原位）ON；②ATCP（换刀条件满足）ON。首先检查ATCP换刀条件是否满足。查PLC梯形图，换刀条件满足的条件为：①OREND（主轴准停完成）ON；②INPI（刀库伺服定位正常）ON；③ZPZ（Z轴零点）ON。以上3个条件均已满足，说明ATCP状态为ON。

其次检查AINI条件是否满足。从PLC梯形图上看，AINI满足的条件为：①A75RLS（机械手回转75°碰到行程开关）ON；②INPI（刀库伺服定位正常）ON；③180RLS（机械手回转180°碰到行程开关）ON；④AUPLS（机械手向上行程开关）ON。检查以上3个行程开关，发现A75RLS未压到位。

故障处理：调整A75RLS行程开关挡块，使之刚好将该行程开关压好，此时，ATC指示灯亮，机械手恢复正常工作，故障排除。

⚙ **任务扩展**　刀库的控制（以斗笠式刀库为例介绍）

一、刀库程序流程（见图7-25）

二、相关参数设定

M06代码调用宏程序：6071~6079，调用9001~9009宏程序。例如，6071设定为6，则M06调用9001宏程序。

参考位置：1240~1243，即每个轴的第一到第四参考点的坐标值。一般使用第一参考点（参数1240）作为相关轴的换刀点坐标值。

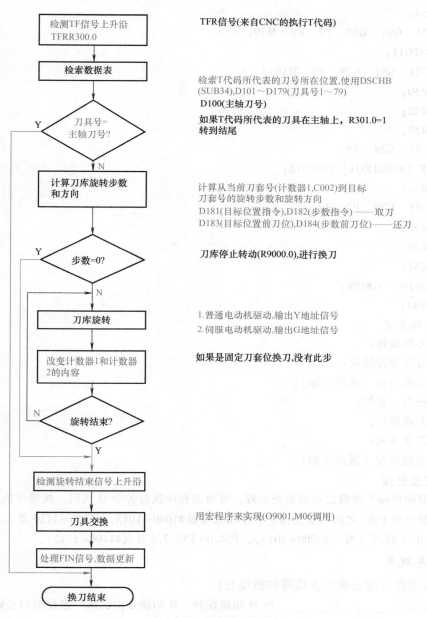

图 7-25　刀库程序流程

三、换刀宏程序

1. 换刀各个动作用 M 代码来实现

```
O9001    (CHANGE TOOL);
N1   IF [#1000EQ1] GOTO22;
N2   #199 = #4003;
N3   #198 = #4006;
N4   IF [#1002EQ1] GOTO10;
N5   IF [#1003EQ1] GOTO7;
N6   GOTO11;
```

N7 M51；

N8 G21 G91 G30 P2 Z0 M19；

N9 GOTO11；

N10 G21 G91 G28 Z0 M19；

N11 M50；

N12 M52；

N13 M53；

N14 G91 G28 Z0；

N15 IF［#1001EQ1］GOTO18；

N16 M54；

N17 G91 G30 P2 Z0；

N18 M55；

N19 M56；

N20 M51；

N21 G#199 G#198；

N22 M99；

2. M代码含义

M50：刀库旋转；

M51：刀库旋转结束；

M52：刀库向右（靠近主轴）；

M53：松刀，吹气；

M54：刀盘旋转；

M55：刀盘夹紧；

M56：刀盘向左（远离主轴）。

四、安全处理

1）换刀动作每个步骤之间的安全处理：可由宏程序执行各个M代码，按顺序执行。

2）宏程序和PMC之间的安全保护：使用宏变量#1000~1015，#1100~1115等。对应于PMC地址：G54.0~G55.7（对应#1000~1015），F54.0~F55.7（对应#1100~1115）。

🔖任务巩固

一、填空题（将正确答案填写在横线上）

1. 数控机床_____与_____由M功能控制，M功能是由机床厂家根据相关标准确定的。因此，不同的机床厂家所用的M代码是有区别的。

2. 机械手式刀库换刀系统由_____和_____组成。

3. 刀库校准：斗笠式刀库，在_____方式下输入_____指令并执行即可；机械手式刀库，在MDI方式下输入_____指令并执行即可。

4. 斗笠式刀库的换刀过程是先_____再_____，所以刀套号与刀具号始终是一一对应的，故斗笠式刀库的刀套号就是刀具号。

5. 机床换刀时，刀柄中心与主轴锥孔必须_____，刀柄上的_____与_____也必须对正，这两点至关重要。换刀位置的调整包括_____调整、_____调整、_____调整。

6. 斗笠式刀库：在MDI方式下执行_____指令，将刀库摆出至主轴侧。

7. _____为刀库保护功能有效，参数修改完成后，一定要将其恢复原值，否则会造成严重事故。

8. 刀库第一次运行前一定要检查刀库_____是否正确，方法如下：在_____模式下，按"刀库正转"键，刀号逐渐增大为正转，如果反了，_____即可。

二、判断题（正确的打"√"，错误的打"×"）

1. 第一次使用刀库必须校准。（　　　）

2. 机械手式刀库在进行正常换刀时，必须按面板上的［RESET］键。（　　　）

3. 装刀的过程是：先调刀，再装刀。机械手式刀库和斗笠式刀库装刀的方法是一样的。（　　　）

4. 机械手式刀库的 M41 指令是紧刀指令。（　　　）

任务二　辅助装置的装调与维修

🔒 任务引入

数控机床的辅助装置很多，如图 7-26 所示的润滑系统和图 7-27 所示的冷却系统。其控制不是数控系统生产厂家设计的，而是机床制造厂家设计的，对于数控机床应用水平较高的用户还可以根据自己的需要而修改，故其控制是多样的。在使用本书时，教师可根据当地的实际情况，选择不同的机床或不同的辅助系统介绍。

图 7-26　润滑系统

图 7-27　冷却系统

🗂 任务目标

1）掌握典型辅助装置的分析方法。

2）掌握典型辅助装置的装调与维修。

🔵 任务实施

🟦 教师讲解

一、液压卡盘的装调

1. 卡盘的液压控制

某数控车床卡盘与尾座的液压控制回路如图 7-28 所示。分析液压控制原理，可知液压卡盘与液压尾座的电磁阀动作顺序，见表 7-2。

2. 卡盘的电气连接

卡盘电气控制主电路与控制电路及信号电路如图 7-29 所示。

（1）卡盘夹紧。卡盘夹紧指令发出后，数控系统经过译码在接口发出卡盘夹紧信号→图 7-29b 中的 KA3 线圈得电→图 7-29a 中 KA3 常开触点闭合→YV1 电磁阀得电→卡盘夹紧。

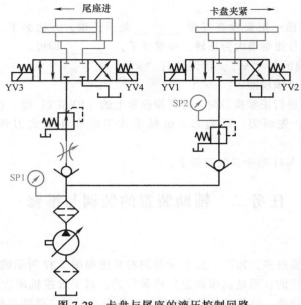

图 7-28 卡盘与尾座的液压控制回路

表 7-2 电磁阀动作顺序表

部件	工作状态	电磁阀				备注
		YV1	YV2	YV3	YV4	
卡盘	夹紧	+	−			电磁阀通电为"+"，断电为"−"
	松开	−	+			
尾座	尾座退			+	−	
	尾座进			−	+	

（2）卡盘松开。卡盘松开指令发出后，数控系统经过译码在接口发出卡盘松开信号→图 7-29b 中的 KA4 线圈得电→图 7-29a 中 KA4 常开触点闭合→YV2 电磁阀得电→卡盘松开。

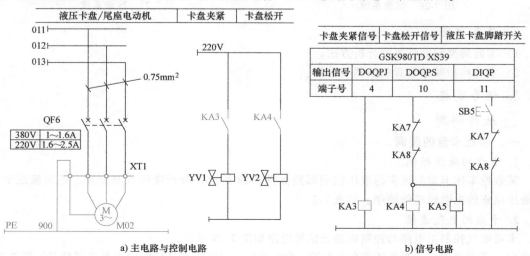

a) 主电路与控制电路   b) 信号电路

图 7-29 卡盘电气控制

二、尾座的电气连接

1. 尾座的结构

CK7815 型数控车床尾座结构如图 7-30 所示。当手动移动尾座到所需位置后，先用螺钉 16 进行预定位，拧紧螺钉 16 时，使两楔块 15 上的斜面顶出销轴 14，使得尾座紧贴在矩形导轨的两内侧面上，然后，用螺母 3、螺栓 4 和压板 5 将尾座紧固。这种结构可以保证尾座的定位精度。

尾座套筒内轴 9 上装有顶尖，因套筒内轴 9 能在尾座套筒内的轴承上转动，故顶尖是活顶尖。为了使顶尖保证高的回转精度，前轴承选用 NN3000K 双列圆柱滚子轴承，轴承径向间隙用螺母 8 和 6 调整；后轴承为三个角接触球轴承，由防松螺母 10 来固定。

尾座套筒与尾座孔的配合间隙可用内、外锥套 7 来做微量调整。当向内压外锥套时，使得内锥套内孔缩小，即可使配合间隙减小；反之变大，压紧力用端盖来调整。尾座套筒用液压油驱动。若在油孔 13 内通入液压油，则尾座套筒 11 向前运动，若在油孔 12 内通入液压油，尾座套筒就向后运动。移动的最大行程为 90mm，预紧力的大小通过液压系统的压力来调整。在系统压力为 $(5 \sim 15) \times 10^5$ Pa 时，液压缸的推力为 $1500 \sim 5000$N。

尾座套筒行程大小可以用安装在套筒 11 上的挡铁 2 通过行程开关 1 来控制。尾座套筒的进退由操作面板上的按钮来操纵。在电路上，尾座套筒的动作与主轴互锁，即在主轴转动时，按下尾座套筒退出按钮，套筒并不动作，只有在主轴停止状态下，尾座套筒才能退出，以保证安全。

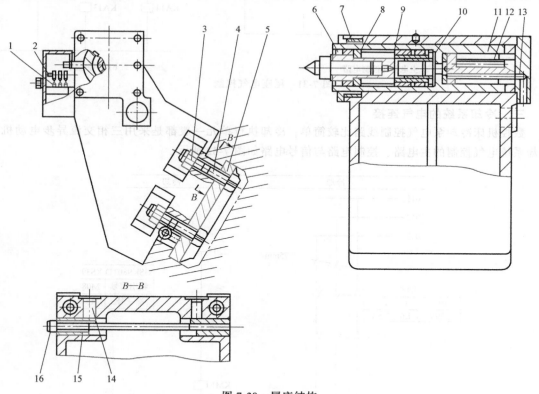

图 7-30　尾座结构

1—行程开关　2—挡铁　3、6、8、10—螺母　4—螺栓　5—压板　7—锥套　9—套筒内轴
11—套筒　12、13—油孔　14—销轴　15—楔块　16—螺钉

尾座主电路与控制电路及信号电路如图 7-31 所示。

2. 尾座进

尾座进指令发出后，数控系统经过译码在接口发出尾座进信号→图 7-31b 中的 KA14 线圈得电→图 7-31a 中的 KA14 常开触点闭合→YV4 电磁阀得电→尾座进。

3. 尾座退

尾座退指令发出后，数控系统经过译码在接口发出尾座退信号→图 7-31b 中的 KA13 线圈得电→图 7-31a 中的 KA13 常开触点闭合→YV3 电磁阀得电→尾座退。

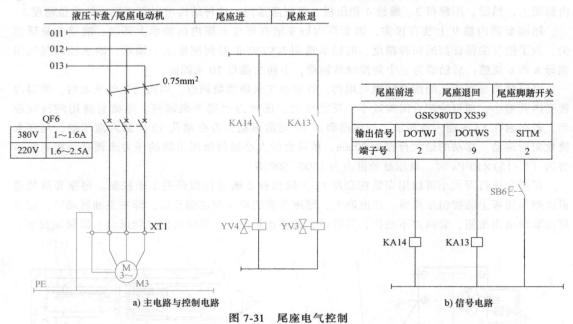

图 7-31 尾座电气控制

三、冷却系统的电气连接

数控机床冷却泵电气控制线路比较简单，冷却执行单元一般都是采用三相交流异步电动机。冷却系统电气控制的主电路、控制电路与信号电路如图 7-32 所示。

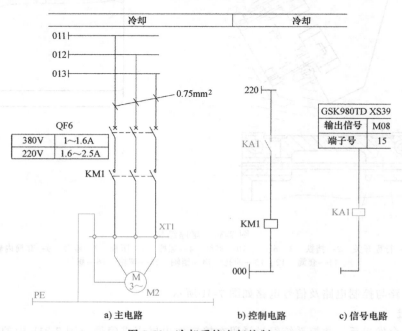

图 7-32 冷却系统电气控制

四、排屑装置的电气控制

排屑装置的电气控制如图 7-33 所示。

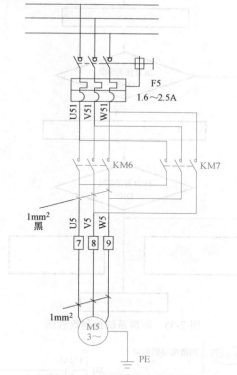

图 7-33　排屑装置电气控制

五、FANUC 系统润滑系统的装调与维修

图 7-34 为某数控机床润滑系统的电气控制原理图，图 7-35 为该润滑系统控制流程图，图 7-36 为该润滑系统 PLC 控制梯形图。

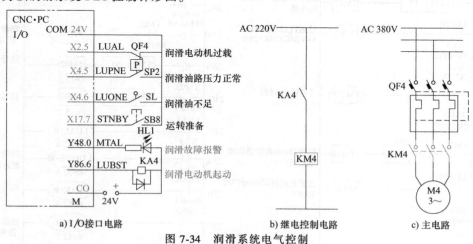

图 7-34　润滑系统电气控制

从图 7-36 中可知，要处理来自机床侧的 4 个以 X 字母开头的输入地址信号，2 个以 Y 地址开头的输出地址信号，12 个以 R 字母开头的内部继电器以及 4 组以 D 字母开头的固定定时器时间设定地址。梯形图控制顺序简述如下。

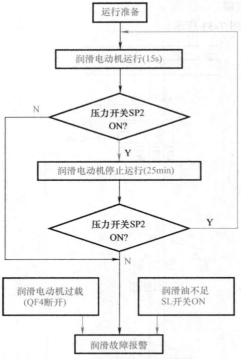

图 7-35　润滑系统控制流程图

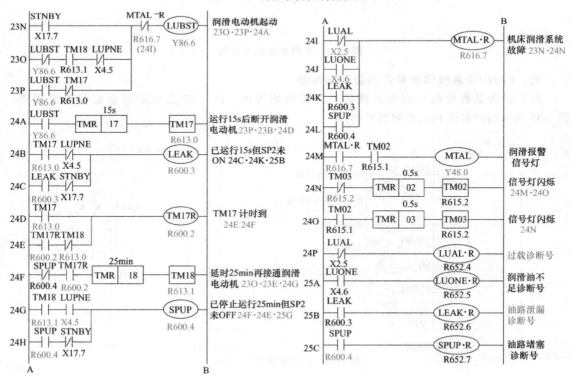

图 7-36　润滑系统的 PLC 控制梯形图

1. 润滑系统正常工作时的控制程序

按运转准备按钮 SB8、23N 行 X17.7 触点闭合，使输出信号 Y86.6 接通中间继电器 KA4 线圈，KA4 触点又接通接触器 KM4，于是 AC 380V 通过 KM4 触点与 M4 电动机接通，起动润滑电动机 M4。23P 行的 Y86.6 触点实现自锁。

当 Y86.6 为"1"时，24A 行 Y86.6 触点闭合，TM17 定时器（R613.0）开始计时，设定时间为 15s（通过 MDI 面板设定），到达 15s 后，定时器 TM17 线圈接通，23P 行的 R613.0 触点断开，于是 Y86.6 停止输出，润滑电动机 M4 停止运行，同时也使 24D 行输出 R600.2 为"1"。并由 24E 行 R613.0 触点自锁。

24F 行的 R600.2 为"1"，使 TM18 定时器开始计时，计时时间设定为 25min。到达时间后，输出信号 R613.1 为"1"，使 24G 行的 R613.1 触点闭合，Y86.6 输出并自锁，润滑电动机 M4 重新起动运行，重复上述控制过程。

2. 润滑系统出现故障时的维修

1）当润滑油路出现泄漏或压力开关 SP2 失灵的情况时，润滑电动机 M4 已运行 15s，但压力开关 SP2 未闭合，则 24B 行的 X4.5 触点未打开，R600.3 线圈接通，并通过 24C 行触点 R600.3 实现自锁。一方面使 24I 行 R616.7 输出为"1"，使 23N 行 R616.7 触点断开，润滑电动机 M4 停止运转，另一方面 24M 行 R616.7 触点闭合，使 Y48.0 输出为"1"，接通报警指示灯（发光二极管 HL 亮），并通过 TM02、TM03 定时器控制，使信号灯闪烁报警。

2）当润滑油路出现堵塞或压力开关失灵的情况时，在润滑电动机 M4 已停止运行 25min 后，油路压力降不下来（SP2 处于闭合状态），则 24G 行的 X4.5 触点闭合，R600.4 输出为"1"，同样使 24I 行的 R616.7 输出为"1"，又使 23N 行的 R616.7 触点断开，润滑电动机将不再起动。

3）如果润滑油不足，液位开关 SL 闭合，24J 行的 X4.6 触点闭合，使 24I 行 R616.7 输出为"1"，又使 23N 行的 R616.7 触点断开，润滑电动机将不能再起动。

4）如果润滑电动机 M4 过载，QF4 断开 M4 的主电路，同时 QF4 的辅助触点合上，使 24I 行的 X2.5 触点合上，同样使 R616.7 为"1"，断开 M4 的控制电路并同时报警。

上述 4 种故障中有任何一种出现，将使 24I 行 R616.7 为"1"，并将 24M 行 Y48.0 信号输出，接通机床报警指示灯，向操作者发出报警指示。

技能训练

一、机床润滑油设定时间的调整

1. 由系统控制加油时间的调整

按下 ⊡→[PMC]→[PMCPRM]，显示如图 7-37 所示画面。

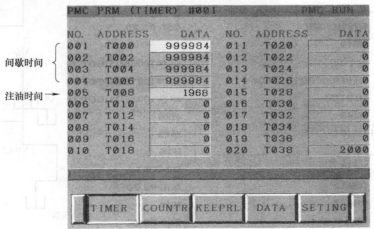

图 7-37　机床润滑油设定时间的调整

T0~T05 为间歇时间；T08 为注油时间（时间单位：1000≈1s）。

2. 由润滑泵控制加油时间的调整

（1）按下 |SYSTEM| → [PMC] → [PMCPRM] → [KEEPRL]，将光标移至如下位置并进行相应操作：

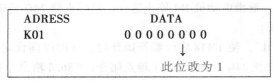

```
  ADRESS              DATA
  K01                 0 0 0 0 0 0 0 0
                                    ↓
                            此位改为 1
```

（2）按照润滑泵操作说明，调整时间。

💭 **注 意**

对机床润滑时间或加油时间进行修改后，应再恢复原状。

二、故障维修实例

【例 7-3】　故障现象：配备 FANUC 0T 系统的某数控车床，其尾座套筒的 PMC 输入地址如图 7-38 所示。通过当脚踏尾座开关使套筒顶尖顶紧工件时，系统产生报警。

故障分析：在系统诊断状态下，调出 PMC 输入信号，发现脚踏向前开关输入 X04.2 为"1"，尾座套筒转换开关输入 X17.3 为"1"，润滑油供给正常，使液位开关输入 X17.6 为"1"。

调出 PMC 输出信号，当脚踏向前开关时，输出 Y49.0 为"1"，同时，电磁阀 YV4.1 也得电，这说明系统 PMC 输入、输出状态均正常。分析尾座套筒液压系统，如图 7-39 所示。当电磁阀 YV4.1 通电后，液压油经溢流阀、流量控制阀和单向阀进入尾座套筒液压缸，使其向前顶紧工件。松开脚踏开关后，电磁换向阀处于中间位置，油路停止供油。由于单向阀的作用，尾座套筒向前时的油压得到保持，该油压使压力继电器动合触点接通，在系统 PMC 输入信号中 X00.2 为"1"。但检查系统 PMC 输入信号 X00.2 为"0"，说明压力继电器有问题，其触点开关损坏。因压力继电器 SP4.1 触点开关损坏，油压信号无法接通，从而造成 PMC 输入信号为"0"，故系统认为尾座套筒未顶紧而产生报警。

故障处理：更换新的压力继电器，调整触点压力，使其在向前脚踏开关动作后接通并保持到压力取消，故障排除。

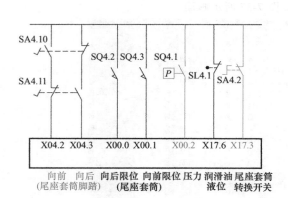

图 7-38　尾座套筒的 PMC 输入地址

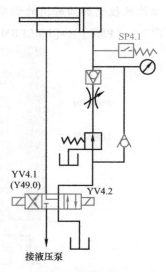

图 7-39　车床尾座套筒液压系统图

🏠**任务扩展** 切削液控制

在有的数控系统中（如 SIEMENS 系统），多数辅助控制系统设计了子程序，用户可以直接应用，也可以根据需要自己设计。现介绍一下 SIEMENS 802D 数控系统的切削液控制子程序（COOLING 子程序。）

SIEMENS 802D 数控系统的冷却控制定义为子程序 44，可以通过操作面板（MCP）的冷却启、停键控制其运行或停止，或通过零件程序中的编程指令 M07（2 号切削液开）、M08（1 号切削液开）和 M09（切削液停止）来控制其运行和停止。当冷却电动机过载或切削液储柜里的切削液液面过低时，冷却电动机将禁止运行，并输出报警信息：ERR1 为冷却电动机过载；ERR2 为切削液液面低。该子程序的局部变量定义如下（见图 7-40）。

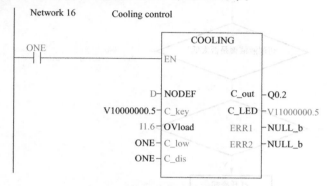

图 7-40　调用冷却控制子程序

输入信号：手动操作键触发信号（C_key）　　L2.0
　　　　　冷却电动机过载（OVload）　　　　L2.1（接有常闭触点）
　　　　　切削液液面低（C_low）　　　　　 L2.2（接有常闭触点）
　　　　　冷却禁止（C_dis）　　　　　　　 L2.3
输出信号：切削液输出（C_out）　　　　　　L2.4
　　　　　切削液输出状态显示（C_LED）　　L2.5
错误信息：冷却电动机过载（ERR1）　　　　L2.6
　　　　　切削液液面低（ERR2）　　　　　 L2.7

占用的全局变量（系统变量）：MB151 作为存储切削液开关状态的存储器。流程图如图 7-41 所示。

梯形图如图 7-42 所示。SM0.0 为常 ON 继电器。当手动操作键触发信号（L2.0）接通，或零件程序中的编程指令（M07、M08）使 1、2 号切削液开，即 V25001000.7 或 V25001001.0 接通，则前沿微分指令接通一个扫描周期，使得 M151.2 置位并保持。在手动操作键（L2.0）复位后，则 M151.0 呈接通状态。因此有网络 3 的 L2.4、L2.5 同时接通，冷却电动机开始运转并显示切削液呈输出状态。当再次按下手动操作键后放松按钮（L2.0），或零件程序中的编程指令（M09）使切削液停止，则后沿微分指令接通一个扫描周期，使得 M151.2 复位并保持。所以 M151.0 也随之复位，网络 3 的 L2.4、L2.5 同时断开，冷却电动机停止运转并且切削液输出状态显示也停止。

冷却电动机在工作过程中，如果有急停响应（V27000000.1 为接通状态）、系统复位（V30000000.7 为接通状态）、程序测试有效（V33000001.7 为接通状态）、电动机过载（L2.1 为断开状态）和液位低（L2.2 为断开状态）时，也会复位 M151.2 并保持，并且网络 3 的 L2.6 或 L2.7 会接通显示相应的报警信息。

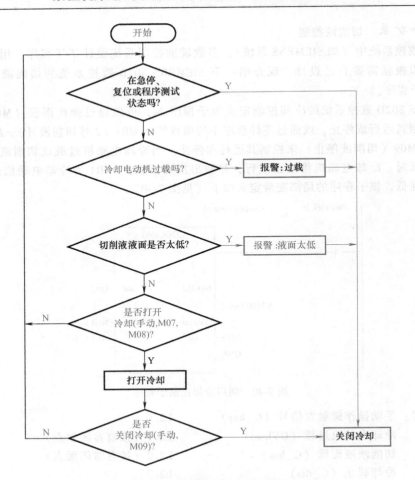

图 7-41 冷却控制子程序流程图

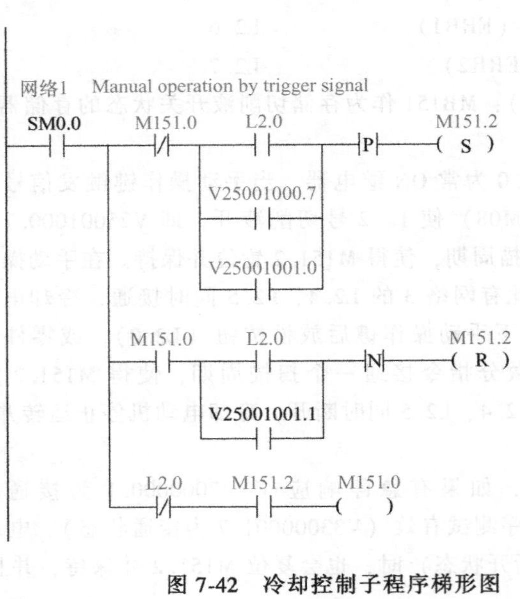

图 7-42 冷却控制子程序梯形图

网络2　　By Emergency Stop/overload/PROGRAM TEST coolant is canceled

```
V27000000.1        M151.2
  ─┤├──────────────( R )

V30000000.7
  ─┤├─

V33000001.7
  ─┤├─

L2.1
  ─┤/├─

L2.2
  ─┤/├─
```

网络3　　Control signal output and alarm activate

```
SM0.0      L2.3      M151.0      L2.4
 ─┤├────┬──┤/├───────┤├────────( )
        │                       L2.5
        │                      ( )
        │
        │  L2.1      L2.6
        ├──┤/├──────( )
        │
        │  L2.2      L2.7
        └──┤/├──────( )
```

图 7-42　冷却控制子程序梯形图（续）

做一做　对切削液控制子程序进行分析。

任务巩固

1. 机床润滑油设定时间怎样调整？
2. 机床加油设定时间怎样调整？

参 考 文 献

[1] 郭士义，徐衡，关颖. 数控机床故障诊断与维修 [M]. 2 版. 北京：机械工业出版社，2015.

[2] 龚仲华. 数控机床故障诊断与维修 500 例 [M]. 北京：机械工业出版社，2004.

[3] 韩鸿鸾，张秀玲. 数控机床维修技师手册 [M]. 北京：机械工业出版社，2006.

[4] 王爱玲. 数控机床结构及应用 [M]. 2 版. 北京：机械工业出版社，2013.

[5] 韩鸿鸾，荣维芝. 数控机床的结构与维修 [M]. 北京：机械工业出版社，2004.

[6] 黄卫. 数控机床及故障诊断技术 [M]. 北京：机械工业出版社，2004.

[7] 韩鸿鸾，吴海燕. 数控机床机械维修 [M]. 北京：中国电力出版社，2008.

[8] 韩鸿鸾. 数控机床电气系统检修 [M]. 北京：中国电力出版社，2008.

[9] 周晓宏. 数控维修电工实用技能 [M]. 北京：中国电力出版社，2008.

[10] 周晓宏. 数控维修电工实用技术 [M]. 北京：中国电力出版社，2009.

[11] 劳动和社会保障部教材办公室. 数控机床电气控制系统及其故障诊断与维修 [M]. 北京：中国劳动社会保障出版社，2008.

[12] 郑晓峰，陈少艾. 数控机床及其使用和维修 [M]. 北京：机械工业出版社，2008.

[13] 王兹宜. 数控系统调整与维修实训 [M]. 北京：机械工业出版社，2008.

[14] 刘永久. 数控机床故障诊断与维修技术 [M]. 2 版. 北京：机械工业出版社，2011.

[15] 蒋建强. 数控机床故障诊断与维修 [M]. 3 版. 北京：电子工业出版社，2012.

[16] 卢斌. 数控机床及其使用维修 [M]. 2 版. 北京：机械工业出版社，2010.

[17] 龚仲华，等. 数控机床维修技术与典型实例：SIEMENS 810/802 系统 [M]. 北京：人民邮电出版社，2006.

[18] 人力资源和社会保障部教材办公室. 数控机床机械装调与维修 [M]. 北京：中国劳动社会保障出版社，2012.

[19] 李河水. 数控机床故障诊断与维护 [M]. 北京：北京邮电大学出版社，2009.

[20] 李善术. 数控机床及其应用 [M]. 2 版. 北京：机械工业出版社，2012.

[21] 董原. 数控机床维修实用技术 [M]. 呼和浩特：内蒙古人民出版社，2008.

[22] 孙德茂. 数控机床逻辑控制编程技术 [M]. 北京：机械工业出版社，2008.

[23] 胡旭兰. 数控机床机械系统及其故障诊断与维修 [M]. 北京：中国劳动社会保障出版社，2008.

[24] 王凤平，张洪国. 金属切削机床与数控机床 [M]. 2 版. 北京：清华大学出版社，2018.

[25] 韩鸿鸾. 数控机床装调维修工：中、高级 [M]. 北京：化学工业出版社，2011.

[26] 韩鸿鸾. 数控机床装调维修工：技师/高级技师 [M]. 北京：化学工业出版社，2011.

[27] 王文浩. 数控机床故障诊断与维护 [M]. 北京：人民邮电出版社，2010.

[28] 严峻. 数控机床安装调试与维护保养技术 [M]. 北京：机械工业出版社，2010.